全国技工院校"十二五"系列规划教材

中国机械工业教育协会推荐教材

计算机基础应用教程

主　编　王跃翡

副主编　赵　刚　王　瑞　王永霞

参　编　谢　华　王跃丽　姬翠萍　孟庆飙

机械工业出版社

本书采用"任务驱动"模式编写,以完成具体案例为主线,巧妙地将知识融入每个任务之中,使学生通过完成任务来深化对知识的理解与应用,增强学生的学习兴趣,并辅以知识拓展,以丰富学生解决问题的思路,不断提高学生解决问题的能力。

本书共分为六个单元,主要内容包括:计算机基础知识、Windows XP操作系统、Word 文字处理系统、Excel 电子表格处理系统、PowerPoint 演示文稿的设计、计算机网络与 Internet 的应用。

本书可供技工院校、职业技术学校、职业高中的师生使用,也可作为各类计算机专业学生的自学和培训教材。

图书在版编目(CIP)数据

计算机基础应用教程/王跃翡主编. —北京:机械工业出版社,2012.8(2017.1 重印)
全国技工院校"十二五"系列规划教材
ISBN 978-7-111-38750-3

Ⅰ.①计⋯ Ⅱ.①王⋯ Ⅲ.①电子计算机—技工学校—教材
Ⅳ.①TP3

中国版本图书馆 CIP 数据核字(2012)第 123451 号

机械工业出版社(北京市百万庄大街 22 号 邮政编码 100037)
策划编辑:郎　峰 责任编辑:郎　峰 王华庆
版式设计:霍永明 责任校对:刘雅娜 常天培
封面设计:张　静 责任印制:李　洋
三河市宏达印刷有限公司印刷
2017 年 1 月第 1 版第 3 次印刷
184mm×260mm·20.25 印张·501 千字
4501—6300 册
标准书号:ISBN 978-7-111-38750-3
定价:35.00 元

序

"十二五"期间，加速转变生产方式，调整产业结构，将是我国国民经济和社会发展的重中之重。而要完成这种转变和调整，就必须有一大批高素质的技能型人才作为后盾。根据《国家中长期人才发展规划纲要（2010—2020年）》的要求，至2020年，我国高技能人才占技能劳动者的比例将由2008年的24.4%上升到28%（目前一些经济发达国家的这个比例已达到40%）。可以预见，作为高技能人才培养重要组成部分的高级技工教育，在未来的10年必将会迎来一个高速发展的黄金期。近几年来，各职业院校都在积极开展高级工培养的试点工作，并取得了较好的效果。但由于起步较晚，课程体系、教学模式都还有待完善与提高，教材建设也相对滞后，至今还没有一套适合高级技工教育快速发展需要的成体系、高质量的教材。即使一些专业（工种）有高级工教材也不是很完善，或是内容陈旧、实用性不强，或是形式单一、无法突出高技能人才培养的特色，更没有形成合理的体系。因此，开发一套体系完整、特色鲜明、适合理论实践一体化教学、反映企业最新技术与工艺的高级工教材，就成为高级技工教育亟待解决的课题。

鉴于高级技工教材短缺的现状，机械工业出版社与中国机械工业教育协会从2010年10月开始，组织相关人员，采用走访、问卷调查、座谈等方式，对全国有代表性的机电行业企业、部分省市的职业院校进行了历时6个月的深入调研。对目前企业对高级工的知识、技能要求，各学校高级工教育教学现状、教学和课程改革情况以及对教材的需求等有了比较清晰的认识。在此基础上，他们紧紧依托行业优势，以为企业输送满足其岗位需求的合格人才为最终目标，组织了行业和技能教育方面的专家精心规划了教材书目，对编写内容、编写模式等进行了深入探讨，形成了本系列教材的基本编写框架。为保证教材的编写质量、编写队伍的专业性和权威性，2011年5月，他们面向全国技工院校公开征稿，共收到来自全国22个省（直辖市）的110多所学校的600多份申报材料。在组织专家对作者及教材编写大纲进行了严格的评审后，决定首批启动编写机械加工制造类专业、电工电子类专业、汽车检测与维修专业、计算机技术相关专业教材以及部分公共基础课教材等，共计80余种。

本套教材的编写指导思想明确，坚持以达到国家职业技能鉴定标准和就业能力为目标，以各专业的工作内容为主线，以工作任务为引领，由浅入深，循序渐进，精简理论，突出核心技能与实操能力，使理论与实践融为一体，充分体现"教、学、做合一"的教学思想，致力于构建符合当前教学改革方向的，以培养应用型、技术型、创新型人才为目标的教材体系。

本套教材重点突出了三个特色：一是"新"字当头，即体系新、模式新、内容新。体系新是把教材以学科体系为主转变为以专业技术体系为主；模式新是把教材传统章节模式转变为以工作过程的项目为主；内容新是教材充分反映了新材料、新工艺、新技术、新方法。二是注重科学性。教材从体系、模式到内容符合教学规律，符合国内外制造技术水平实际情况。在具体任务和实例的选取上，突出先进性、实用性和典型性，便于组织教学，以提高学生的学习效率。三是体现普适性。由于当前高级工生源既有中职毕业生，又有高中生，各自学制也不同，还要考虑到在职人群，因此教材在内容安排上尽量照顾到了不同的求学者，适用面比较广泛。

此外，本套教材还配备了电子教学课件，以及相应的习题集，实验、实习教程，现场操作视频等，初步实现了教材的立体化。

我相信，本套教材的出版，对深化职业技术教育改革，提高高级工培养的质量，都会起到积极的作用。在此，我谨向各位作者和所在单位及为这套教材出力的学者表示衷心的感谢。

原机械工业部教育司副司长
中国机械工业教育协会高级顾问

郭广发

前　言

根据全国技工院校"十二五"规划教材建设工作会议就"国家目前对高技能人才需求的状况，高级工教材改革的想法与建议"的意见，我们组织了多位长期从事计算机基础应用教学的专家与教师，针对我国职业教育中高级工教育专业的特点和实际，编写了这本教材。

计算机基础应用是普及计算机文化教育的一门公共基础课，是技工院校和职业学校各专业的必修课程，具有很强的基础性和实践性。鉴于此，本教材侧重实际应用，以完成案例为目标，将案例的核心内容分解成任务，并将相关知识巧妙地贯穿其中。本教材中的案例贴近实际生活，为学习者留有思考的空间。

本教材囊括了计算机基础知识的应用、办公软件的应用、计算机网络的应用三大知识体系，共由六个单元组成：单元一从硬件系统和软件系统两大分支入手，介绍了计算机基础知识，以使学生能够自己动手解决计算机硬件问题并掌握软件的安装及使用方法；单元二以Windows XP 操作系统的基本操作为切入点，介绍了 Windows XP 操作系统的功能及使用方法，以使学生能够深入掌握 Windows XP 操作系统的操作技能，领会其主要功能；单元三、单元四、单元五以实用案例为出发点，分别介绍了 Office 2003 的三大基础组件，即 Word、Excel 及 PowerPoint 的基本使用方法，并以交流评价的方式检验学生的学习效果；单元六以家庭和办公场所多台计算机局域网的建立为切入点，介绍了计算机网络与 Internet 的应用，以使学生快速掌握计算机网络的组建及上网知识。

本教材配有案例素材资料和电子课件。

本教材由王跃翡任主编，赵刚、王瑞、王永霞任副主编，谢华、王跃丽、姬翠萍、孟庆飙参加编写。其中，赵刚编写了单元一的案例一，王跃丽编写了单元一的案例二，谢华编写了单元二；王跃翡编写了单元三和单元五；王瑞编写了单元四；王永霞编写了单元六，孟庆飙、姬翠萍参与了相关编写工作。在本教材的编写过程中，我们得到技工院校同行们的大力协助，在此表示衷心的感谢。

由于编者水平有限，书中难免存在疏漏和不足之处，恳请广大读者批评指正。

编　者

目 录

单元一　计算机基础知识

知识目标：
- ◎ 了解计算机的分类、发展及应用。
- ◎ 掌握微型计算机系统的组成。
- ◎ 理解微型计算机的工作原理。

技能目标：
- ◎ 学会微型计算机硬件系统的组装方法。
- ◎ 熟练掌握操作系统和应用软件的安装方法。
- ◎ 熟练掌握常用工具软件和打字软件的使用方法。
- ◎ 熟练掌握中英文录入技巧。

计算机是一种能够按照事先存储的程序，自动、高速地进行大量数值计算和各种信息处理的现代化智能电子设备。计算机由硬件系统和软件系统组成，两者是不可分割的。人们把没有安装任何软件的计算机称为裸机。随着科技的发展，现在出现了一些新型计算机，如生物计算机、光子计算机、量子计算机等。

案例一　组装微型计算机系统

【案例描述】

现阶段以多媒体微型计算机的应用最为普及。微型计算机系统由硬件系统和软件系统两大部分组成。

硬件系统主要包括 CPU（中央处理器）、主板、内存"三大件"，以及板卡、电源等配件。当选定了 CPU 的型号以及与之相配的其他硬件之后，就可以开始 DIY 自己的计算机了。如果计算机的某个部件坏了，那么要能够确定故障原因并学会部件的更换的方法。

软件系统的核心是操作系统，目前主流的微型计算机操作系统是 Windows XP 和 Windows 7 系统。组装好计算机之后首先要安装的就是操作系统。为了充分发挥计算机的作用以及利用计算机实现特定的功能，还需要安装工具软件和应用软件。

【案例分析】

以常用台式微型计算机为例，首先组装主机硬件系统，其次连接外部设备和其他辅助扩展设备。当计算机通电自检成功后，安装操作系统及硬件驱动程序，并根据需求安装工具软件和应用软件，这样计算机就可以开始工作了。

任务一　组装微型计算机硬件系统

任务分析

首先了解微型计算机系统的逻辑组成、各组成部件的功能和连接方式，然后从中央处理器、内存、主板、显卡等部件入手，动手组装主机内部硬件。主机内部硬件如图 1-1 所示。

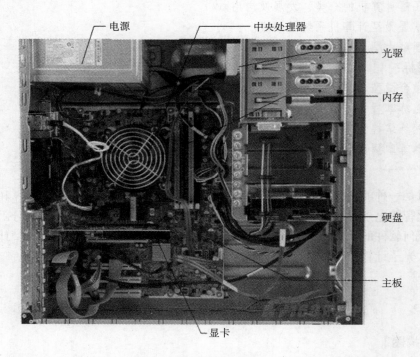

图 1-1　主机内部硬件

 相关知识

1. 微型计算机系统的组成

微型计算机是目前使用最广泛的一类计算机，即个人计算机（PC），通常称为电脑。其体系结构如图 1-2 所示。

2. 微型计算机硬件系统的组成

微型计算机硬件系统从结构上可划分为主机和外设两大部分。

（1）主机各主要部件　见表 1-1。

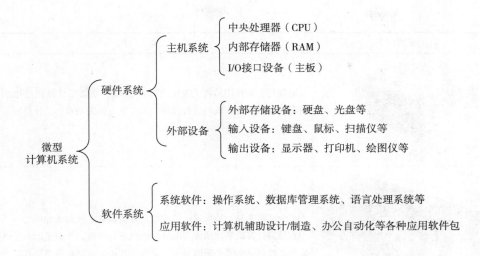

图 1-2 计算机体系结构

表 1-1 主机各主要部件

主机主要部件	说 明
主板	主板是安装在机箱内最重要的部件之一，一般为矩形印制电路板，其上安装了组成计算机的主要电路系统，有 BIOS 芯片、I/O 控制芯片、键盘和面板控制开关接口、指示灯插接件、扩充插槽、主板及插卡的电源供电接插件等元件
中央处理器	中央处理器（Central Processing Unit，简称 CPU）是微型计算机的运算核心和控制核心。微型计算机中的所有操作都由 CPU 负责读取指令，对指令译码并执行指令
内存	内存是微型计算机中重要的部件之一，是与 CPU 进行沟通的桥梁，用于暂时存放 CPU 中的运算数据以及与硬盘等外部存储器交换的数据

（续）

主机主要部件	说　明
 电源	电源的主要作用是将交流电（220V）转换成微型计算机使用的低压直流电，为微型计算机的运行提供动力。它直接关系着微型计算机运行的稳定性
 显卡	显卡又称为显示适配器，是微型计算机最基本的组成部件之一。显卡的用途是将计算机系统所需要的显示信息进行转换，并向显示器提供行扫描信号，控制显示器的正确显示。显卡是连接显示器和微型计算机主板的重要元件
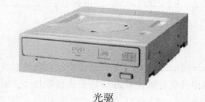 硬盘	硬盘是微型计算机主要的存储媒介之一，由一个或多个铝制或者玻璃制的碟片组成。这些碟片外覆盖有铁磁性材料。绝大多数硬盘都是固定硬盘，被永久性地密封固定在硬盘驱动器中，用来记录各类数据、程序和信息等
 光驱	光驱是用来读/写光碟内容的机器。随着多媒体的应用越来越广泛，光驱成为台式机和便携式计算机（笔记本电脑）的标准配置

（2）外设各主要部件　见表1-2。

表1-2　外设各主要部件

外设主要部件	说　明
 机箱	机箱作为微型计算机配件中的一部分，是主机的外壳，用于放置和固定各个配件，并对各部件起到承托和保护的作用。此外，机箱具有屏蔽电磁辐射的重要作用

（续）

外设主要部件	说　明
 显示器	显示器又称为监视器，是微型计算机不可缺少的输出设备。显示器的作用是输出图像文件及其他经微型计算机处理的文件等
 键盘、鼠标	键盘、鼠标是最常用的输入设备。通过键盘，可以将文字、数字、标点符号等输入到计算机中，从而向计算机发出命令、输入数据等；鼠标的使用是为了使计算机的操作更加简便，代替键盘操作繁琐的指令
音箱	音箱是多媒体微型计算机不可缺少的部件，其作用是把音频电能转换成相应的声能，并把它辐射到空间去

 任务实施

1. 安装 CPU

1）以 Intel 酷睿 i3 530CPU 为例，其 LGA1156 底座虽然仍然被叫做"Socket"插槽，但是实际上并不存在任何插针和孔洞，主板插槽与 CPU 之间是以触点的形式连接的。插槽下方的 J 形拉杆就是插槽顶盖卡锁，解锁的方法是向下抠出并拉起拉杆。CPU Socket 插槽内部结构如图 1-3 所示。

2）打开金属顶盖和塑料保护盖。插槽采用了防护设计，CPU 只有沿正确方向才能顺利放入，绝对不要使用蛮力。注意 CPU 两侧的小缺口，将

图 1-3　CPU Socket 插槽内部结构

其对准插槽上的突起后放下，即可将 CPU 准确嵌入插槽。安装 CPU 后 Socket 插槽的结构如图 1-4 所示。使金属拉杆回位，此时它的上下都应该被两个小金属片固定。

2. 安装 CPU 散热器

1）正确安装 CPU 后，接下来就要安装 CPU 散热器了。原装散热器的底部接触面上，已经预先涂好了三条散热硅脂，正好能覆盖 CPU 顶部突出的散热片。查看 CPU 插槽四角的散热器安装孔位，将散热器的四角对准安装孔位放下。

2）首先固定位于对角线位置的两个卡扣，如果先固定位于 CPU 同一侧的两个卡扣，那么可能因压力过大而导致 CPU 损坏，应同时按下对角线位置的两个卡扣，而对另一条对角线上的两个卡扣则重复以上操作。

3）如图 1-5 所示，装好散热器后，连接 CPU 风扇及电源。主板上会有至少 3 个适用于散热器风扇的 3 针电源插针，将 CPU 散热器风扇安装到较近的电源插针上。至此，CPU 散热器就安装完成了。

图 1-4　安装 CPU 后 Socket 插槽的结构　　　　　图 1-5　散热器的安装

3. 安装内存

1）安装内存时，先用手将内存插槽两端的扣具打开，然后将内存平行放入内存插槽中（内存插槽也使用了防呆式设计，即反方向无法插入，安装时可以对应一下内存与插槽上的缺口），用两手的拇指按住内存两端轻微向下压，听到"啪"的一声响后，即说明内存安装到位。内存的安装如图 1-6 所示。

图 1-6　内存的安装

2）主板上的内存插槽一般都采用两种不同的颜色来区分双通道与单通道。如图 1-6 所示，将两条规格相同的内存条插入相同颜色的插槽中，即打开了双通道功能。

4. 固定主板

1）打开机箱的外包装。随机箱会有许多附件（如螺钉、挡片等），在安装过程中，会逐一用到它们。把机箱的外壳取下，机箱内部结构如图 1-7 所示。

2）去除机箱垫板。由于主板厂商生产的主板后部 I/O 接口在分布上采用的标准不同，所以在购买主板时会附带一个与该主板后部 I/O 接口相匹配的挡板，需要先将机箱上原装的挡板去除，如图 1-8 所示。

3）确定并安装固定小铜柱。先将主板的 I/O 接口一端试着对应机箱后部的 I/O 挡板，再将主板与机箱上的螺钉孔逐一对准，看看与主板对应机箱上哪些螺钉孔需要拧上螺钉，接

这是电源固定架，用来固定电源

这块大的铁板用来固定主板，在此称之为底板，上面需要安装铜柱来固定主板

这些槽口是用来固定板卡及打印口和鼠标口的

这是5in(1in=0.0254m)固定架，可以安装几个设备，比如光驱、刻录机等

这是3in固定架，用来固定软驱

这是3in固定架，用来固定3in硬盘等

在机箱的下面还有四个塑料脚垫

图1-7 机箱内部结构

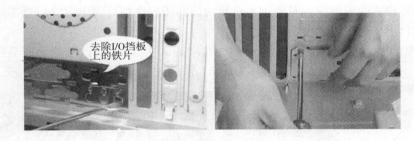

去除I/O挡板上的铁片

图1-8 去除 I/O 挡板

着把机箱附带的金属螺钉或塑料钉旋入主板和机箱对应的机箱底板上，然后用钳子进行加固。

4）安装主板。用双手平行托住主板将其轻轻放入机箱中，并检查金属螺钉或塑料钉是否与主板的定位孔相对应，如图1-9所示。安装时应注意背面挡板是否和主板 I/O 接口吻合。

5）固定主板。将金属螺钉用螺钉旋具旋入金属柱内，如图1-10所示。

图1-9 将主板放入机箱

注意：在装主板固定螺钉时，不要一开始就拧紧每颗螺钉，应该等全部螺钉安装到位后，再将每颗螺钉拧紧。这样做的好处是随时可以对主板的位置进行调整，并且可以防止主板因受力不均匀而导致变形。

图 1-10　固定主板

5. 安装电源

1）将 ATX 12V 电源供应器对应置入机箱内，并用四个螺钉将电源供应器固定在机箱的后面，如图 1-11 所示。

2）将电源供应器上的双列 20 针电源插头对应插入主板的 20 针电源供应器插座中，如图 1-12 所示。

将ATX 12V电源供应器装进机箱

图 1-11　将电源供应器装入机箱

图 1-12　将 20 针电源插头插入主板

6. 安装硬盘、光驱

1）将硬盘放入机箱相应位置，主要是依据螺钉孔的位置而定的，即将硬盘上的螺钉孔与机箱上硬盘固定架的螺钉孔对准。用螺钉旋具对准托架上的螺钉孔，并拧紧固定螺钉。硬盘的固定如图 1-13 所示。

2）取下机箱的前面板上用于安装光驱的挡板，然后将光驱反向从机箱前面板装进机箱的 5.25in 槽位，确认光驱的前面板与机箱平整对齐后，在光驱的每一侧用两个螺钉初步固定，先不要拧紧，这样可以对光驱的位置进行细致的调整，然后再把螺钉拧紧，这主要是考虑到机箱前面板的美观。光驱的安装如图 1-14

图 1-13　硬盘的固定

所示。

3）对于 SATA 硬盘，右边红色的为数据线，黑、黄、红交叉的是电源线，安装时将其按入即可。接口全部采用防呆式设计，反方向无法插入，如图 1-15 所示。

图 1-14　光驱的安装　　　　　　　　　　图 1-15　硬盘数据线的安装

7. 安装显卡（PCI-E 显卡）

1）打开机箱，找到主板中间位置的一条黑色的 PCI-E 插槽，去除机箱后面板上该插槽处的铁皮挡板。

2）取出静电袋中的显卡（为防止静电损害，最好不要碰触显卡的电路部分），接着，使显卡的挡板对准空出的铁皮挡板位，用手轻握住显卡两端，垂直对准主板上的显卡插槽，两手均匀用力往下推，向下轻压到位后，再用螺钉固定，即完成了显卡的安装过程，如图 1-16 所示。

8. 连接各类连线

1）连接数据线。不同接口类型的硬盘、光驱应连接不同的数据线。图 1-17 所示为安装主板上的 IDE 数据线。

图 1-16　显卡的安装　　　　　　　　　　图 1-17　安装主板上的 IDE 数据线

2）连接机箱控制连线。从机箱上面板引出的导线有很多，对应的连线有电源开关连线、复位开关连线、硬盘灯连线等。一般情况下，这些连线的接头都有英文标注，如图 1-18 所示。

3）连接前置 USB 接口。在主板的电源接口旁边有 9 个 USB 插针，如图 1-19 所示。前置 USB 接口由 USB2 + 、USB2 – 、GND、VCC 四组插头组成。其中，GND 为接地线，VCC

 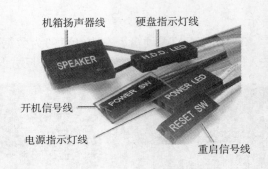

图 1-18　机箱控制连线

为 USB +5V 的供电插头，USB2 + 为正电压数据线，USB2 - 为负电压数据线。在连接 USB 接口时一定要参考主板的说明书，仔细对照，如果连接不当，那么很容易造成主板的烧毁。

图 1-19　主板 USB 插针

4）主机外部连线

① 电源接口（黑色）：负责给整个主机电源供电，有的电源提供了开关，建议在不使用计算机的时候关闭这个电源开关。

② PS/2 接口（蓝绿色）：PS/2 接口有两组，分别为下方（靠主板 PCB 方向）紫色的键盘接口和上方绿色的鼠标接口。两组接口不能插反，否则将找不到相应的硬件；两组接口在使用中也不能进行热拔插，否则会损坏相关芯片或电路。

③ 网卡接口：该接口一般位于网卡的挡板上（目前很多主板都集成了网卡，网卡接口常位于 USB 接口上端），将网线的水晶头插入后，正常情况下网卡上红色的链路灯会亮起，传输数据时则亮起绿色的数据灯。

④ USB 接口（黑色）：接口外形呈扁平状，是微型计算机外部接口中唯一支持热插拔的接口，可连接所有采用 USB 接口的外设，具有防呆式设计，反向不能插入。

⑤ MIDI/游戏接口（黄色）：该接口和显卡接口一样有 15 个针脚，可连接游戏摇杆、方向盘、二合一的双人游戏手柄以及专业的 MIDI 键盘和电子琴。PS/2、网卡、USB、MIDI/游戏接口如图 1-20 所示。

⑥ LPT 接口（朱红色）：该接口为针脚最多的接口，共 25 针，可用来连接打印机，在连接好后应拧紧接口两边的旋转螺钉（其他类似配件设备的固定方法相同）。

⑦ COM 接口（深蓝色）：平均分布于并行接口下方，该接口有 9 个针脚，也称为串口 1

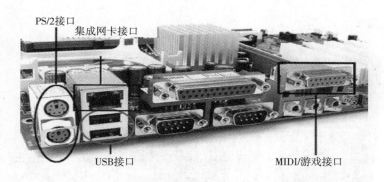

图 1-20 PS/2、网卡、USB 、MIDI/游戏接口

和串口 2，可连接游戏手柄或手写板等配件。

⑧ 显卡接口（蓝色）：蓝色的 15 针 D-Sub 接口是一种模拟信号输出接口，用来将视频信号双向传输到显示器。该接口用来连接显示器上的 15 针视频线，连接时需插稳并拧好两端的固定螺钉，以保证插针与接口保持良好的接触。LPT、COM、显卡接口如图 1-21 所示。

⑨ Mic 接口（粉红色）：粉红色的是 Mic 接口，Mic 接口与麦克风连接，用于聊天或者录音。

⑩ Line In 接口（淡蓝色）：位于 Line Out 和 Mic 中间的那个接口即为音频输入接口，需和其他音频专业设备相连，家庭用户一般闲置无用。

⑪ Line Out 接口（淡绿色）：靠近 COM 接口，通过音频线连接音箱的 Line 接口，输出经过计算机处理的各种音频信号。音频接口如图 1-22 所示。

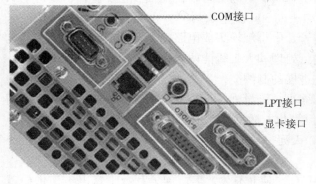

图 1-21 LPT、COM、显卡接口   图 1-22 音频接口

9. 连接外设

1）连接键盘、鼠标，就是将键盘和鼠标的数据线连接到主机背面，主板的键盘、鼠标接口处。PS/2 型键盘接口一般为紫色，鼠标接口一般为绿色。键盘、鼠标还有 USB 接口类型，将它们连接到主机 USB 接口即可。

注意：键盘、鼠标有盲口设计，切不可接反，否则会损坏键盘和鼠标。

2）连接显示器。显示器背面有两根引出线，其中一根是三针插头，是显示器的电源线，另一根是显示器的数据线。安装显示器时，需要将数据线连接到显卡的数据线接口上。

3）连接音箱。安装音箱时主要是进行音频线的连接。以常见的 2.1 音箱为例，一般音频线有三根，一根用于连接主机的声卡，另外两根分别连接音箱的低音炮和卫星音箱。连接外设后的台式机如图 1-23 所示。

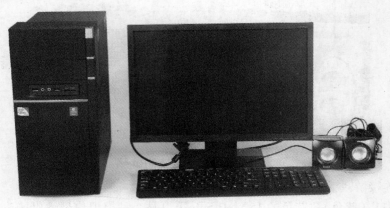

图 1-23　连接外设后的台式机

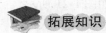 拓展知识

计算机是一种能进行高速运算，具有内部存储能力，由程序控制操作过程的数字化电子设备。计算机按其构成规模可分为巨型机、大型机、中型机、小型机、微型机和工作站。

1. 计算机的发展

1946 年，世界上第一台电子数字计算机"ENIAC"，是由美国宾夕法尼亚大学莫尔电工学院制造的。它的体积庞大，使用了 18800 个电子管，占地面积达 170m^2，重约 30t，每小时耗电 150kW，1s 内可完成 5000 次加法或 300 次乘法运算。自此以后，计算机按所采用的逻辑元件不同可划分为电子管、晶体管、中小规模集成电路、大规模或超大规模集成电路四个主要时代。目前，计算机正朝着并行处理和人工智能两大方向发展，但这既依赖于计算机技术的进步，也受其他相关学科研究进展的制约。

计算机更新换代的鲜明特点是：体积缩小、质量减轻、成本降低、可靠性能提高。当前计算机的发展趋势可概括为"四化"，即巨型化、微型化、网络化和智能化。

我国 2010 年研制成功的超级计算机"天河一号"正受世人的瞩目。

2. 计算机的工作原理

1）当世界上第一台电子计算机"ENIAC"诞生不久，美籍匈牙利数学家冯·诺依曼就对计算机提出了重大的改进理论。其主要思想有两点：一是数据运算与存储应以二进制为基础；二是计算机应采用"存储程序"和"程序控制"的方式工作，并且他还进一步明确指出计算机由运算器、控制器、存储器、输入设备和输出设备组成。

2）计算机的一般运算过程（见图 1-24）

① 由输入设备把原始数据或信息输入到计算机存储器中存起来。

② 由控制器把需要处理或计算的数据调入运算器。

③ 由输出设备把最后的运算结果输出。

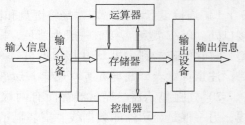

图 1-24　计算机的一般运算过程

3. 计算机的主要应用领域

计算机的主要应用领域有科学计算、数据处理、过程控制、人工智能及网络应用。计算机作为辅助工具，正不断延伸到生活的各个领域。计算机辅助系统有 CAD（计算机辅助设计）、CAM（计算机辅助制造）、CAI（计算机辅助教学）、CBE（计算机辅助教育）、CAT（计算机辅助测试等）。

4. 计算机的主要技术指标

（1）字长　字长是指 CPU 一次最多可同时传送和处理的二进制位数。字长直接影响计算机的功能、用途和应用范围。例如，Pentium 是 64 位字长的微处理器，即数据位数是 64 位，而它的寻址位数是 32 位。

（2）时钟频率　时钟频率又称主频，是指 CPU 内部晶振的频率，常用单位为兆赫兹（MHz）。它反映了 CPU 的基本工作节拍。一个机器周期由若干个时钟周期组成。在机器语言中，使用执行一条指令所需要的机器周期数来说明指令执行的速度。一般使用 CPU 类型和时钟频率来说明计算机的档次。

（3）运算速度　运算速度是指计算机每秒能执行的指令数，单位有 MIPS（每秒百万条指令）、MFLOPS（每秒百万条浮点指令）

（4）存取速度　存取速度是指存储器完成一次读取或写存操作所需的时间，称为存储器的存取时间或访问时间。连续两次读或写所需要的最短时间称为存储周期。对于半导体存储器来说，存取周期在几十毫秒到几百毫秒之间。存取速度的大小会影响计算机的运算速度。

（5）内、外存储器容量　内存储器容量是指内存存储容量，即内存储器能够存储信息的字节数。外存储器是可将程序和数据永久保存的存储介质，可以说其容量是无限的，如硬盘、光盘已是微型计算机系统中不可缺少的外部设备。内、外存储器容量越大，所能运行的软件功能就越丰富。CPU 的高速度和外存储器的低速度是微型计算机系统工作过程中的主要瓶颈，不过由于硬盘的存取速度不断提高，目前这种现象已有所改善。

任务二　安装微型计算机操作系统

🖊 任务分析

操作系统是用户与计算机之间的服务界面，管理着所有的计算机系统资源。微型计算机操作系统的安装过程，一般需经过"采集信息"、"动态升级"、"准备安装"、"安装"和"完成安装"等几个步骤。

🖊 相关知识

1. 微型计算机操作系统简介

操作系统（Operating System，简称 OS）是管理计算机硬件与软件资源的程序，同时也是计算机系统的内核与基石。操作系统是一个庞大的管理控制程序，大致包括五个方面的管理功能：进程与处理机管理、作业管理、存储管理、设备管理、文件管理。目前，微型计算机上常用的操作系统有 Windows XP、Windows 7 等。

2. Windows XP 操作系统

（1）简介　Windows XP 是 Microsoft 公司继 Windows 9x 与 Windows 2000 之后推出的又一个图形界面操作系统。Windows XP 在改善操作系统易用性的同时还扩充了数字媒体功能，并简化了用户下载音乐、处理数字图片和使用 Internet 的操作。Windows XP 的可靠性、数控媒体特性和通信功能等将使用户耳目一新。自 2002 年推出正式版以来，Windows XP 凭借其强大的功能、友好的用户界面、更稳定的运行环境，已迅速被广大用户所接受，并成为目前国内应用最广泛的操作系统。

（2）安装方式　Windows XP 的安装方式通常有全新安装和多系统共存安装。

1）全新安装。如果硬盘里原先没有任何 Windows 系统，那么可以在 DOS 状态下运行中文版 Windows XP 安装光盘中的安装命令 \ I386 \ winnt. exe，进行全新安装。需要注意的是，从 DOS 中全新安装 Windows XP 之前，需要先加载 Smartdrv. exe 文件。该文件位于 Windows XP 的安装光盘中或是 Windows XP 系统的 Windows 目录下。

2）多系统共存安装。当用户需要以多系统共存的方式进行安装，即保留原有的系统时，可以将中文版 Windows XP 安装在一个与原系统不同的分区中，与机器中原有的系统相互独立，互不干扰。Windows XP 安装完成后，会自动生成开机启动时的系统选择菜单。需要说明的是，如果用户原有的操作系统不是中文版的，而现在所安装的 Windows XP 为中文版的，那么由于语言版本不同，只能进行多系统共存安装，而不能进行升级安装。

 任务实施

现以安装，Windows XP Professional 为例，介绍微型计算机操作系统的安装方法。

1. 准备工作

1）准备好 Windows XP Professional 简体中文版安装光盘，并检查光驱是否支持自启动。

2）在可能的情况下，于运行安装程序前用磁盘扫描程序扫描所有硬盘，检查硬盘错误并进行修复，否则当运行安装程序时检查到有硬盘错误就会很麻烦了。

3）用纸张记录安装文件的产品密匙（安装序列号）。

4）如果想在安装过程中格式化 C 盘或 D 盘（建议安装过程中格式化 C 盘），那么请备份 C 盘或 D 盘中有用的数据。

2. 安装 Windows XP Professional

1）将安装光盘放入光驱，当出现图 1-25 所示文字时快速按〈Enter〉键，否则不能启动安装光盘。

```
Press any key to boot from CD.._
```

图 1-25　Windows XP Professional 的安装（1）

2）光盘自启动后，出现安装界面，如图 1-26 所示。

3）选择"要现在安装 Windows XP，请按 ENTER 键。"选项，系统会检测硬盘空间的大小，然后显示 Windows XP 许可协议，如图 1-27 所示。

4）按照提示按〈Page Down〉键逐页阅读许可协议内容，然后按〈F8〉键同意其内容后，进入下一步安装。Windows XP Professional 的安装程序显示当前硬盘的磁盘分区信息及未划分的空间信息，如图 1-28 所示。用户若按〈Enter〉键，则将在当前所选的磁盘分区上

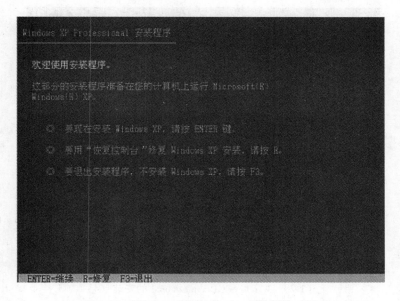

图 1-26　Windows XP Professional 的安装（2）

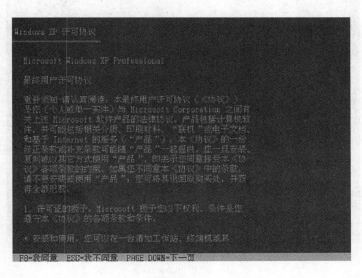

图 1-27　Windows XP Professional 的安装（3）

安装 Windows XP；若按〈C〉键，则将在尚未划分的空间中创建新的磁盘分区；若按〈D〉键，则将删除所选的磁盘分区。用户可根据自己的实际情况选择安装 Windows XP 的磁盘分区。在这里我们选择直接在所选磁盘分区上安装 Windows XP。

5）按〈Enter〉键，打开图 1-29 所示的 Windows XP 安装确认界面。系统提示安装所选分区为 FAT32 分区，用户可以根据实际需求决定是否需要将 FAT32 分区转换为 NTFS 分区。一般来说，NTFS 分区能够更好地配合 Windows XP 系统。

6）选择"用 NTFS 文件系统格式化磁盘分区（快）"选项，然后按〈Enter〉键将该磁盘分区格式化为 NTFS 分区。如图 1-30 所示，系统提示该磁盘分区上所有的数据将会丢失，

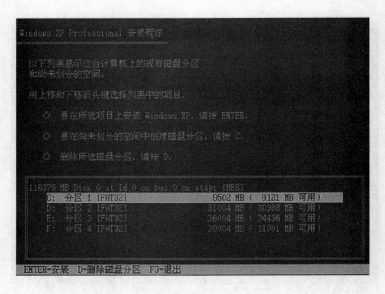

图 1-28　Windows XP Professional 的安装（4）

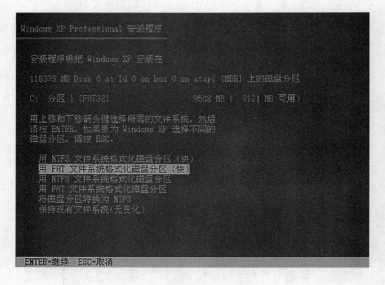

图 1-29　Windows XP Professional 的安装（5）

确认后按〈F〉键进行格式化。一般建议用户将 Windows XP 单独分配一个磁盘分区，如果用户要在有数据的磁盘分区上安装 Windows XP，则可以保留该分区的 FAT32 格式或选择"将磁盘分区转换为 NTFS"选项来保留该磁盘分区上原来的数据。

　　7）如果所选分区 C 盘的空间大于 2048MB（即 2GB），由于 FAT 文件系统不支持大于 2048MB 的磁盘分区，所以安装程序会用 FAT32 文件系统格式对 C 盘进行格式化，按〈Enter〉键，出现图 1-31 所示内容。

　　8）格式化 C 盘分区完成后，系统自动开始将系统安装所必需的文件复制到 Windows 安装文件夹，如图 1-32 所示。

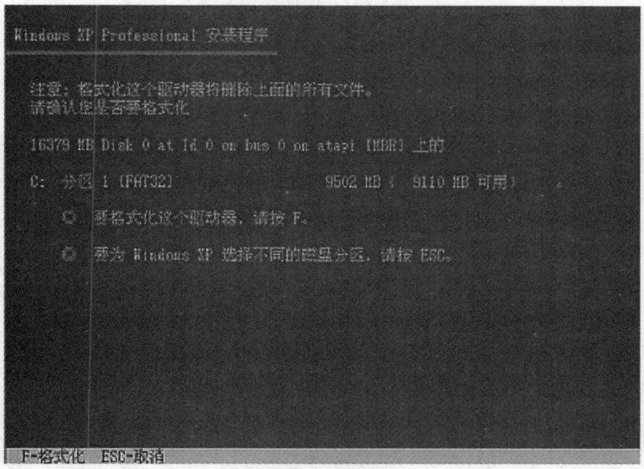

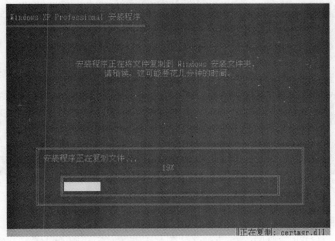

图 1-30　Windows XP Professional 的安装（6）

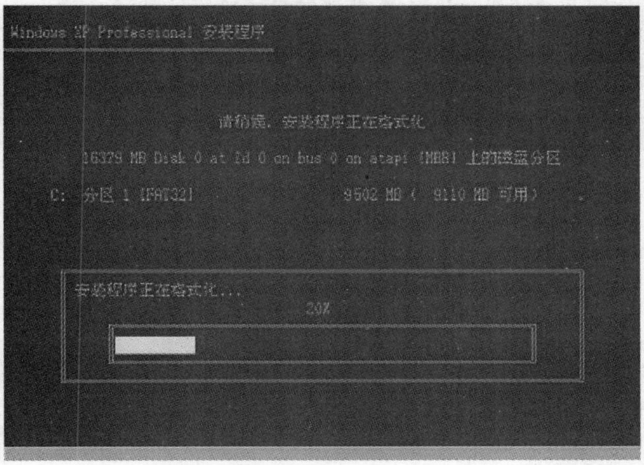

图 1-31　Windows XP Professional 的安装（7）

图 1-32　Windows XP Professional 的安装（8）

9）复制文件完成后，安装程序将初始化 Windows XP 配置。初始化结束后，系统自动在 15s 后重新启动。在系统重新启动后，安装程序进入正式的 Windows XP 安装过程，显示 Windows XP 的新特性说明，如图 1-33 所示。

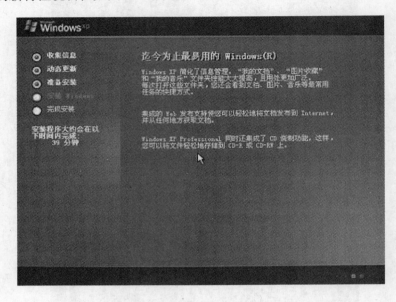

图 1-33　Windows XP Professional 的安装（9）

10）大约经过 5min 后，当提示还需 33min 时，安装程序要求用户设置区域和语言选项，如图 1-34 所示。

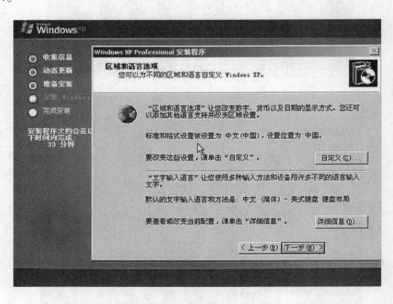

图 1-34　Windows XP Professional 的安装（10）

11）设置区域和语言后，单击"下一步"按钮，打开图 1-35 所示的"Windows XP Professional 安装程序"对话框，然后在"姓名"文本框中输入用户名称，在"单位"文本框中输入单位名称。该对话框主要是用于 Windows XP 系统收集用户的相关信息。

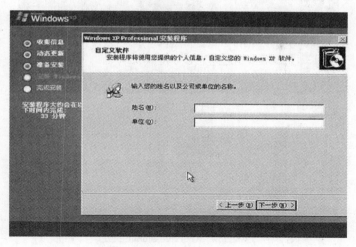

图 1-35 Windows XP Professional 的安装（11）

12）单击"下一步"按钮，打开图 1-36 所示的对话框，在其中输入 Windows XP 的产品密钥。通常产品密钥在 Windows CD 包装背面的黄色不干胶上。

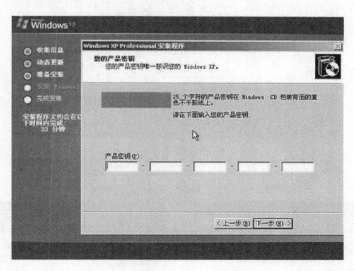

图 1-36 Windows XP Professional 的安装（12）

13）输入产品密钥后，单击"下一步"按钮，打开图 1-37 所示的对话框。安装程序提示用户输入计算机名和系统管理员密码。

14）安装程序自动创建计算机名称，用户可自己更改，然后输入两次系统管理员密码，并牢记这个密码。Administrator 系统管理员在系统中具有最高权限，平时登录系统时不需要这个账号。接着单击"下一步"按钮，用户可以按照提示设定系统的时间。选北京时间，单击"下一步"按钮，安装程序将根据用户提供的信息安装网络并进行最后阶段的安装，如图 1-38 所示。

15）选择"典型设置"选项，配置网络，然后单击"下一步"按钮，如图 1-39 所示。

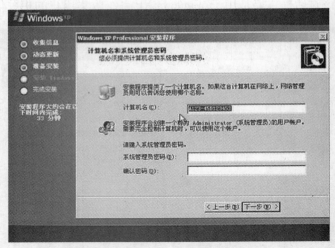

图 1-37　Windows XP Professional 的安装（13）

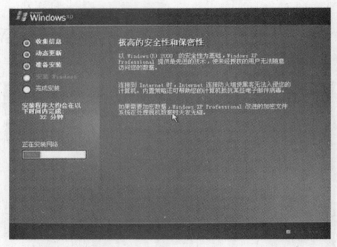

图 1-38　Windows XP Professional 的安装（14）

图 1-39　Windows XP Professional 的安装（15）

16) 单击"下一步"按钮，继续完成安装，如图 1-40 所示。

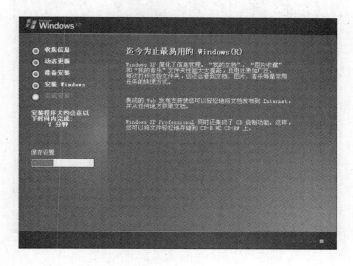

图 1-40 Windows XP Professional 的安装（16）

17) 安装到这里后就不需要用户参与了，安装程序会自动完成剩余的安装过程。安装完成后系统会自动重新启动，出现启动画面，如图 1-41 所示。

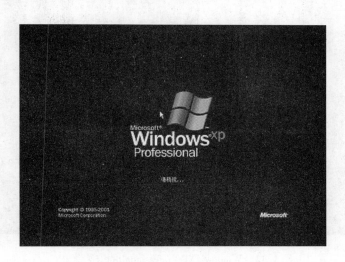

图 1-41 Windows XP Professional 的安装（17）

18) 第一次启动需要较长时间，请耐心等候，接下来是欢迎使用画面，提示设置系统，如图 1-42 所示。

19) 单击右下角的"下一步"按钮，出现设置上网连接画面，如图 1-43 所示。

20) 这里建立宽带拨号连接，不会在桌面上建立拨号连接快捷方式，且默认的拨号连接名称为"我的 ISP"（自定义除外）。进入桌面后通过连接向导建立的宽带拨号连接，会在桌面上建立拨号连接快捷方式，且默认的拨号连接名称为"宽带连接"（自定义除外）。如果用户不想在这里建立宽带拨号连接，那么请单击"跳过"按钮。

图 1-42　Windows XP Professional 的安装（18）

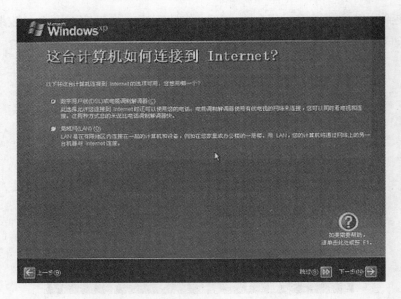

图 1-43　Windows XP Professional 的安装（19）

21）单击"下一步"按钮，进入 Windows 系统激活界面，如图 1-44 所示。用户可以根据实际情况选中"是，现在在 Internet 上激活 Windows"单选按钮或"否，请每隔几天提醒我"单选按钮。

22）单击"下一步"按钮，进入计算机用户账号设定界面，如图 1-45 所示。

23）设置使用该计算机用户的账号，单击"下一步"按钮，进入 Windows XP Professional 安装结束界面。单击"完成"按钮，结束 Windows XP Professional 的安装，然后进入 Windows XP Professional 的主界面，如图 1-46 所示。

图 1-44 Windows XP Professional 的安装（20）

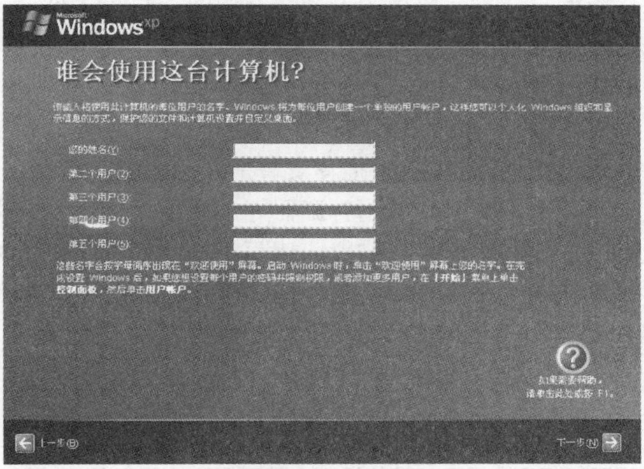

图 1-45 Windows XP Professional 的安装（21）

图 1-46 Windows XP Professional 的安装（22）

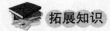 拓展知识

1. 驱动程序

英文名为"Device Driver"，全称为"设备驱动程序"，是一种可以使计算机和设备通信的特殊程序，可以说是相当于硬件的接口。操作系统只有通过这个接口，才能控制硬件设备的工作。假如某设备的驱动程序未能正确安装，那么此设备便不能正常工作。因此，驱动程序被誉为"硬件的灵魂"、"硬件的主宰"、"硬件和系统之间的桥梁"等。

安装完操作系统后，接下来的工作就是安装各种硬件设备的驱动程序。

安装驱动程序的一般顺序为：主板芯片组（Chipset）→显卡（VGA）→声卡（Audio）→网卡（LAN）→无线网卡（Wireless LAN）→红外线（IR）→触控板（Touchpad）→PCMCIA 控制器（PCMCIA）→读卡器（Flash Media Reader）→调制解调器（Modem）→其他（如电视卡、CDMA 上网适配器等）。如果不按顺序安装，那很有可能导致某些软件安装失败。驱动程序的具体安装步骤如下：

第一步，安装操作系统后，首先应该装上操作系统的 Service Pack（SP）补丁。

第二步，安装主板驱动。主板驱动主要用来开启主板芯片组的内置功能及特性，主板驱动里一般是主板识别和管理硬盘的 IDE 驱动程序或补丁，如 Intel 芯片组的 INF 驱动和 VIA 的 4in1 补丁等。

第三步，安装 DirectX 驱动。这里一般推荐安装最新版本。

第四步，安装显卡、声卡、网卡、调制解调器等插在主板上的板卡类驱动。

第五步，最后就可以安装打印机、扫描仪、读写机这些外设的驱动了。

这样的安装顺序就能使系统文件合理搭配，协同工作，充分发挥系统的整体性能。

2. 常见的硬盘分区格式

常见的硬盘分区格式主要有 FAT16、FAT32、NTFS，其特征见表 1-3。

表 1-3　常见硬盘分区格式的特征

分区格式	操作系统兼容性			簇最大值	最大容量	可实现最大分区容量	
	Windows NT	Windows 98	Windows 2000/XP/2003			Windows 98	Windows 2000/XP/2003
FAT16	支持	支持	支持	65536	4GB	2GB	4GB
FAT32	不支持	支持	支持	4177918	2TB	127.53GB	32GB
NTFS	支持	不支持	支持	4294967296	16EB	不支持	2TB

3. 不同分区格式的转换

由于操作系统的变更和升级，往往需要转换不同的分区格式。我国用户使用最广泛的操作系统是微软的 DOS、Windows 95、Windows 98、Windows NT/2000/XP 系列，分区格式也由早期的 FAT16 向 FAT32 与 NTFS 进化。由于种种原因，特别是多系统共存和系统升级，用户需要从一种分区格式向另一种分区格式转换，而这三种分区格式间的相互转换频率最高。分区格式的转换不外乎两种途径，即使用操作系统本身提供的转换工具和使用第三方磁盘工具。在第三方磁盘工具中，最负盛名的是 PowerQuest PartitonMagic 分区魔术师。

任务三 安装应用软件

任务分析

为使计算机完成特定的任务（如公文处理、上网浏览、收发电子邮件等），必须安装一些提供特定功能的软件，如经常使用的 Microsoft Office、WPS Office、Adobe Photoshop 和 Macromedia Flash 等。应用软件的安装过程一般包括"阅读安装说明"、"输入产品密钥"、"选择安装方式"、"修改安装路径"等步骤。下面以 Microsoft Office 2003 系列办公软件的安装过程为例，说明应用软件的一般安装过程。

相关知识

不同的应用软件采用不同的封闭形式，因此其安装方法也不尽相同。

1. 以光盘为载体的大、中型软件

一般情况下，大型或中等规模的软件（通常在几十兆字节或几吉字节）在其安装光盘中都提供了 Setup. exe 或 Install. exe 或 Setup. msi 文件，并且提供了光盘自动安装信息文件 Autorun. ini。如果用户的操作系统启动了光盘自动播放功能，那么只要把含有类似文件的光盘放入光驱，就会自动启动安装过程界面。

进入安装程序界面后，只需按安装向导的指示，单击"下一步"按钮，依次设定用户信息、安装路径、安装内容和注册信息等，最后单击"完成"按钮，整个安装过程就完成了。

2. 以单独 EXE 文件提供的小型工具软件

绝大多数共享软件和免费软件（如 Flashget、WinZip 等）通常以单独的 EXE 可执行文件的形式提供，这种方式非常流行。事实上，这个 EXE 文件也是一个压缩文件，只不过已经内建了自解压程序，当用户双击执行它之后，便会自动解压缩到临时目录，并进入安装界面。待安装完毕后，临时目录会被自动删除，因此十分方便。

3. 以 ZIP 或 RAR 压缩包形式提供的软件

为了便于网络传输，有时很多共享软件以及免费软件被压缩成一个以 ZIP 或 RAR 为扩展名的压缩包。如果用户下载的是一个以 ZIP 或 RAR 为扩展名的压缩包，那么还需要进行解压操作。当然，有时解压后可能是一个 EXE 可执行文件。

4. 无须安装的绿色软件

这是一种备受称赞的软件类型。所谓绿色软件，就是无须执行特定的安装程序，不会因安装过程而给系统带来"垃圾"，一般多见于小型共享软件，并且在网络上非常普及。绿色软件也常常是一个 ZIP 或 RAR 压缩包或者 EXE 可执行文件，解压缩后可以保存到硬盘指定目录中。当用户需要运行该软件时，直接双击相应的程序图标即可。

任务实施

1）将 Microsoft Office2003 安装光盘放入光驱，安装程序会自动运行（如果光驱的自动播放功能被关闭，那么可进入安装光盘目录，找到"setup. exe"文件双击后也可启动安装程序），如图 1-47 所示。选择"安装 Office 2003 组件"，如果使用的是扩展名为"exe"的可执行文件，那么直接双击源程序文件进行安装。

图 1-47　Microsoft Office2003 的安装（1）

2）选择"安装 Office2003 组件"后，接着会出现"产品密钥"的输入窗口，查看安装光盘封面或光盘内的 sn. txt 文件可找到这个密钥，如图 1-48 所示。

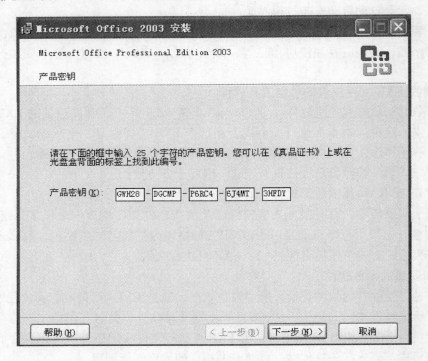

图 1-48　Microsoft Office2003 的安装（2）

3）正确输入产品密钥后，进入"用户信息"输入窗口，如图 1-49 所示。用户在这里所填写的用户名、缩写、单位将会出现在以后所创建的 Office 的文档信息里面。

4）单击"下一步"按钮，进入"最终用户许可协议"窗口，如图 1-50 所示。最终用户许可协议主要包含了软件的版权声明以及用户协议等。当没有选中"我接受《许可协议》中的条款"复选框时，"下一步"按钮是灰色的，处于不可选状态。

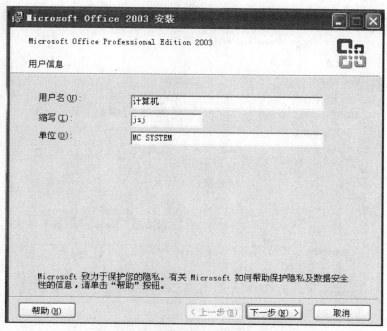

图 1-49　Microsoft Office2003 的安装（3）

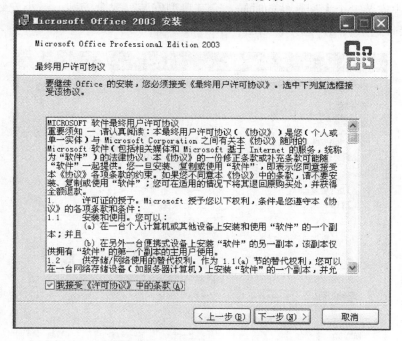

图 1-50　Microsoft Office2003 的安装（4）

　　5）选中"我接受《许可协议》中的条款"复选框，单击"下一步"按钮，进入安装类型选择界面，如图 1-51 所示。将安装位置改为 d：\ Program Files \ Microsoft Office \ ，当然用户也可以单击"浏览"按钮，选择其他的安装位置。

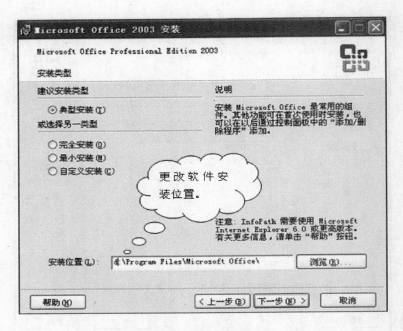

图 1-51　Microsoft Office2003 的安装（5）

6）当用户安装一个大型软件的时候，会有典型安装、完全安装、最小安装、自定义安装等几种安装方式来供用户选择，如图 1-52 所示。

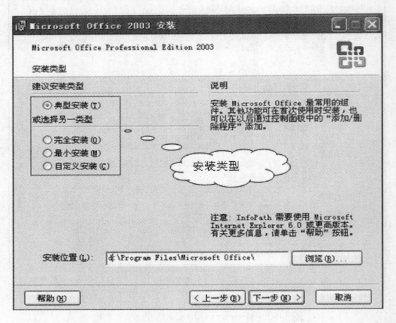

图 1-52　Microsoft Office2003 的安装（6）

① 典型安装：这是一般软件推荐的安装类型，选择了这种安装类型后，安装程序将自动为用户安装 Microsoft Office 整套软件中最基本、最常用的功能。

② 完全安装：选择此安装方式后，就会把软件的所有组件都安装到用户的计算机上

（见图1-53），以满足用户对该软件的所有功能需求，但它需要的磁盘空间最多。

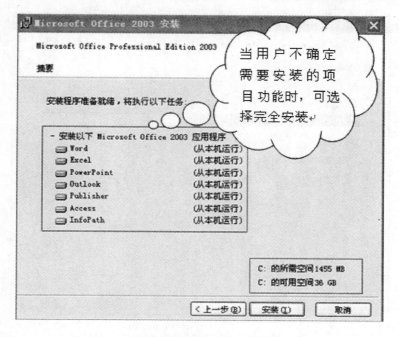

图 1-53　Microsoft Office2003 的安装（7）

③ 最小安装：只安装运行此软件必须的部分，除非用户确实磁盘空间比较紧张，否则不推荐使用这种安装方式。

④ 自定义安装：既可以避免安装不需要的软件，节省磁盘空间，又能够一步到位地安装用户需要的软件，如图1-54所示。

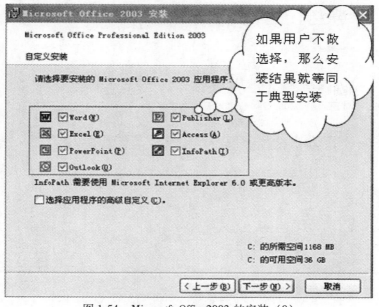

图 1-54　Microsoft Office2003 的安装（8）

7）复制新文件等过程需要几分钟的时间（见图 1-55），用户应耐心等候。

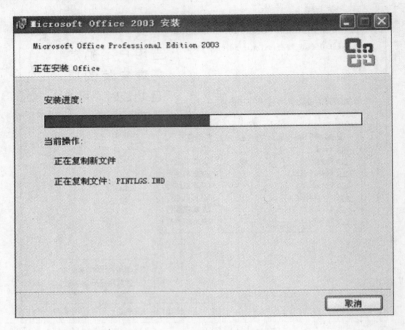

图 1-55　Microsoft Office2003 的安装（9）

8）几分钟之后安装即可完成，此时会出现"安装已完成"窗口，单击"完成"按钮，即完成 Microsoft Office2003 的安装，如图 1-56 所示。

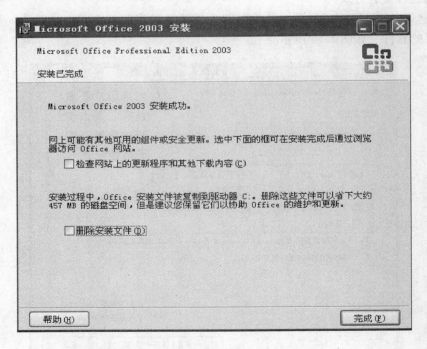

图 1-56　Microsoft Office2003 的安装（10）

9）最后单击"开始"→"程序"→"Microsoft Office"→"Microsoft Office Word2003"选项，即可启动 Word 等程序了。

注意，有时在安装 Microsoft Office2003 时，在最后一步要求重新启动计算机，以使 Office 的各项设置生效。

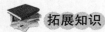 拓展知识

常用软件主要有三种类型：

1. Demos 演示软件

Demos 演示软件是商业发行软件时为了让用户先了解软件的功能而发布的一个版本，主要用于介绍软件可以实现的功能和软件的特性。如果用户喜欢这个软件，那么可以去购买正式版本。

2. Shareware 共享软件

Shareware 共享软件是用户在购买或注册前可以试用的一类软件。这类软件有版权，但是用户可以免费下载使用，但试用一段时间后，用户必须注册或者购买这个软件以继续使用。

需要注意的是：共享软件多数不是永久免费的，开发者的目的还是希望用户最终购买他们的产品，所以共享软件往往被限制了使用时间，或者只提供了部分功能。不过与纯粹的免费软件相比，共享软件在安全方面要强得多。

3. Freeware 免费软件

用户可以免费下载使用 Freeware 免费软件并在同事和朋友之间传递。与共享软件不同的是，用户无须注册这个软件就可以使用其提供的所有功能。

任务四 使用工具软件

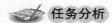 任务分析

安装操作系统之后，用户就可以进行一些常用操作了，但是要完成特定任务或操作，就需要相应工具软件的支持。用户可根据自身需求选择安装工具软件。这里介绍压缩软件 WinRAR 简体中文版和驱动精灵的使用。

相关知识

1. 压缩软件 WinRAR 简体中文版

本软件是一款流行好用的压缩工具，内置程序可以解开 CAB、ARJ、LZH、TAR、GZ、ACE、UUE、BZ2、JAR、ISO 等多种类型的压缩文件。其压缩率相当高，而占用的资源相对较少，固定压缩、多媒体压缩和多卷自释放压缩是其他大多数的压缩工具所不具备的。

2. 驱动精灵

本软件是一款集驱动管理和硬件检测于一体的专业级驱动管理和维护工具。驱动精灵为用户提供驱动备份、恢复、安装、删除、在线更新等实用功能。另外，它除了具有驱动备份恢复功能外，还具有 Outlook 地址簿、邮件和 IE 收藏夹的备份与恢复功能，并且有多国语言界面供用户选择。

任务实施

1. 使用压缩软件 WinRAR 4.01 简体中文版

WinRAR 支持在右键菜单中快速压缩和解压文件，操作十分便捷。

（1）快速压缩

1）安装压缩软件后，当用户在文件上右击时，快捷菜单中就会出现压缩和解压命令，如图 1-57 所示。

2）当用户需要压缩文件时，在文件上右击，从快捷菜单中选择"添加到压缩文件"命令，弹出图 1-58 所示的对话框，选择"常规"选项卡，设置压缩文件格式、压缩方式、压缩选项等项目参数，然后单击"确定"按钮。

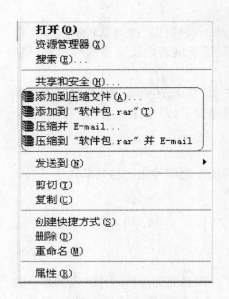

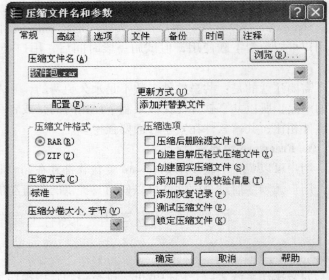

图 1-57　右键菜单　　　　　　　　　　图 1-58　压缩文件名和参数

3）开始压缩文件，显示压缩当前文件的已用时间、剩余时间、压缩率及进度等内容，如图 1-59 所示。当进度条至 100% 时，生成相应压缩文件。

（2）快速解压

1）在压缩文件上右击，从快捷菜单中选择"解压文件"命令，如图 1-60 所示。

2）执行"解压文件"命令，弹出图 1-61 所示对话框。在该对话框的"目标路径"处选择解压缩文件将存放的路径和名称，然后单击"确定"按钮就可以解压了。

2. 使用驱动精灵

1）驱动精灵安装后会自动检测硬件环境。运行驱动精灵时会对需要更新的驱动程序给出提示，如图 1-62 所示。单击"立即解决"按钮，会跳转到驱动更新界面。

2）驱动精灵的驱动更新一共分为三种模式，即标准模式、玩家模式和向导模式。

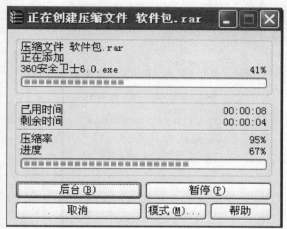

图 1-59　开始压缩

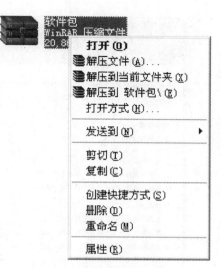

图 1-60　解压文件

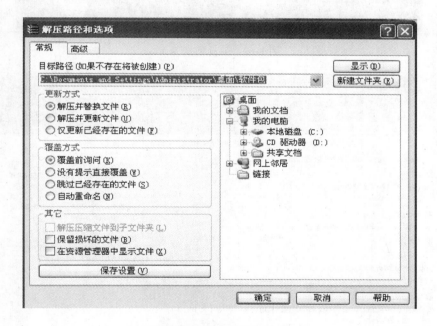

图 1-61　解压路径和选项

① 标准模式提供的驱动程序是经驱动之家评测室和驱动精灵驱动分析团队分析验证过的，能够在性能和稳定性上取得最佳平衡的官方正式完整版驱动程序。在标准模式下，每一款驱动精灵支持的硬件都会对应这样一款驱动程序，适合绝大多数用户使用。标准模式提供的推荐更新驱动程序是最适合的驱动程序，也可以选择全部驱动程序查看所有合适的驱动程序，如图 1-63 所示。单击下载需要更新的驱动程序，下载完成后单击"安装"按钮，驱动精灵会自动解压并运行驱动程序。

② 玩家模式专为玩家设计，以方便硬件玩家们对设备驱动程序进行细致入微的调整。在此功能中，驱动精灵不仅会提供大量多个版本的官方正式版驱动程序，而且会提供厂商抢

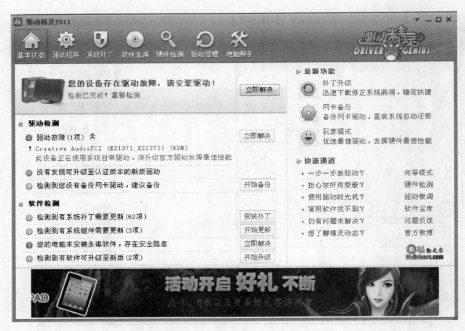

图 1-62　驱动精灵界面

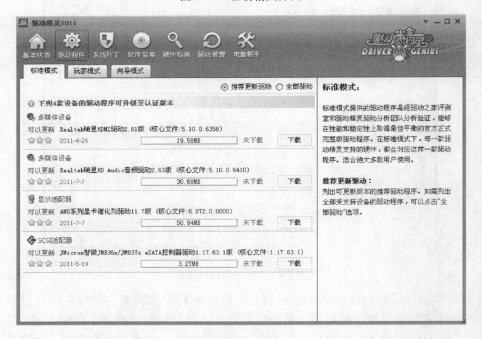

图 1-63　标准模式

先测试版、第三方修改版等增强驱动程序。对于驱动程序的版本与性质，驱动精灵都有详尽的说明，玩家们可以按照需求进行选择。玩家模式中的驱动程序较标准模式中要多一些，并给出了"最新驱动"、"推荐驱动"和"自定义驱动"三个选项。

　　③ 向导模式将会协助用户解决计算机硬件及驱动程序问题。通过一键式的安装流程，

用户可以完全不用考虑驱动程序的内容，所需驱动程序都会被检测后全部列出。当有多个驱动程序需要下载时，驱动精灵会同时开始下载，并视下载完成情况进行顺序安装。

向导模式比较适合新用户使用，简单方便。单击"开启向导"按钮，向导共有欢迎进入、选择更新、确认更新、驱动下载及安装、完成五个部分。单击"下一步"按钮进入选择更新，推荐需要下载及安装的驱动程序，当然也可以自定义勾选，如图1-64所示。

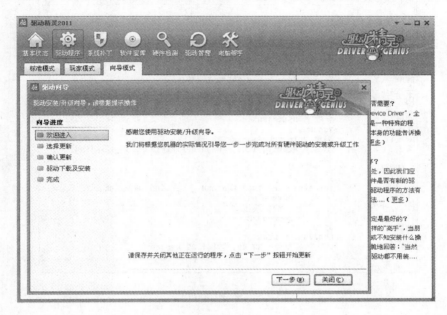

图1-64　向导模式

3）通过驱动精灵的硬件检测功能可以详细地查看计算机的硬件信息，如图1-65所示。

图1-65　硬件概览

通过驱动精灵的硬件检测功能不仅可以查看计算机的硬件概况，而且可以单独查看计算机每一部分的详细信息，并且可以导出检测信息，把计算机的详细硬件信息保存为文本文件，如图 1-66 所示。

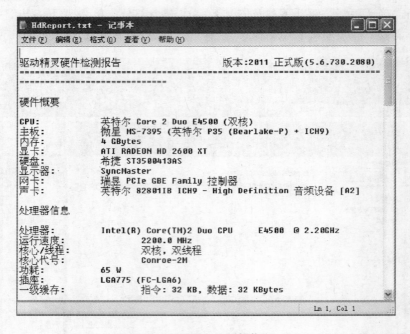

图 1-66 导出的硬件信息

4）驱动精灵的驱动管理功能提供了驱动微调、驱动备份和驱动还原功能。通过驱动微调功能可以查看每一个硬件及其驱动的详细信息，并可对其进行更新。

通过驱动备份和驱动还原功能可以很好地处理驱动更新中的意外情况，特别是喜欢使用最新驱动的用户，更新前一定要注意备份。当然对于一份非常好的驱动方案，也应备份一下。

① 选择要备份的驱动程序，单击"开始备份"按钮，自动搜索相关的驱动信息，备份到默认的路径，即安装目录的 backup 文件夹下，可通过"我要改变备份设置"进行修改，如图 1-67 所示。

② 与备份相应的就是还原了。选择需要还原的驱动选项，然后选择驱动备份的路径，单击"开始还原"按钮即可，如图 1-68 所示。

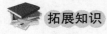 拓展知识

1. 压缩

利用特定算法对文件进行有损或无损处理，以达到保留最少文件信息，使文件变小的目的。压缩文件的基本原理是查找文件内的重复字节，建立一个相同字节的"词典"文件，并用一个代码表示。例如，在文件里有几处有一个相同的词"图书"，将其用一个代码表示并写入"词典"文件，这样就可以达到缩小文件的目的。

常用的压缩软件有 WinMount、WinRAR、WinZip、7-Zip 等。

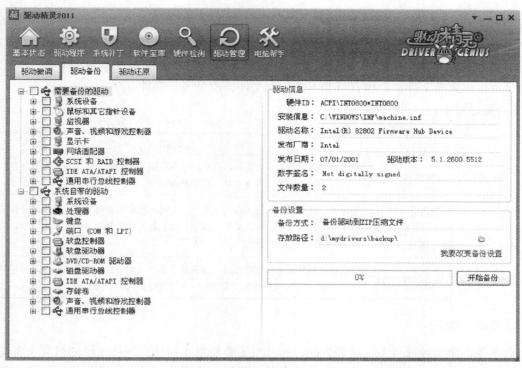

图 1-67　驱动备份

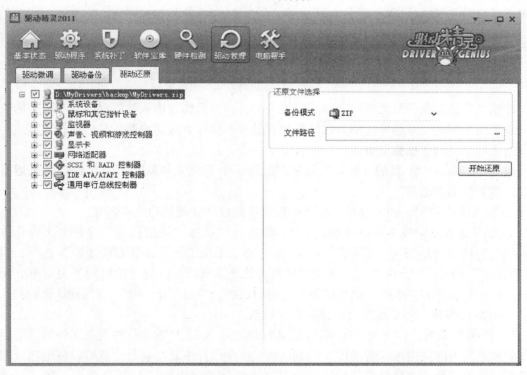

图 1-68　驱动还原

2. 解压缩

解压缩就是将一个通过软件压缩的文档、文件等恢复到压缩之前的样子。解压文件的方法是：右击图标→选择"解压文件"选项→单击"确定"按钮（前提为安装过相关解压软件并关联过右键菜单），解压完成以后就会在压缩文件所在目录出现一个新的文件，这个文件就是解压出来的文件，但也有可能不是一个文件，而是多个文件。

【问题建议】

常 见 问 题	交 流 建 议
开机即长鸣报警，无法显示	这种情况主要是由内存接触不良或损坏造成的。可拆开机箱把内存条重插一下。若内存条损坏，则更换内存条
在开机自检时出现"CMOS checksum error-Defaults loaded"的提示，而且必须按〈F1〉键，Load BIOS default 才能正常	通常这种状况都是由主板上给 CMOS 供电的蓄电池没电导致的。建议先更换蓄电池，如果此情形依然存在，那么就有可能是 CMOS RAM 有问题，建议送回原厂处理
运行一些软件时经常出现内存不足的提示	一般这类情况主要是由病毒或者系统盘剩余空间不足引起的，可用杀毒软件清除病毒或整理系统盘，保证系统盘有足够的空间

【案例小结】

此案例以微型计算机系统组装为例，通过对计算机基本功能、硬件系统的组成、驱动程序的安装、操作系统的安装、常用软件的安装及使用等方面的介绍，使学习者对计算机基础知识有了清晰完整的认识。

【教你一招】

数据恢复——如何找回丢失的硬盘资料？

计算机办公存在的最大风险莫过于数据丢失，辛勤劳作的成果往往只因一个小小的失误而付诸东流。因此，掌握一定的数据恢复知识是每一位计算机用户都需具备的技术素质。下面介绍几种常见的数据恢复方法。

1）在 Windows XP 系统下整理数据时，误将一个系统文件删除了，导致计算机运行不正常。数据恢复方法是：

① 如果文件被删除到回收站，那么可以通过回收站的还原功能来恢复。

② 如果回收站中找不到被删除的文件，那么可以通过"系统还原"来恢复。操作方法是：依次选择"开始"→"程序"→"附件"→"系统工具"→"系统还原"选项，打开"系统还原"向导（见图 1-69），选择"恢复我的计算机到一个较早的时间"复选框，单击"下一步"按钮，在"日历"中选择删除之前的日期，单击"下一步"按钮确认还原点，单击"下一步"按钮，将系统重启后即可恢复数据。

2）使用 U 盘时，由于没有采用正确的插拔操作，导致 U 盘上一些重要文件的丢失。

U 盘上丢失的数据可以尝试用"FinalData"这个软件恢复。它是一款可以按扇区读取并进行数据恢复的软件。该软件运行后，单击"文件"菜单中的"打开"命令，在"选择驱动器"对话框中选择 U 盘盘符后单击"确定"按钮开始扫描，如图 1-70 所示。待扫描结束

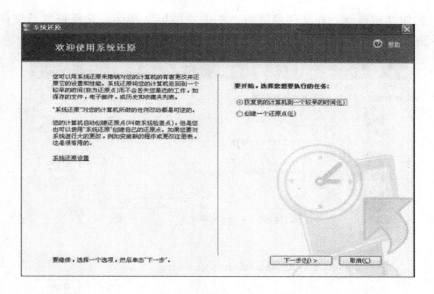

图 1-69 "系统还原"向导

后，在"丢失的目录"或"丢失的文件"内选中所有需要恢复的文件，单击"文件"菜单下的"恢复"命令，弹出"选择目录保存"对话框，确定保存路径后单击"保存"按钮就可以了。

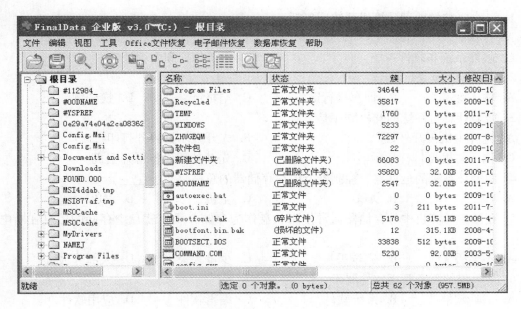

图 1-70 FinalData 界面

3）数据光盘由于受到磨损或是刻录质量的原因，不能正常读取数据。

当遇到这种情况时，可以试着用 BadCopy 软件来修复。它不仅可以恢复损坏的文件，而且可以恢复丢失的文件。该软件运行后，在"恢复来源"中选择"CD-ROM"，进入恢复向导，在向导第一步对话框中单击"恢复模式"下拉列表框，可以选择"挽救受损的文件"项，单击"前进"按钮（见图 1-71），进入待修复文件的文件夹，选中需要修复的文件，单击"前进"按钮开始修复。在文件修复后,单击"浏览"按钮,选择修复后文件的保存路径,最后单击"前进"按钮即可。

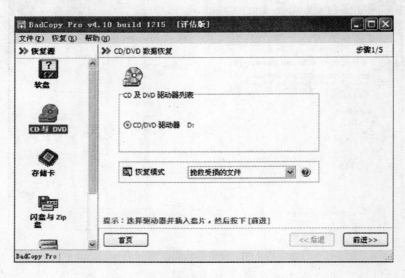

图 1-71 BadCopy 界面

【复习思考题】

1. 一个完整的微型计算机系统应包括_____。

A. 计算机及外部设备   B. 主机箱、键盘、显示器和打印机

C. 硬件系统和软件系统   D. 系统软件和系统硬件

2. 〈Enter〉键是_____。

A. 输入键   B. 回车换行键   C. 空格键   D. 换档键

3. 微型计算机系统的开机顺序是_____。

A. 先开主机再开外设   B. 先开显示器再开打印机

C. 先开主机再打开显示器   D. 先开外部设备再开主机

4. 微型计算机的运算器、控制器及内存存储器的总称是_____。

A. CPU   B. ALU   C. 主机   D. MPU

5. 在微型计算机中外存储器通常使用软盘作为存储介质,软盘中存储的信息在断电后_____。

A. 不会丢失   B. 完全丢失   C. 少量丢失   D. 大部分丢失

6. 某单位的财务管理软件属于_____。

A. 工具软件   B. 系统软件   C. 编辑软件   D. 应用软件

7. 个人计算机属于_____。

A. 小巨型机   B. 中型机   C. 小型机   D. 微型机

8. 断电会使原存信息丢失的存储器是_____。

A. 半导体 RAM   B. 硬盘   C. ROM   D. 软盘

9. 计算机软件系统应包括_____。

A. 编辑软件和连接程序   B. 数据软件和管理软件

C. 程序和数据　　　　　　　　　　D. 系统软件和应用软件

10. 计算机存储器是一种_____。

A. 运算部件　　　　B. 输入部件　　　　C. 输出部件　　　　D. 记忆部件

11. 微型计算机的发展是以_____的发展为特征的。

A. 主机　　　　　　B. 软件　　　　　　C. 微处理器　　　　D. 控制器

12. 操作系统是_____。

A. 软件与硬件的接口　　　　　　　　B. 主机与外设的接口

C. 计算机与用户的接口　　　　　　　D. 高级语言与机器语言的接口

【技能训练题】

1. 参照任务一的相应内容，动手组装一台微型计算机。

2. 在新组装的微型计算机上安装 Windows XP 操作系统和驱动精灵软件，并安装与计算机硬件对应的驱动程序。

3. 在 Windows XP 操作系统中安装 Microsoft Office2003 软件。

案例二　录入文字

【案例描述】

录入文字包括录入英文和录入中文两部分内容。录入英文，包括字母、单词、英文标点的录入，通过练习能够快速有效地提高对键盘的熟悉程度和打字的速度。录入中文，包括单个汉字、词组、中文标点的录入。由于五笔字型汉字输入法重码率低，录入速度快，因此在此使用五笔字型输入法来输入汉字。目前有许多种流行的录入文字软件，这里使用"金山快快打字通"软件来进行练习。

【案例分析】

录入英文文章时，首先应该熟悉键盘的键位以及各键位的功能，然后进行指法训练。录入中文文章时，首先应该学会单个汉字的拆分方法，然后再学习词组和简码的输入方法，只有综合应用各种录入技巧，才能更有效地录入文字。

任务一　录入英文

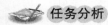

录入英文时，首先通过键位练习、单词练习来熟悉键盘的键位及正确的指法，然后再通过文章练习来提高英文打字速度。

1. 键盘键位

键盘是最常用、最基本的一种输入设备。

（1）键盘分区　键盘按功能不同可分为主键盘区、功能键区、编辑键区和辅助键区四部分，如图 1-72 所示。

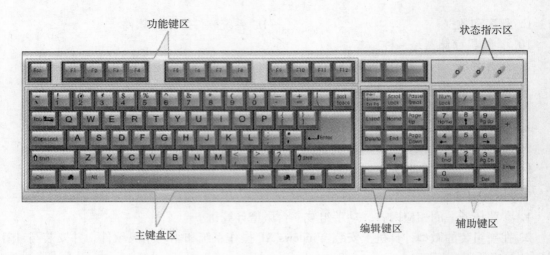

图 1-72 键盘分区

1）主键盘区：包含 26 个英文字母、10 个阿拉伯数字，除一些特殊符号外，还附加一些功能键。

2）功能键区：由 12 个特殊功能键〈F1〉～〈F12〉和强行退出键〈Esc〉组成。

3）编辑键区：由光标移动操作键〈↑〉、〈↓〉、〈→〉、〈←〉和编辑操作键〈Insert〉（插入键）、〈Delete〉（删除键）等组成。

4）辅助键区（小键盘区）：由数字锁定键〈Num Lock〉、数字键、光标移动键、插入键〈Ins〉、删除键〈Del〉等组成。

（2）常用键的作用

1）〈Esc〉强行退出键：退出当前操作。有时用户输入指令后又觉得不需要执行，可按一下该键取消操作。

2）〈Caps Lock〉大写字母锁定键：按该键，若"Caps Lock"指示灯亮，则输入的字母为大写字母；若指示灯灭，则输入的字母为小写字母。

3）〈Shift〉换档键：该键主要用于辅助输入上档字符。在输入上档字符时，先按住〈Shift〉键不放，然后再输入上档字符即可。另外，用〈Shift〉键和字母键的组合，可以实现大小写字母之间的切换。如果要输入小写字母，那么一般情况下直接按字母键即可；如果要输入大写字母，则需先按〈Shift〉键，再按字母键。

4）〈Back Space〉退格键：删除光标所在位置的前一个字符。

5）〈Enter〉回车键：一般用于结束一行命令或结束字符的输入，不论光标在何位置，按该键，光标都移至下一行行首。

6）空格键：键盘上最长的一个键，位于主键盘区最下方，是一个空白长条键。按该键，光标右移 1 位。

7）〈Print Screen〉打印屏幕键：在 Windows 系统下，按该键将整个屏幕内容复制到剪贴板，按〈Alt + Print Screen〉组合键将活动窗口内容复制到剪贴板。

8）〈Insert〉插入键：设置改写或插入状态。在插入状态时，输入一个字符后，光标右侧的所有字符将右移一个字符的位置；在改写状态时，用当前的字符代替光标处原有字符。

9）〈Delete〉删除键：删除光标所在位置之后的字符。

10)〈Num Lock〉数字锁定键：指示灯"Num Lock"亮时，表示小键盘的输入锁定在数字状态，输入为数字 0 ~ 9 和小数点"．"等；指示灯"Num Lock"灭时，表示小键盘处于全屏幕的操作状态，输入为全屏幕操作键。

2. 键盘操作

（1）正确的姿势（见图 1-73）　初学键盘输入时，首先要注意的是按键的姿势。如果初学时姿势不当，那么就不可能做到准确快速的输入，也容易造成疲劳。

1）身体应保持笔直、放松，略偏于键盘右方。

2）应将身体重心落在椅子上，将椅子调到最适合手指操作的高度，双膝平行，两脚平放在地面上。

3）两肘轻松地放在身体两侧，双手手指自然弯曲，轻放于基准键位上，

图 1-73　正确的姿势

手腕平直。人与键盘的距离可通过移动椅子或键盘的位置来调节，直至调节到人能保持正确的按键姿势为好。

4）显示器宜放在键盘的正后方，输入原稿前，先将键盘右移 5cm，再将原稿紧靠键盘左侧放置，以方便阅读。

（2）基准键位与手指的对应关系　基准键位共有 8 个键，即〈A〉、〈S〉、〈D〉、〈F〉、〈J〉、〈K〉、〈L〉及〈;〉。两手分放在基准键位上，拇指放在空格键上。基准键位与手指的对应关系如图 1-74 所示。

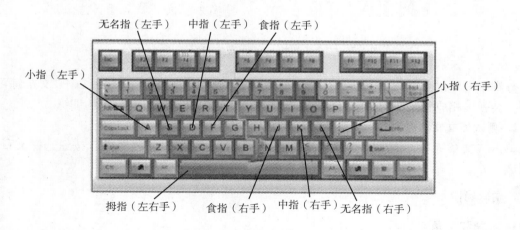

图 1-74　基准键位与手指的对应关系

（3）字键的按法

1）按键时，手腕要平直，手臂要保持静止，全部动作仅限于手指部分，上身其他部位不要接触工作台或键盘。

2）手指要保持自然弯曲，稍微拱起，指尖后的第一关节微弯成弧形，分别轻轻地放在

字键中央。

3）输入时，手抬起，只有要按键的手指才伸出，按键完毕后立即退回到原基准键位，不可用触摸手法，也不可停留在已按的字键上。

在输入过程中，要用相同的节拍轻轻地按键，不可用力过猛。

 任务实施

1. 利用"金山快快打字通"软件进行键盘操作训练

启动"金山快快打字通"软件，选择窗口中的"英文打字"选项，出现图 1-75 所示界面。

图 1-75 "金山快快打字通-英文打字"界面

分别单击"键位练习（初级）"或"键位练习（高级）"、"单词练习"、"文章练习"选项，会弹出相应的工作窗口，可分别进行键位、单词、文章、英文标点的训练。

2. 测试英文文章录入

单击"文章练习"选项时会弹出相应的工作窗口，单击"课程选择"按钮选择文章进行测试。

 **拓展知识**

1. 全角和半角

英文字母、数字字符和键盘上出现的其他非控制字符有全角和半角之分。全角字符就是一个汉字（如全角数字为 １ ２ ３，半角数字为 123）。

单击任务栏中的输入法图标，启动五笔输入法状态框，如图 1-76 所示。状态框中的 ☽ 即为半角输入状态，单击该按钮，则变为 ●，即为全角输入状态。

2. 中文和英文标点

当输入中文标点时，状态框必须处于中文标点输入状态；当输入英文标点时，状态框必须处于英文标点输入状态，可用鼠标单击 来进行切换（如中文标点为，。；英文标点为，.），如图1-76所示。

图1-76　五笔输入法状态框

任务二　录入中文

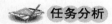 任务分析

录入中文时，只有熟练掌握了汉字输入法，才能快速录入。

 相关知识

1. 搜狗拼音输入法

搜狗拼音输入法是2006年6月由搜狐公司推出的一款基于Windows平台的汉字拼音输入法。搜狗拼音输入法是基于搜索引擎技术的，特别适合网民使用的，新一代输入法产品，用户可以通过互联网备份自己的个性化词库和配置信息。搜狗拼音输入法为我国现今主流的汉字拼音输入法之一。

在使用搜狗拼音输入法输入汉字时，可采用全拼、简拼、混拼和双拼输入。

（1）全拼输入　用〈Ctrl + Shift〉组合键切换到搜狗输入法，在输入窗口输入拼音，然后用默认的翻页键进行翻页，选择需要的字或词即可。例如，若要输入"搜狗拼音"，则输入"sougoupinyin"即可。

（2）简拼输入　搜狗输入法支持声母简拼和声母的首字母简拼。例如，若要输入"赵州桥"，则只要输入"zhzq"或者"zzq"即可。

（3）混拼输入　搜狗输入法支持简拼全拼的混合输入。例如，输入"srf""sruf""shrfa"都可以输入"输入法"。

打字熟练的人会经常使用全拼和简拼混用的方式。因为简拼的候选词过多，所以可以采用简拼和全拼混用的模式，这样能够兼顾最少输入字母和输入效率。例如，若要输入"精神文明"则输入"jswenmin"、"jswm"、"jmgshenwm"、"jshenwm"、"jswenm"都是可以的。

2. 五笔输入法

（1）汉字的五种笔画　无论某个汉字组字多么复杂，都不外乎是由5种笔画组成的，见表1-4。

表1-4　汉字笔画

笔画代号	笔画名称	笔画走向	笔画及其变形
1	横	左→右	一
2	竖	上→下	丨
3	撇	右上→左下	丿
4	捺	左上→右下	㇏
5	折	带转折	乙、乛

（2）汉字的三种字形　根据构成汉字各字根之间的位置关系，可将所有汉字分为三种类型，见表1-5。

表1-5　汉字字形

字形代号	字型	字例
1	左右型	汉、编、封
2	上下型	字、花、华
3	杂合型	困、凶、这、司、同、乘、本、天、且

（3）字根　为了输入汉字方便，把汉字拆分成一些最常用的基本单位，这些基本单位叫做字根，也叫偏旁部首。五笔字型输入法中经过大量统计和反复试用，优选了130个基本字根。

1）字根的分布：130个基本字根又按起笔和笔画不同分为五大区，每区内又分五个位。从中心向两端编号，十位数为区号，个位数为位号，即区位号，如图1-77所示。

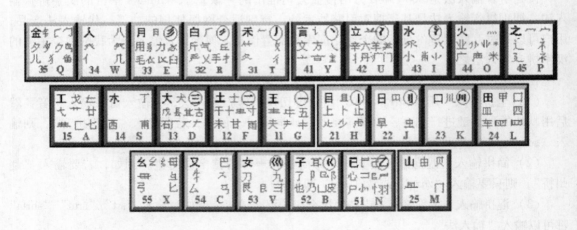

图1-77　五笔字型的字根分布

2）字根间的位置关系：基本字根在组成汉字时，按照它们之间的位置关系可以分为四种类型，即单、散、连、交。

① 单：基本字根本身就是一个单独的汉字，如木、田、寸等。

② 散：构成汉字的基本字根之间有一定的距离，如汉、字、笔、型、教等。

③ 连：五笔字型中字根间的相连关系特指两种情况：

第一种：单笔画与某基本字根相连，如"自"为"丿"连"目"，"千"为"丿"连"十"，"且"为"月"连"一"。

第二种：带点结构，认为相连，如勺、术、太、主、义、头、斗等。

④ 交：指两个或多个字根交叉构成的汉字，如"夫"为"二"交"人"，"申"为"日"交"｜"，"里"为"日"交"土"。

（4）汉字的拆分原则

1）书写顺序：从左到右，从上到下，从外到内。

2）取大优先：根据书写顺序，首先满足拆分笔画最多的字根。例如，"章"应该拆为"立"和"早"，不能拆为"立"、"日"、"十"。

3）兼顾直观：在拆字时，尽量照顾汉字的直观性。例如，"自"应该拆为"丿"和"目"。

4）能散不连，能连不交：如果字可以拆成几个字根散的结构，那么就不要拆成连的结构。同样，能按连的结构拆分，就不要按交的结构拆分。例如，"非"应该拆为"三"、"刂"、"三"，"失"应该拆为"丿"和"夫"。

（5）末笔字形交叉识别码　不足四个字根的汉字，输入完字根后，则会有重码的现象。为了解决这个问题，五笔字型输入法采用了一种末笔字形交叉识别码的方法。末笔字形交叉识别码由末笔画代号与字形代号组合而成。首先看该字的末笔画，确定区号，其次再看该汉字的字形结构，确定位号，见表1-6。

表1-6　末笔字形交叉识别码

字　　　型		上　下　型	左　右　型	杂　合　型
末　　笔	代　　号	1	2	3
横	1	11G	12F	13D
竖	2	21H	22J	23K
撇	3	31T	32R	33E
捺	4	41Y	42U	43I
折	5	51N	52B	53V

例如，元拆为"二"和"儿"，识别码为末笔折、上下型，编码为FQB。

（6）五笔字型单字输入　在五笔字型拆字里，把单字分为三大类。

1）键名字：五笔字型字根表中每个键位左上角的字根是一个完整的汉字，这就是键名汉字。输入方法为：将所在键连击4次。例如，王（GGGG）、火（OOOO）、之（PPPP）。

2）成字字根：在字根表中的每个键位上除了键名字外，还有一些完整的汉字，称为成字字根。输入方法为：键名代码+首笔代码+次笔代码+末笔代码。不足四码时，按空格键作为编码结束。例如，石的各代码为石→一→丿→一，编码为DGTG；辛的各代码为辛→丶→一→丨，编码为UYGH。

3）合体字：合体字是指键面以外的汉字，由字根拼合而成。在五笔字型中这些汉字需经过拆分才能进行编码。

① 由四个或四个以上的字根组成的汉字，其编码规则是：取汉字的第一字根、第二字根、第三字根、末字根四个字根。例如，规的各字根为二→人→冂→儿，编码为FWMQ。

② 字根不足四个的汉字，其编码规则是：按顺序取字根编码再补一个末笔字形交叉识别码，若给出的识别码还不足四码，则补空格结束。例如，串的各字根为口→口→丨，识别码为末笔竖、杂合型，编码为 KKHK。

（7）简码 在五笔字型中，对一些常用字，为了减少按键次数，提高输入速度，专门设计了简码，见表 1-7。

表 1-7 简码

简 码	编 码 规 则	实 例
一级简码 （即高频字）	按打一个字母键再加空格键	1 区：一地在要工 2 区：上是中国同 3 区：和的有人我 4 区：主产不为这 5 区：民了发以经
二级简码	输入该字的前两个字根再按空格键	汉：氵又（IC） 化：亻匕（WX）
三级简码	输入该字的前三个字根再按空格键	想：木目心（SHN）
	击打该字的前三个字根再加空格键	华：亻七十（WXF）

（8）词语的输入 五笔字型词语的输入和单字的输入是统一的，按编码规则直接输入即可，见表 1-8。

表 1-8 词语的输入

词 语	编 码 规 则	实 例
两字词	每字各取前两码	周期：门土艹三（MFAD） 机器：木几口口（SWKK）
三字词	前两个字各取第一码，后一个字取前两码	日用品：日用口口（JEKK） 计算机：讠灬木几（YTSW）
四字词	每字各取第一码	五笔字型：五灬宀一（GTPG） 程序设计：禾广讠讠（TOYY）
多字词	前三个字各取第一码，再取最后一个字的第一码	中华人民共和国：口亻人口（KWWL）

 任务实施

1. 利用"金山快快打字通"软件练习五笔输入法

启动"金山快快打字通"软件，选择窗口中的"五笔打字"选项，如图 1-78 所示。单击"字根练习"、"单字练习"、"词组练习"、"文章练习"选项可以分别进行字根、单字、词组、文章、中文标点的训练。

2. 文章自由录入练习

1）选择"开始"→"所有程序"→"附件"→"记事本"菜单命令，打开一个空记事本文件。

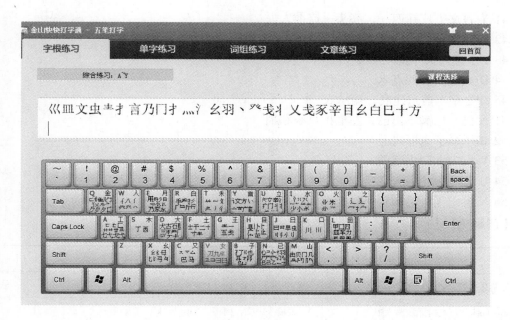

图 1-78　"金山快快打字通-五笔打字"界面

2）单击任务栏中的输入法图标，在弹出的列表中选择五笔输入法。

3）在光标处开始录入自选的中文文章，就可将该文章输入到记事本中了。

4）输入完全部内容后，选择"文件"→"保存"命令，保存文档。

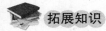 拓展知识

字根助记词：为了便于记忆基本字根在键盘上的位置，王永民编写了字根助记词。其内容如下：

11G 王旁青头戋（兼）五一

12 F 土士二干十寸雨

13 D 大犬三羊古石厂

14 S 木丁西

15 A 工戈草头右框七

21 H 目具上止卜虎皮

22 J 日早两竖与虫依

23 K 口与川，字根稀

24 L 田甲方框四车力

25 M 山由贝，下框几

31 T 禾竹一撇双人立，反文条头共三一

32 R 白手看头三二斤

33 E 月彡（衫）乃用家衣底

34 W 人和八，三四里

35Q 金勺缺点无尾鱼，犬旁留儿一点夕，氏无七（妻）

41 Y 言文方广在四一，高头一捺谁人去

42 U 立辛两点六门扩

43 I 水旁兴头小倒立

44 O 火业头，四点米

45 P 之字军盖道建底，摘示衣

51 N 已半巳满不出己，左框折尸心和羽

52 B 子耳了也框向上

53 V 女刀九臼山朝西

54 C 又巴马，丢矢矣

55 X 慈母无心弓和匕，幼无力（幺）

【问题建议】

常 见 问 题	交 流 建 议
用五笔怎么打"凸""凹"	凸：hgmg　凹：mmgd
"Caps Lock"灯亮时无法输入中文	若要输入中文，则将"Caps Lock"灯灭即可

【案例小结】

录入文字学习主要以强化录入中、英文文章为途径。通过该案例的学习，只能初步掌握录入中、英文的基本方法和技巧，要熟练掌握这门技术还需要日积月累的训练。

【教你一招】

如何解决不会拆分的汉字？

初学者对某个汉字不会其五笔编码时，可在 Windows 下通过汉字的拼音输入法来输入该汉字，再查找它的五笔码，免去刻意记忆的痛苦，而且效率极高。例如"照"字，若不会其五笔编码，可换到拼音输入该字，用鼠标右击全拼输入条，在弹出的菜单中选择"设置…"，在"输入法设置"对话框中选"五笔型"（见图 1-79），按"确定"按钮以后退出。在全拼输入法下键入"zhao"后，找到"照"字，用数字键选取后，编码框中就会出现绿色的"jvko"，此即为"照"的五笔编码，根据拆字规则记住它，以后就能用五笔型码输入该字了。

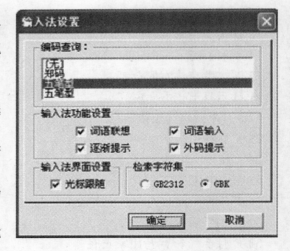

图 1-79　输入法设置

【复习思考题】

1. 分析下面汉字的字形结构，例如，章 　上下

只_____　　　叭_____　　　若_____　　　占_____

圆_____　　　园_____　　　这_____　　　呀_____

2. 写出下面汉字五笔字型的编码

的_____　　　同_____　　　度_____　　　革_____

器_____　　　德_____　　　欧_____　　　世_____

3. 词组练习

中国　　调整　　高速　　健康　　程度　　图形　　窗口　　委员会　　工程师

现代化　　房地产　　负责人　　奥运会　　五笔字型　　共产党员　　资本主义

丰富多彩　　经济基础　　马克思主义　　中华人民共和国　　现代化建设　　人民大会堂

【技能训练题】

1. 录入英文

Youth is not a time of life; it is a state of mind; it is not a matter of rosy cheeks, red lips and supple knees; it is a matter of the will, a quality of the imagination, a vigor of the emotions; it is the freshness of the deep springs of life.

Youth means a tempera-mental predominance of courage over timidity, of the appetite for adventure over the love of ease. This often exists in a man of 60 more than a boy of 20. Nobody grows old merely by a number of years. We grow old by deserting our ideals.

Years may wrinkle the skin, but to give up enthusiasm wrinkles the soul. Worry, fear, self-distrust bows the heart and turns the spring back to dust.

2. 录入中文

鸟类的飞行

任何两种鸟的飞行方式都不可能完全相同，变化的形式千差万别，但大多可分为两类。横渡太平洋的船舶总会一连好几天有几只较小的信天翁伴随其左右。它们可以跟着船飞行一个小时而不动一下翅膀，或者只是偶尔抖动一下。沿船舷上升的气流以及与顺着船只航行方向流动的气流产生的足够浮力和前进力，托住信天翁的巨大翅膀使之飞翔。

信天翁是鸟类中滑翔之王，善于驾驭空气以达到飞行目的，但若遇到逆风则无能为力了。在与其相对的鸟类中，野鸭是佼佼者。野鸭与人类征服天空的发动机有点相似。野鸭及与之相似的鸽子，其躯体的大部分均长着坚如钢铁的肌肉。它们依靠肌肉的巨大力量挥动短小的翅，迎着大风长距离飞行，直到精疲力竭。它们中较低级的同类，例如鹧鸪，也有相仿的顶风飞翔的冲力，但不能持久。如果海风迫使鹧鸪做长途飞行的话，那么你就可以从地上拣到因耗尽精力而坠落地面的鹧鸪。

单元二 Windows XP 操作系统

2

知识目标：
◎ 了解操作系统的概念和功能。
◎ 理解操作系统的地位和作用。
技能目标：
◎ 学会 Windows XP 的基本应用操作。
◎ 熟练掌握资源管理器管理功能的应用。
◎ 熟练控制面板的功能操作。
◎ 学会 Windows 附件及多媒体功能的应用。

操作系统是控制和管理计算机系统内各种硬件和软件资源，合理有效地组织计算机系统的工作，并为用户提供操作界面的系统软件的集合。没有操作系统，再好的计算机硬件也不能发挥作用。

Windows XP 是目前较流行的操作系统之一，也是 Microsoft 公司研发的 Windows 系列操作系统中的一款。它是一软智能化的操作系统，并且依靠其界面友好、操作简单、功能强大、易学易用、安全性强等优点，受到了广大用户的喜爱。

案例一 设置 Windows XP 操作系统的工作环境

【案例描述】

用户安装完所有必需的软件后，需要设置计算机的工作环境，使其更符合自己的使用习惯，并将自己喜欢的图片设为桌面背景，使桌面图标按"大小"排列；将任务栏移至桌面顶端，并设置任务栏外观和通知区域属性；设置"开始"菜单程序为小图标，程序数目为6。最终设置效果如图 2-1 所示。

【案例分析】

Windows XP 操作系统的工作环境设置包括桌面背景设置、桌面图标排列、开始菜单及任务栏设置等。常用的设置方法是：选择要操作的对象，右击，从弹出的快捷菜单中执行"属性"命令，在"对象属性"对话框中设置选项或参数。

图 2-1　最终设置效果

任务一　设置 Windows XP 操作系统的桌面

 任务分析

Windows XP 启动后，屏幕上出现的第一个界面就是"桌面"。本任务是自定义桌面图标，添加 word 快捷图标，整齐排列桌面图标，更改桌面背景等，使工作环境更符合用户的喜好。

相关知识

1. 图标分类

Windows XP 操作系统桌面上的图标分为系统图标和快捷图标两大类。系统图标包括"我的电脑"、"我的文档"、"IE 浏览器"、"网上邻居"和"回收站"等；快捷图标指应用程序在桌面上建立的快捷方式。通过创建的快捷图标，可以快捷执行相应的应用程序。快捷图标可以放在桌面上，也可以放在桌面上自定义的文件夹中。

2. 删除图标

对不需要的图标可以进行删除操作。选择桌面上要删除的图标，将其拖入回收站或右击，从快捷菜单中执行"删除"命令即可。

3. 桌面背景

桌面背景也称为桌面壁纸或墙纸，是指桌面的背景图案。用户可以根据自己的喜好或心情，更换桌面背景。

任务实施

1. 添加系统图标

若使用光盘恢复完系统后，桌面上显示的只有"回收站"，而其他系统图标则消失了，这时可按以下方法添加系统图标：

1）在桌面空白处右击，从快捷菜单中执行"属性"命令，弹出"显示属性"对话框，选择"桌面"标签，然后单击"自定义桌面"按钮，如图 2-2 所示。

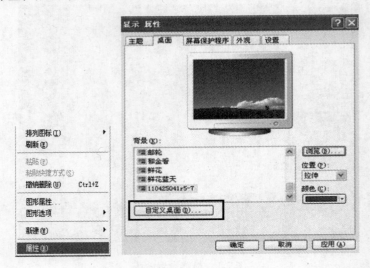

图 2-2 "显示属性"对话框

2）在出现的桌面项目窗口中选择"常规"选项卡，勾选要列出的默认桌面图标，然后单击"确定"按钮，如图 2-3 所示。设置后桌面显示的图标如图 2-4 所示。

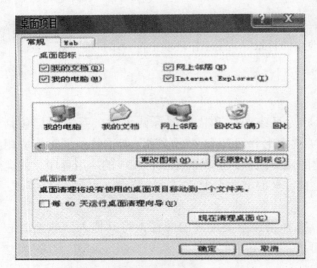 

图 2-3 "常规"选项卡　　　　　　　　图 2-4 设置后桌面显示的图标

2. 创建快捷图标

单击"开始"菜单，依次选择"程序"→"Microsoft Office"→"Microsoft Office Word 2003"，并在"Microsoft Office Word 2003"处右击，选择"发送到"→"桌面快捷方式"命令，即在桌面上创建了"Word 2003"应用程序的快捷图标，如图 2-5 所示。

3. 整齐排列桌面图标

右击桌面空白处，从快捷菜单中执行"排列图标"→"类型"命令，即可使桌面图标

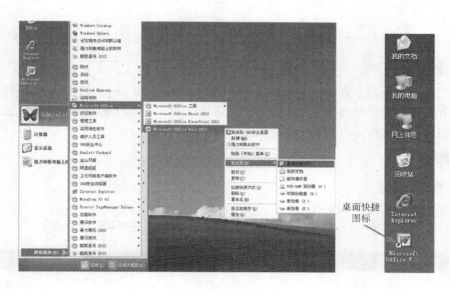

图 2-5 建立桌面快捷图标

按图标的类型整齐排列。

4. 更换桌面背景

右击桌面空白处，从快捷菜单中执行"属性"命令，在"显示属性"对话框中选择"桌面"选项卡，从"背景"列表框中选择墙纸文件，也可以单击"浏览"按钮，从指定的硬盘中选择中意的图片文件作为桌面背景。对选中的墙纸文件，还可以设置图片的显示位置和颜色属性，如图 2-6 所示。

🎓 拓展知识

设置屏幕保护程序：右击桌面空白处，打开"显示属性"对话框，选择"屏幕保护程序"选项卡，在"屏幕保护程序"选项卡中选择自己需要的屏幕保护程序（见图 2-7），并在"等待"微调框中设定时间，则系统将在指定的时间到时启动屏幕保护程序。单击"电源"按钮可设置电源节能方案。

图 2-6 设置桌面背景

图 2-7 "屏幕保护程序"选项卡

任务二　设置 Windows XP 操作系统的任务栏

　任务分析

　　任务栏是位于桌面下方的一个条形区域，用于显示系统正在运行的程序、打开的窗口和当前时间等内容。用户可对任务栏大小、位置进行改变，还可对它进行隐藏、锁定及分组相似任务按钮设置等操作，以达到个性化设置的目的。

　相关知识

1. 任务栏的组成

　　任务栏的组成如图 2-8 所示。

　　快速启动图标　　　　当前打开的应用程序　　　　　空白区域　语言栏

　　"开始"按钮　　　　　　　　　　　　　　　　　时间及常驻内存的应用程序区

图 2-8　任务栏的组成

2. 任务栏的相关操作

　　在任务栏空白处右击，执行"属性"命令，通过对话框选项设置任务栏属性。

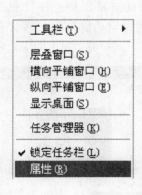　**任务实施**

　　1）右击任务栏空白处，选择"属性"命令（见图 2-9），打开"任务栏和「开始」菜单属性"对话框，选择"将任务栏保持在其他窗口的前端"、"显示快速启动"、"显示时钟"及"隐藏不活动图标"复选框（见图 2-10），然后单击"确定"按钮。

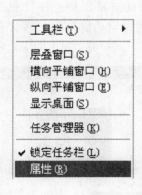

图 2-9　选择"属性"命令

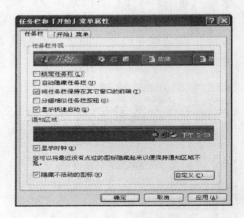

图 2-10　设置任务栏属性

　　2）调整快速启动栏的宽度：将鼠标指针移到快速启动栏的右边缘处，当鼠标指针变为"横向双箭头"时，按住鼠标左键左右拖动，调整快速启动栏的大小至合适位置，如图 2-11 所示。

　　3）移动任务栏：将鼠标光标移到任务栏的空白区域，按下鼠标左键并拖动，将任务栏移动到桌面顶端。

向右拖动鼠标

调整后的效果

图 2-11　快速启动栏的调整

 拓展知识

　　在任务栏上新建工具栏：在任务栏的空白处右击（见图 2-12），在弹出的快捷菜单中选择"工具栏"→"新建工具栏"命令，打开"新建工具栏"对话框，选择想要显示在工具栏上的项目如"我的文档"，单击"确定"按钮，即可完成工具栏的创建，如图 2-13 所示。

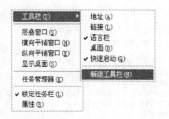

图 2-12　新建工具栏菜单　　　　　　　　　图 2-13　在任务栏上新建工具栏的效果

任务三　设置 Windows XP 操作系统的开始菜单

 任务分析

　　在 Windows XP 操作系统的"任务栏和「开始」菜单"对话框中，除设置任务栏属性外，还可设置开始菜单的属性。本任务就是根据需要设置开始菜单。

相关知识

　　开始菜单位于任务栏的最左端，其中集合了计算机中大部分应用程序的快捷方式。Windows XP 操作系统的开始菜单样式有"开始菜单"和"经典开始菜单"两种风格。对于这两种风格，均可通过自定义改变其外观样式及其所包含的内容。

1. 设置开始菜单风格

　　右击"开始"按钮，执行"属性"命令，在打开的"任务栏和「开始」菜单属性"对话框中，选择开始菜单风格样式（见图 2-14），然后单击"确定"按钮。

图 2-14　"任务栏和「开始」
菜单属性"对话框

2. 自定义"开始菜单"属性

右击"开始"按钮,执行"属性"命令,打开"任务栏和「开始」菜单属性"对话框,任选一种菜单风格,然后可通过"自定义"按钮更改开始菜单属性。

任务实施

1)右击"开始"按钮,执行"属性"命令,打开"任务栏和「开始」菜单属性"对话框,单击右侧的"自定义"按钮,在"常规"选项卡中选择"小图标"单选按钮,设置程序数目为"6",如图 2-15 所示。

2)选择"高级"选项卡,消除"列出我最近打开的文档"复选框,如图 2-16 所示。

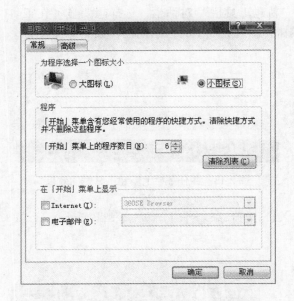
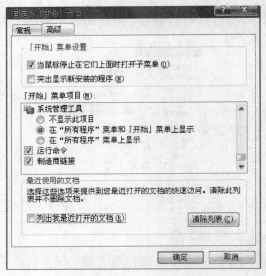

图 2-15　自定义「开始」菜单"常规"选项卡　　图 2-16　自定义「开始」菜单"高级"选项卡

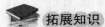 **拓展知识**

1)在开始菜单中增加程序或文档,其方法是:将要加入开始菜单的程序选中,用鼠标拖动到开始菜单中即可。

2)删除开始菜单中的程序或文档。其方法是:将开始菜单中要删除的程序或文档选中,右击,在快捷菜单中执行"删除"命令即可。

3)添加进开始菜单或任务栏的项目都是程序、文档或文件夹的快捷方式。删除这些项目只是删除这些项目的快捷方式,并不删除它的原文件。开始菜单中的"启动"项是一个特殊的文件夹,每次启动计算机时,都会自动运行其中的项目。因此,可以把每次开机都要运行的程序放在这里。

【问题建议】

常 见 问 题	交 流 建 议
任务栏不能移动或不可调整大小	表示任务栏被锁定，这时需先解锁。解锁方法为：右击任务栏空白处，在出现的对话框中单击"锁定任务栏"复选框，将其前面的"✓"去掉即可

【案例小结】

Windows XP 是一个多任务操作系统，同时运行的多个应用程序都会显示在任务栏上，但只有一个处于激活状态，其他处于不激活状态。Windows XP 操作系统桌面的工作环境，通常是为了满足个人使用习惯而设置的，用户的设置以满足便捷操作为宗旨。

【教你一招】

应用主题

主题是指使桌面上的元素（如图标、背景、任务栏、窗口和对话框等元素）具有统一风格的一种方案。应用主题可以帮助我们快速设置工作环境和操作界面等内容。其方法如下：

1）右击桌面的空白区，从快捷菜单中执行"属性"命令，打开"显示属性"对话框。

2）选择"主题"选项卡，在"主题"下拉列表框中选择一个主题，在示例框中可预览主题效果。

3）选择希望的主题后单击"确定"按钮，就应用了此主题的所有设置。

【复习思考题】

1. Windows XP 操作系统启动完成后所显示的整个屏幕称为（　　　）。

A. 桌面　　　　　　B. 窗口　　　　　　C. 对话框　　　　　　D. 我的电脑

2. 通常在 Windows XP 操作系统中，桌面的底部是任务栏，任务栏的左侧是（　　　）。

A. 语言指示器　　　　　　　　B. 应用程序的任务按钮

C. "开始"按钮　　　　　　　　D. 系统时钟

3. 关于 Windows XP 操作系统，下列叙述不正确的是（　　　）。

A. 每次启动一个应用程序，任务栏上就有代表该程序的一个任务按钮。

B. 任务栏通常位于桌面的底部，它的位置可以改变，但大小不能改变。

C. 单击任务栏空白处，单击快捷菜单的"属性"命令，可对任务栏进行设置。

D. 任务栏中的所有任务按钮显示了当前运行在 Windows XP 操作系统下的全部应用程序。

【技能训练题】

1. 将自己喜欢的数码相片或图片设置为桌面背景。

2. 将开始菜单设置为经典开始菜单，并自定义设置高级开始菜单选项。

案例二　灵活管理 Windows XP 操作系统的操作界面

【案例描述】

设置管理 Windows XP 操作系统的操作界面（如窗口、对话框、菜单等），按照自己的使用要求设置窗口的排列方式、定制窗口工具栏按钮及样式。

【案例分析】

窗口是可以任意移动及变换大小的，而对话框只能移动位置不可变换大小，菜单既不可以移动位置也不可以变换大小。

任务一　灵活操作 Windows XP 操作系统的窗口

任务分析

窗口操作主要包括打开、移动、缩放和切换等。需要注意的是，如果打开的窗口不是处在最大化的状态，那么就不能使用窗口的"还原"按钮。本任务是通过进行最大化、最小化、还原窗口、移动窗口、平铺或层叠窗口和关闭窗口等操作，灵活操作 Windows XP 操作系统的窗口。

相关知识

1. 窗口的构成

窗口是 Windows XP 操作系统中的一个重要概念。Windows XP 操作系统中几乎所有的操作都是通过窗口来实现的。通过"我的电脑"和"资源管理器"窗口，用户可以从中查看文件和文件夹。每一个 Windows 操作系统的应用程序都是在相应的程序窗口中运行的。

窗口一般由标题栏、菜单栏、工具栏、地址栏、控制按钮、控制菜单按钮及状态栏组成。以"我的电脑"窗口为例，窗口的组成元素如图 2-17 所示。

2. 窗口的操作

（1）移动窗口　使窗口在桌面上移动。

（2）改变窗口大小　当需要对窗口进行等比例缩放时，可以把鼠标放在边框的任意角上进行拖动。

（3）最大化最小化窗口　单击最小化按钮、最大化按钮及还原按钮，即可实现窗口的最小化和最大化，如图 2-18 所示。

（4）窗口的切换　当窗口处于最小化状态时，用户在任务栏上单击所要操作窗口的按钮，即可完成窗口的切换。当窗口处于非最小化状态时，可以在所选窗口的任意位置单击，当标题栏的颜色变深时，表明已完成对窗口的切换，如图 2-19 所示。

（5）窗口的排列　当打开了多个窗口，而且需要使它们全部处于显示状态时，就会涉及排列的问题，在中文版 Windows XP 操作系统中为用户提供了层叠窗口、横向平铺窗口及纵向平铺窗口三种排列的方案。

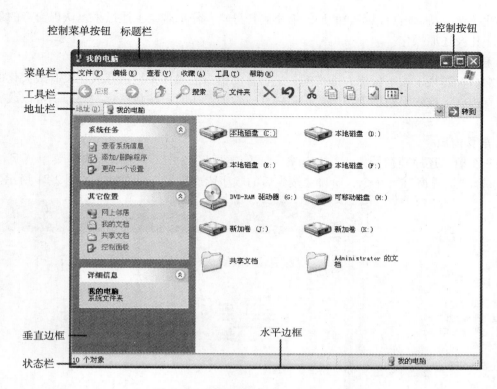

图 2-17　"我的电脑"窗口的组成元素

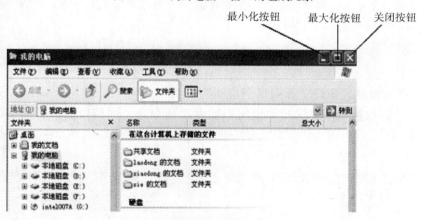

图 2-18　窗口的控制按钮

在任务栏中单击某个应用程序的最小化图标，即可激活该窗口

图 2-19　任务栏上的最小化窗口

任务实施

1. 最大化、最小化及还原窗口

　　任意打开三个窗口，在其中任一窗口上单击最大化按钮，让此窗口铺满整个桌面即实现窗口的最大化；接着单击窗口右上角的还原按钮，将其还原至初始大小；再单击窗口右上角

的最小化按钮,将此窗口以按钮的形式缩小到任务栏。仔细观察上述过程,认识窗口的最大化、最小化及还原操作。

2. 移动窗口

在窗口标题栏上按下鼠标左键拖动,进行移动窗口的操作;把鼠标放在没有最大化的窗口的垂直边框上或水平边框上,当鼠标指针变成双向箭头时,按住鼠标左健拖动可以改变窗口大小。

3. 层叠窗口

将三个窗口还原至初始大小,在任务栏上的空白区右击,弹出一个快捷菜单(见图2-20),选择"层叠窗口"命令,窗口会按先后的顺序依次排列在桌面上,如图2-21所示。

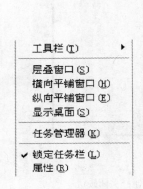

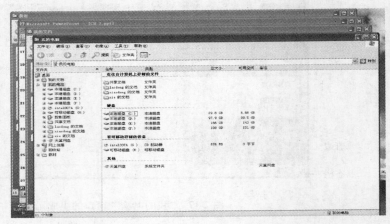

图 2-20　快捷菜单 　　　　　　　　　　　　　图 2-21　层叠窗口

4. 平铺窗口

再次打开快捷菜单,执行"横向平铺窗口"命令,窗口会以横向平铺的方式排列,如图 2-22 所示。若在快捷菜单中选择"纵向平铺窗口"命令,则窗口会以纵向平铺的方式排列,如图 2-23 所示。

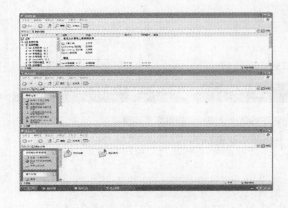

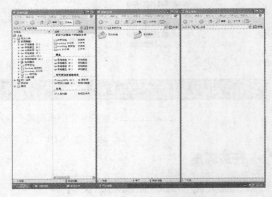

图 2-22　横向平铺窗口 　　　　　　　　　　　图 2-23　纵向平铺窗口

5. 关闭窗口

分别在标题栏上单击关闭按钮，即可关闭所有窗口。

注意： 在选择了某项排列方式后，在任务栏快捷菜单中会出现相应的撤销该选项的命令。例如，在执行了"层叠窗口"命令后，任务栏的快捷菜单会增加一项"撤销层叠"命令，当用户执行此命令后，窗口会恢复原状。

拓展知识

关闭窗口的多种方法：

1）单击标题栏右侧的关闭按钮 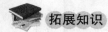 。

2）双击控制菜单按钮，或单击控制菜单下的"关闭"命令。

3）按〈Alt + F4〉组合键。

4）如果用户打开的窗口是应用程序，那么可以在文件菜单中选择"退出"命令。

5）如果所要关闭的窗口处于最小化状态，那么可以在任务栏上对该窗口的按钮右击，然后在弹出的快捷菜单中选择"关闭"命令。

注意： 用户在关闭窗口之前要保存所创建的文档或所做的修改，如果忘记保存，那么当执行了"关闭"命令后，会弹出一个对话框，询问是否要保存所做的修改，选择"是"后保存关闭，选择"否"后不保存关闭，选择"取消"则不能关闭窗口，可以继续使用该窗口。

任务二　灵活操作 Windows XP 操作系统的对话框

任务分析

Windows XP 操作系统中的对话框多种多样，一般来说，对话框中可操作的元素主要包括命令按钮、选项卡、单选按钮、复选框、文本框、下拉列表框和数值框等。本任务通过设置屏幕保护程序和回收站的属性，练习 Windows XP 操作系统对话框的操作。

相关知识

对话框是 Windows 操作系统与用户之间进行信息交流的界面。它的大小是固定的，不可改变。在 Windows XP 的菜单中，打开带有省略号"…"的菜单项时，会出现一个对话框，系统通过对话框利用用户的回答来获取信息，从而改变系统设置、选择选项或进行其他操作。Windows XP 操作系统对话框的基本组成如图 2-24 所示。

（1）标题栏　标题栏是对话框的名称标志，可用鼠标拖动标题栏移动对话框。

（2）选项卡　每个选项卡都有一个标签，代表对话框的一个功能，单击标签名可以进入标签下的相关选项对话框。

（3）文本框　文本框是用来输入文本或数值的区域。单击文本框，用户可以直接输入或修改文本框中的数值。

（4）下拉列表框　用户可以从下拉列表中选取要输入的对象。输入对象可以是文字、图形或图文相结合的方式。通过单击下拉列表框中的下三角按钮，可以选择下拉列表框中的列表选项，但不能直接修改其中的内容。

（5）列表框　列表框显示可以从中选择的选项列表。它与下拉列表框不同的是，无须打开列表就可以看到某些或所有选项，单击选择选项即可。如果看不到想要的选项，那么可

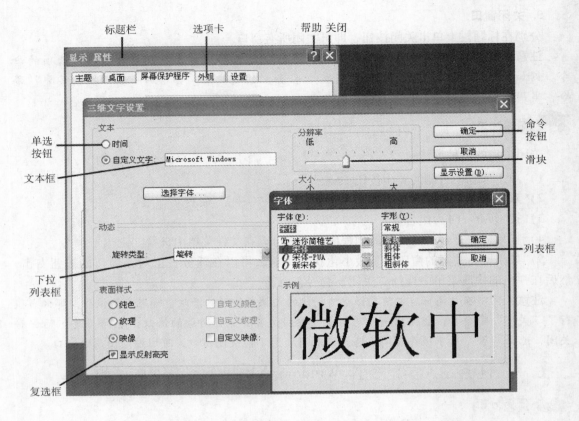

图 2-24　Windows XP 操作系统对话框的基本组成

以使用滚动条上下滚动列表。如果列表框上面有文本框，那么也可以输入选项的名称或值。

（6）选择按钮　选择按钮分为复选框和单选按钮两类。复选框：在一组选项中，可以根据需要不选择或选择多个选项。当选项被选中时，选项方框内出现"√"，再次单击该选项时，原来的"√"消失，表明该选项未被选中。单选按钮：在一组选项中，一次只能且必须选择一个选项。当选项被选中时，选项圆圈内出现"●"，而本组中其他选项的圆圈"●"被取消。

（7）命令按钮　单击命令按钮会立即执行一个命令。对话框中常见的命令按钮有"确定"和"取消"两种。如果命令按钮呈灰色，那么表示该按钮当前不可用；如果命令按钮后有省略号"…"，那么表示单击该按钮时将会弹出一个对话框。

（8）调节数字按钮　在有的对话框中还有调节数字的按钮。它由向上和向下两个箭头按钮组成，在使用时分别

图 2-25　调节数字按钮

单击箭头即可增加或减少数字，也可直接在框内输入数字，如图 2-25 所示。

任务实施

1）在桌面空白处右击，选择"属性"命令，打开"显示属性"对话框，设置显示属性并查看对话框中所包含的项目。

2）选择"屏幕保护程序"选项卡，在下拉列表框中选择任意屏保程序，单击右侧的"设置"按钮，打开选项设置对话框进行自定义设置，设置完成后预览设置结果。

3）在桌面上选择"回收站"图标，右击，选择"属性"命令（见图2-26），打开"回收站属性"对话框，设置属性参数，如图2-27所示。查看对话框的内容构成及设置参数后的结果变化。

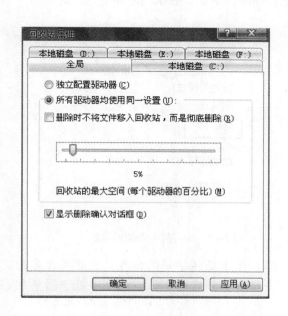

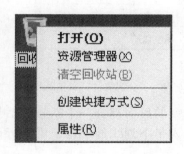

图 2-26　回收站快捷菜单　　　　　　　　　图 2-27　"回收站属性"对话框

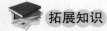
拓展知识

帮助按钮的使用：在对话框的右上角有一个问号按钮，单击该按钮可选中"帮助"，当鼠标指针呈现带有问号的形状时，单击某个命令选项，可获取该项的帮助信息。

任务三　灵活操作 Windows XP 操作系统的菜单

任务分析

菜单是命令的分组集合，位于 Windows 操作系统窗口的菜单栏中，单击相应选项打开菜单，在打开的菜单中单击所选命令即可执行相应命令。本任务通过排列图标、自定义工具栏、添加工具栏按钮等练习 Windows XP 操作系统菜单的操作。

相关知识

在 Windows XP 操作系统的每一个窗口中几乎都有菜单栏。在菜单栏中的每个菜单项下，都提供了一组相应的操作命令，称为下拉菜单，有些菜单项还包含下一级菜单。菜单栏、菜单项和下拉菜单统称为菜单。

1. 菜单的内容

在菜单中，有些命令在某些时候可用，有些命令包含快捷键，有些命令后面还有级联的子命令。一般来说，菜单中都包含以下内容：

（1）可用命令与暂时不可用的命令　可选用的命令以黑色字体显示，不可选用的命令因暂时不需要或无法执行而以灰色字符显示，如图2-28所示。

（2）快捷键　有些命令的右边有快捷键，使用这些快捷键，可以快速直接地执行相应的菜单命令。例如，撤销删除命令的快捷键是〈Ctrl + Z〉组合键，如图2-29所示。

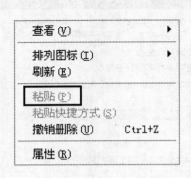 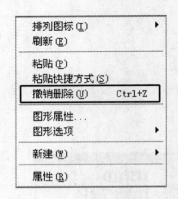

图 2-28　带有灰色选项的菜单　　　　　图 2-29　带有快捷键的菜单选项

（3）带下划线字母的命令　在菜单命令中，许多命令的后面都有一个括号，括号中有一个带有下划线的字母。当菜单处于激活状态时，输入带下划线的字母，可执行该命令。

（4）设置命令　如果命令的后面有省略号"…"，那么表示选择该命令后，将弹出一个对话框或者一个设置向导。这种形式的命令表示可以完成一些设置或者更多的操作。

（5）复选命令　在选择某个命令后，该命令的左边出现一个复选标记"✓"，表示此命令正在发挥作用。再选择该命令，命令左边的标记"✓"消失，表示该命令不起作用。这类命令是复选命令。

（6）单选命令　有些菜单命令中，有一组命令，每次只有一个命令被选中，当前选中的命令左边会出现一个单选标记"●"。选择该组的命令后，标记"●"出现在选中命令的左边，原来命令前面的"●"将消失，如图2-30所示。

（7）级联命令　如果命令的右边有一个向右的箭头，则将光标指向此命令后，会弹出一个级联菜单，级联菜单通常会给出某一类选项或命令，有时是一级应用程序，如图2-31所示。

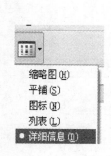

图 2-30　单选命令菜单

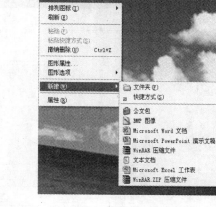

图 2-31　级联菜单

（8）快捷菜单　在某些应用程序中右击，系统将会弹出一个快捷菜单，该菜单被称为右键快捷菜单，它主要是对应对象的各种操作功能。使用右键快捷菜单可对某些功能进行快速的操作。

2. 菜单的基本操作

（1）打开下拉菜单　单击菜单名或同时按〈Alt〉键和菜单名后边的英文字母，可以打开该下拉菜单。若要选择菜单中列出的一个命令，可单击该命令。

（2）取消菜单选择　打开菜单，单击菜单以外的任何地方或按〈Esc〉键即可取消菜单的选中状态。

3. 工具栏

工具栏上是菜单中各项命令的快捷按钮，使用时只需单击工具栏上的按钮即可。大多数按钮会在指针指向它时显示一些有关功能的文本。如果某个按钮是一个分割按钮，如，那么单击该按钮的主要部分会执行一个命令，而单击箭头则会打开一个有更多选项的菜单。

任务实施

1）在桌面上右击"我的电脑"，在弹出的菜单中选择"资源管理器"选项，打开"资源管理器"窗口。

2）单击"资源管理器"窗口菜单栏上的"查看"→"排列图标"→"名称"，可以看到右窗口中的图标以"名称"重新排列。

3）将鼠标指针指向工具栏最左端，当鼠标指针变为十字移动箭头形状"　"时，按住左键不放，拖动到所需位置释放鼠标左键。

4）自定义工具栏：在"资源管理器"窗口的工具栏空白处右击，在弹出的菜单中执行"自定义"命令，在"自定义工具栏"对话框中，设置当前工具栏按钮、文字和图标选项等内容，如图 2-32 所示。

5）在对话框中选择要添加的工具栏按钮，单击"添加"按钮，则此按钮会被添加为当前工具栏按钮；打开"文字选项"下拉列表框，从中选择"显示文字标签"；将"图标选项"设为"大图标"。自定义工具栏样式如图 2-33 所示。

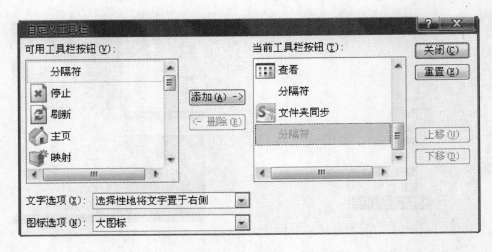

图 2-32 "自定义工具栏"对话框

图 2-33 自定义工具栏样式

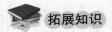 拓展知识

1. 使用地址栏

地址栏的调出方法：任意打开一个窗口，单击"查看"→"工具栏"→"地址栏"，使用地址栏可以切换到相应的位置，如在地址栏中输入"\ Windows \ system"，按〈Enter〉键就可以进入 C：\ Windows 下的 system 目录。在地址栏中直接输入要运行的程序的绝对路径，然后按〈Enter〉键就可以了。例如，在地址栏中输入"C：\ windows \ notepad. exe"，按〈Enter〉键，记事本就会出现了。

2. 快速定位到地址栏

只要按〈Alt + D〉组合键或直接按〈F6〉键就可以将光标定位到地址栏，无须用鼠标单击地址栏就可以定位光标，这样输入网站地址就会较快了。

3. 用地址栏快速发送电子邮件

在 IE 地址栏中输入"mailto：XXX@ XXX. COM"，其中"XXX@ XXX. COM"为要发送的电子邮件的地址，按〈Enter〉键后就可以启动系统默认的电子邮件程序来发送邮件了。

【问题建议】

常见问题	交流建议
如何精确地移动窗口	在标题栏上右击，打开快捷菜单，选择"移动"命令，当屏幕上出现十字箭头标志时，再通过按键盘上的方向键移动到合适的位置后，按〈Enter〉键确认即可
如何用快捷键切换窗口	用〈Alt + Tab〉组合键来完成切换

【案例小结】

Windows XP操作系统操作界面的管理，包括对窗口、对话框及菜单的灵活使用等操作。需要注意的是，如果打开的窗口不在最大化的状态下，那么就不能使用窗口的"还原"按钮。激活窗口的方法是用鼠标单击该窗口的任意位置，还可以按〈Alt + Esc〉组合键依次激活各窗口。按〈Alt + Tab〉组合键，将出现一个对话框显示各应用程序图标，按住〈Alt〉键不放，反复按〈Tab〉键，当显示方框移到所需的程序图标上时，放开按键，则此应用程序被激活。

【教你一招】

使用 Windows 帮助系统

Window XP是一个智能化的操作系统。用户在对其学习和操作过程中遇到问题时，除了可借助相关书籍外，还可启动Windows帮助系统。通过该帮助系统用户不但可以快速查询需要了解的知识，还可学习其他操作技巧。启动Windows帮助系统的方法如下：

1）选择"开始"菜单下的"帮助和支持"命令。

2）在"我的电脑"窗口中选择"帮助"和"帮助和支持中心"命令。

3）选择"帮助主题"和"搜索帮助主题"来查找自己所需的内容。

【复习思考题】

1. 在 Windows XP 操作系统中，关于对话框的叙述不正确的是（　　）

A. 对话框没有最大化按钮　　　　　B. 对话框没有最小化按钮

C. 对话框不能改变形状大小　　　　D. 对话框不能移动

2. 关于 Windows XP 操作系统菜单命令的说法中，不正确的是（　　）

A. 既不能移动，也不能改变大小　　B. 仅可以移动，不能改变大小

C. 仅可以改变大小，不能移动　　　D. 既能移动，也能改变大小

3. 在下列有关 Windows XP 操作系统菜单命令的说法中，不正确的是（　　）

A. 带省略号"…"的命令执行后会弹出一个对话框

B. 命令前有符号"√"，表示该命令有效

C. 鼠标指向带符号"▲"的命令时，会弹出下一级子菜单

D. 命令名呈灰色，表示相应的程序被破坏

【技能训练题】

1. 在桌面上打开任意四个窗口，更改窗口的排列方式。

2. 通过对桌面上显示属性的各种设置，练习对话框中各种元素的使用方法及显示属性设置。

案例三　管理 Windows XP 操作系统中的文件

【案例描述】

Windows把所有软硬件资源都以文件或文件夹的模式进行统一管理。用户通常使用"我

的电脑"或"资源管理器"对计算机系统进行统一管理和操作，对计算机中的文件或文件夹进行创建、复制、移动及删除等操作，从而对计算机中的资源进行管理。

Windows 还提供了一些系统工具来实现对磁盘的维护和管理操作，从而提高系统性能。其主要操作有：磁盘清理、碎片整理、磁盘备份或还原等。

【案例分析】

本案例涉及文件和文件夹的管理操作，不论是新建、保存、删除操作，还是移动、复制操作，都要明确文件、文件夹的位置和名称。

任务一　使用"我的电脑"和"资源管理器"

任务分析

"我的电脑"和"资源管理器"都是用来管理计算机资源的，它们的窗口界面及功能基本相似。其主要区别是："我的电脑"左侧为任务链接、其他位置链接和详细信息；"资源管理器"左侧为系统资源的项目列表，包括"桌面"、"我的电脑"、"网上邻居"、"回收站"等。单击窗口工具栏上的"文件夹"按钮 　文件夹，可相互切换。本任务是通过不同的操作，灵活使用"我的电脑"和"资源管理器"。

相关知识

"资源管理器"和"我的电脑"是 Windows XP 操作系统提供的用于管理文件和文件夹的两个应用程序，利用这两个应用程序可以查看文件夹的结构和文件的详细信息，执行启动程序、打开文件、查找文件、复制文件等操作。用户可以根据自身的习惯或当前的状态选择使用这两个应用程序。

（1）文件和文件夹的基本概念

1）文件是一组相关信息的集合，任何程序和数据都以文件的形式存放在计算机的外存储器上，通常存放在磁盘上。在计算机中，文本文档、电子表格、图片、歌曲等都属于文件。任何一个文件都必须具有文件名。文件名是存取文件的依据。文件名由主文件名和扩展名组成。Windows XP 操作系统支持的长文件名最多为 255 个字符。

2）文件夹是在磁盘上组织程序和文档的一种手段，它既可包含文件，也可包含其他文件夹。文件夹中包含的文件夹通常称为子文件夹。

（2）Windows XP 操作系统中文件和文件夹的命名规则

1）文件名或文件夹名最多可用 255 个字符表示，包含主文件名和扩展名。通常，文件名中包含三个字符的文件扩展名，用以标志文件的类型。常用文件扩展名见表 2-1。

表 2-1　常用文件扩展名表

扩 展 名	文 件 类 型	扩 展 名	文 件 类 型
.exe	二进制码可执行文件	.bmp	位图文件
.txt	文本文件	.tif	Tif 格式图形文件
.sys	系统文件	.html	超文本多媒体语言文件

（续）

扩 展 名	文 件 类 型	扩 展 名	文 件 类 型
. bat	批处理文件	. zip	Zip 格式压缩文件
. ini	Windows 配置文件	. arj	Arj 格式压缩文件
. wri	写字板文件	. wav	声音文件
. doc	Word 文档文件	. au	声音文件
. bin	二进制码文件	. dat	VCD 播放文件
. cpp	C++语言源程序文件	. mpg	MPG 格式压缩移动图形文件

2）文件名或文件夹名中不能出现的字符有 \ / ： * ?" < > | 。名字中可以使用汉字。

3）查找文件或文件夹时，名称框中可以使用通配符"＊"替代任意一个或多个字符，可使用"?"替代任意一个字符。

4）可以使用多分隔符命名，如"your. book. pen. paper. txt"。

（3）文件和文件夹图标 计算机使用图标表示文件、文件夹。通过图标可

图 2-34 文件及文件夹图标

看出文件的种类。要打开某文件、文件夹或程序，双击其对应的图标即可。图 2-34 所示图标从左到右依次为驱动器图标、文件夹图标、系统文件图标、Word 应用程序图标、Word 文档图标和 Word 文档快捷方式图标。

任务实施

1）双击桌面上的"我的电脑"图标，打开"我的电脑"窗口（见图 2-35），在中间的窗口工作区中可以看到多个文件存储的区域。

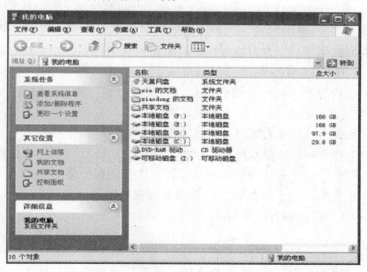

图 2-35 "我的电脑"窗口

2）通过磁盘查看资源：双击"本地磁盘（E:）"图标，打开"本地磁盘（E:）"窗口，再双击"BOOK"文件夹，即可打开"BOOK"文件夹并查看其中的内容。

3）通过地址栏查看资源：在"我的电脑"窗口中单击地址栏的下拉按钮，在下拉列表中选择"本地磁盘（E:）"（见图2-36），即可打开"本地磁盘（E:）"窗口进行查看。

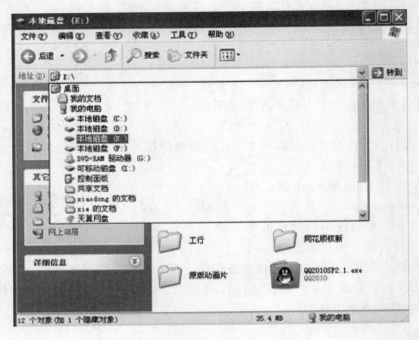

图 2-36　通过地址栏查看资源

4）在"我的电脑"窗口中，单击工具栏上的"文件夹"按钮 文件夹，即可切换至"资源管理器"窗口，如图2-37所示。该窗口有左、右两个窗格，左窗格显示的是系统资源项目列表，如"桌面"、"我的电脑"、"网上邻居"、"回收站"等，项目左侧是"展开"或"折叠"按钮；右窗格用于显示左窗格中选定对象所包含的内容。左窗格和右窗格之间有一条分隔条。整个窗口底部为状态栏。

5）使用"资源管理器"查看资源：单击"资源管理器"窗口左窗格中的"我的电脑"选项，展开下一级目录，在其中单击"本地磁盘（E:）"选项，展开E盘下的文件目录，单击"BOOK"文件夹，即可在右窗格查看该文件夹下的内容。

6）观察窗口中各个图标的显示形式，单击工具栏上"查看"图标右边的下拉按钮（见图2-38），在下拉列表中单击另一种显示形式，即可改变图标的显示形式。

7）单击工具栏上的"向上"按钮，可返回上级窗口内容。

8）按〈Alt + F4〉组合键关闭窗口。

拓展知识

在地址栏上直接输入要查看文件夹的路径，可更快地查看该文件夹。例如，查看E盘中"BOOK"文件夹下的内容，可直接在窗口地址栏中输入"E: \ BOOK"，然后按〈Enter〉键，即可查看"BOOK"文件夹中的内容。

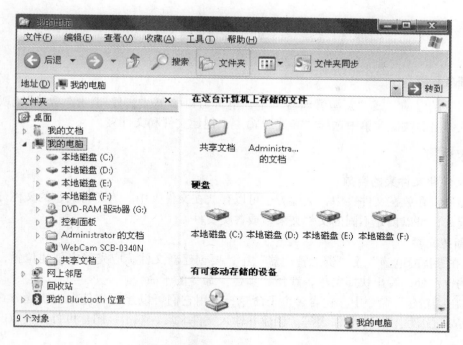

图 2-37 切换至"资源管理器"窗口

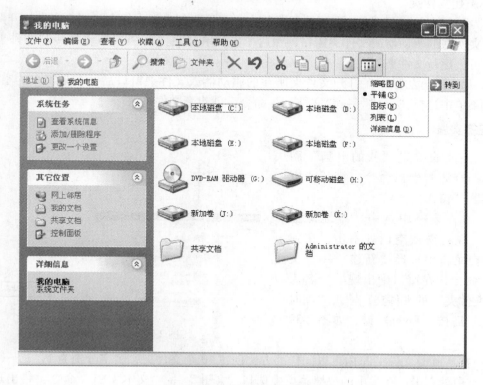

图 2-38 改变图标的显示形式

任务二 创建文件及文件夹

任务分析

在"我的电脑"或"资源管理器"中，单击窗口菜单"文件"→"新建"，或者右击鼠标，从弹出的快捷菜单中选择"新建"命令，创建文件和文件夹。

相关知识

1. 文件和文件夹的存放

文件通常存放在文件夹中，文件夹也可以存放在文件夹中。为了将大量的文件分门别类地管理起来，可以创建不同的文件夹来存放各类文件。

2. 新建文件

1）在"我的电脑"或"资源管理器"中，要创建新文件，应先确定创建位置，然后右击窗口的空白处，弹出快捷菜单，选择"新建"命令的子命令。

2）在"新建"命令中，包含多个子命令，利用它们可以建立文件夹、快捷方式、文本文件、Word 文件、Excel 工作表等。创建并输入文件名后，双击该图标可打开对应的应用程序。

3. 新建文件夹

1）在"我的电脑"或"资源管理器"中，如果要创建新文件夹，那么应先打开要建立的文件夹所在的驱动器或文件夹窗口，然后单击菜单"文件"→"新建"→"文件夹"命令，即可创建新文件夹。

2）另一种方法是，在打开文件夹所在的驱动器或文件夹窗口后，右击窗口的空白处，从快捷菜单中选择"新建"→"文件夹"命令，创建新文件夹。

任务实施

1）右击桌面上"我的电脑"图标，选择资源管理器命令，打开"资源管理器"窗口。

2）在左窗格中选中"本地磁盘（E:）"，在右窗格空白处右击，在弹出的快捷菜单中选择"新建"→"文件夹"命令，在窗口中出现一个名为"新建文件夹"的文件夹，输入"临时文件夹"后按〈Enter〉键，如图2-39所示。

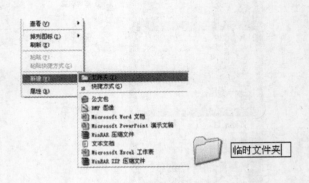

图 2-39　新建文件夹

3）在"临时文件夹"内再以同样的方法创建10个文件夹，名字分别为1，2，…，10。在窗口空白处右击，在弹出的快捷菜单中选择"新建"→"文本文档"命令，将出现一个名为"新建 文本文档.txt"的新文本文件，如图2-40所示。

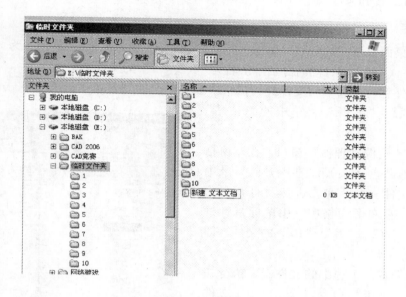

图 2-40　新建文件夹和文件

 拓展知识

重命名文件和文件夹：在管理文件或文件夹的过程中，为方便记忆，经常需要将文件或文件夹更改为其他名字。重命名文件和文件夹的方法为：右击要重命名的文件或文件夹，在弹出的快捷菜单中选择"重命名"命令，文件夹的名称文本框呈可编辑状态，重新输入新名称后，按〈Enter〉键即可。

任务三　复制、移动、删除文件及文件夹

🖰 任务分析

在 Windows 中，可以使用鼠标拖动的方法或使用菜单中的"复制"、"剪切"以及"粘贴"命令，对文件、文件夹进行复制和移动操作，还可以用"删除"命令将一些不需要的文件或文件夹删除，从而实现对计算机资源的管理。

✎ 相关知识

（1）选择文件和文件夹　"先选择后操作"是操作计算机的通用法则，所以要对已经存在的文件或文件夹进行操作，必须先选择它们。不论是文件还是文件夹，其选择方法都完全相同。可以选中单一的文件或文件夹，也可以同时选中多个文件或文件夹，被选定的文件或文件夹呈反像显示。

（2）复制文件和文件夹　复制操作一般用于对重要的文件或文件夹进行备份，以防其遗失或损坏。复制后将在新位置和原位置均保留该文件或文件夹。

（3）移动文件和文件夹　移动文件或文件夹的操作与复制类似，只是移动后原文件或文件夹将不复存在，而复制后原文件或文件夹仍然存在。

（4）删除文件和文件夹　当不需要某些文件或文件夹时，可以将其删除。

任务实施

1）双击桌面上"我的电脑"图标，打开"E：\ 临时文件夹"，单击名为"1"的文件夹，然后按住〈Ctrl〉键，同时分别单击名为"3"、"5"的文件夹。

2）右击任意一个选中的文件夹，执行快捷菜单上的"复制"命令，双击名字为"2"的文件夹，执行"编辑"菜单中的"粘贴"命令。

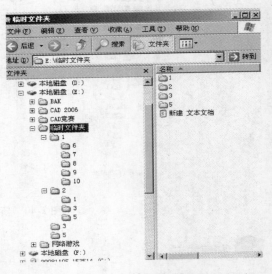

3）打开"资源管理器"窗口，在左窗格中单击"本地磁盘（E:）"，在展开的目录中找到"临时文件夹"后单击，然后打开名为"1"的文件，在右侧窗格中，用鼠标指针框选名为"7"、"8"、"9"、"10"的文件，即选中了这些文件夹。

4）右击任意一个选中的文件夹，执行快捷菜单上的"剪切"命令，双击"1"文件夹，在右窗格空白处右击，执行快捷菜单中的"粘贴"命令。

5）在左窗格中单击"临时文件夹"，在右窗格中选中"4"文件夹，执行"编辑"菜单中的"删除"命令。操作完成后的窗口状态如图2-41所示。

图2-41　操作完成后的窗口状态

拓展知识

利用"删除"命令删除文件或文件夹时，并不是把它们从计算机中彻底删除掉，而是放进了"回收站"中，如果需要还可以将其恢复。如果要把文件不经过"回收站"直接删除，可以在按住〈Shift〉键的同时，执行"删除"命令，这样就可以把它们从计算机中彻底删除了。

任务四　搜索文件及文件夹

任务分析

在使用计算机的过程中，有时会忘记某个文件或文件夹的存放位置，这时可以使用"我的电脑"窗口中工具栏上的"搜索"按钮或任务栏上"开始菜单"中的"搜索"命令对文件或文件夹进行查找。本任务是在 D 盘中搜索小于或等于10KB 的 TXT 文件。

相关知识

1）搜索方法：单击任务栏上的"开始"按钮→"搜索"命令；在"我的电脑"或"资源管理器"窗口中，单击工具栏上的"搜索"按钮 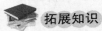，启动"搜索助理"对话框。

2）搜索时需输入搜索内容，选择搜索范围，设置搜索选项，然后单击"搜索"按钮即可。

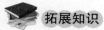 **任务实施**

1）打开"我的电脑"窗口，单击工具栏上的"搜索"按钮，打开"搜索助理"对话框。

2）选择搜索"所有文件和文件夹"选项，在文本框中输入"＊.TXT"（代表搜索所有TXT格式的文件）。在"搜索范围"下拉列表框中选择"本地磁盘（D:）"，在"搜索选项"中设置文件大小为"至多 10KB"。

3）输入完成后，单击"立即搜索"按钮，系统会自动搜索所有 TXT 格式的文本文件，并显示搜索结果，如图 2-42 所示。

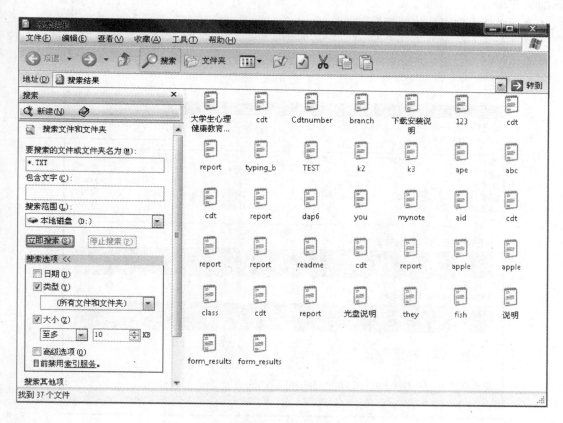

图 2-42　搜索结果

拓展知识

搜索到所需文件后，文件后面一般还会显示该文件所在的位置，如果没有显示，那么可单击工具栏中的"查看"→"详细信息"选项，即可列出内容的详细资料。

任务五　管理维护磁盘

任务分析

在使用计算机的过程中，有时需要对磁盘进行管理与维护，这时可用"附件"→"系统工具"→"磁盘碎片整理程序"或"磁盘清理"命令对计算机磁盘进行整理。本任务是对 D 盘进行磁盘碎片整理，对 E 盘进行磁盘清理。

相关知识

1. 整理磁盘碎片

磁盘碎片整理程序将计算机磁盘上的碎片文件和文件夹合并在一起，以便每一项在卷上分别占据单个和连续的空间。这样，系统就可以更有效地访问文件和文件夹，更有效地保存新的文件和文件夹。通过合并文件和文件夹，磁盘碎片整理程序还将合并卷上的可用空间，以减少新文件出现碎片的可能性。

操作方法：单击"开始"按钮→"所有程序"→"附件"→"系统工具"→"磁盘碎片整理程序"，启动"磁盘碎片整理程序"，对磁盘碎片进行整理，如图 2-43 所示。

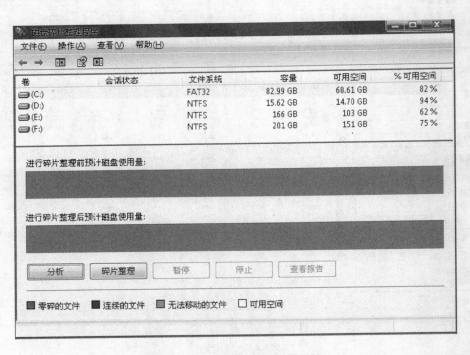

图 2-43　"磁盘碎片整理程序"窗口

2. 清理磁盘垃圾文件

磁盘清理程序可用于释放磁盘空间。操作时，选择要清理的驱动器，单击"确定"按钮，则会列出临时文件、Internet 缓存文件和可以安全删除的不需要的程序文件。可以使用磁盘清理程序删除这些文件中的部分或全部文件。

任务实施

1）单击"开始"按钮 →"所有程序"→"附件"→"系统工具"→"磁盘碎片整理程序"选项。

2）启动"磁盘碎片整理程序"，选择"D盘"单击"分析"按钮，系统即会对选中的磁盘自动进行分析，分析完成后，系统会自动弹出"磁盘碎片整理程序"对话框，显示分析结果，如图2-44所示。单击"查看报告"按钮，系统会弹出"分析报告"对话框，在该对话框中列出了该磁盘的详细情况。

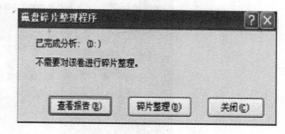

图2-44　磁盘碎片整理完成后的窗口

3）如果需要对磁盘碎片进行整理，可单击"碎片整理"按钮，系统即可自动对选中的磁盘进行磁盘碎片整理。

4）单击"开始"按钮→"所有程序"→"附件"→"系统工具"→"磁盘清理"。在"驱动器"下拉列表框中选择"（E:）"（见图2-45），然后单击"确定"按钮，打开"（E:）的磁盘清理"对话框，如图2-46所示。

图2-45　选择要清理的驱动器

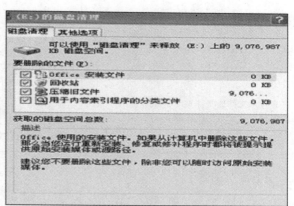

图2-46　"（E:）的磁盘清理"对话框

5）打开"磁盘清理"选项卡，在"要删除的文件"组合框中可以选择需要删除的文件类型。若选择"压缩旧文件"选项，则此时可单击"选项"按钮，在弹出的"压缩旧文件"对话框中可以设置清理压缩多长时间没有使用过的文件。

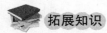**拓展知识**

备份磁盘：备份工具会帮助我们创建磁盘信息的副本。如果磁盘上的原始数据被意外删除或覆盖，或由于磁盘故障而无法访问，那么可以使用副本恢复丢失或损坏的数据。操作方法为：单击"开始"按钮→"所有程序"→"附件"→"系统工具"→"备份"，切换到高级模式，选择"备份向导"，这时屏幕上会出现一个"备份向导"对话框（见图2-47），单击"下一步"按钮，按照向导指示完成操作。

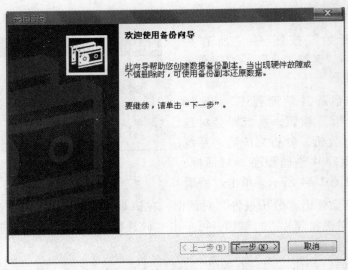

图 2-47 "备份向导"对话框

【问题建议】

常 见 问 题	交 流 建 议
在选择文件或文件夹时，若选择了错误的文件或文件夹该怎么办呢？	可以在文件夹窗口的空白区域单击，取消所有文件或文件夹的选择；若选多了文件或文件夹，则可以按住〈Ctrl〉键的同时单击多选择的文件或文件夹图标，取消该文件或文件夹的选中状态
在搜索文件或文件夹时，经常记不住它们的名称，有什么更便捷的方法吗？	可以使用通配符。通配符是指可以代表某一类字符的通用代表符，常用字的通配符有星号"＊"和问号"？"，其中星号可代表一个或多个字符，问号只能代表一个字符。"＊.＊"表示所有的文件和文件夹，"＊.doc"表示所有扩展名为.doc 的文件；"？a??.＊"表示文件名为 4 个字符且第 2 个字符为 a 的所有文件

【案例小结】

管理 Windows 文件时，在执行任何操作之前要先选定操作对象。右击选定的对象，使用快捷菜单是较常用的方法。快捷菜单内容与选择的对象和计算机的软硬件状态有关。磁盘管理有助于提高系统性能，应合理使用。

【教你一招】

"回收站"（删除回收站中的项目意味着将该项目从计算机中永久地删除。从回收站删除的项目不能还原）的操作方法：

1）在桌面上双击"回收站"图标。

2）执行下列操作之一：

① 要还原某个项目时，右击该项目，执行"还原"命令。

② 要恢复所有项目时，全选所有项目，单击菜单"文件"→"还原"命令。

③ 要删除某个项目时，右击该项目，执行"删除"命令。

④ 要删除所有项目时，单击菜单中的"文件"→"清空回收站"命令。

3）以下项目没有存储在回收站中且不能被还原：

① 从网络位置删除的项目。

② 从可移动介质删除的项目。

③ 超过"回收站"存储容量的项目。

【复习思考题】

1. AVI、TXT 和 EXE 格式的文件分别代表何种文件？

2. 复制与移动的区别是什么？

3. 连续选择多个文件和文件夹的操作方法是什么。

【技能训练题】

1. 在 D 盘新建一个文本文档，命名为"我的记事本"，并将该文档移动到 E 盘。

2. 设定搜索的"日期"范围，搜索计算机中所有的图片文件。

 使用控制面板

【案例描述】

使用"控制面板"调整计算机日期和时间并与 Internet 日期和时间服务器同步，设置语言环境为中文；为计算机安装摄像头，添加、删除 WinZip 8.0 程序；为计算机设置新账户，命名为"可爱的小猫"。

【案例分析】

在使用"添加/删除程序"命令时，要注意所删除或添加的程序是属于 Windows XP 操作系统组件还是属于其他应用程序。

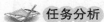任务一　设置时钟、语言和区域

任务分析

使用"控制面板"设置"区域和语言"选项，调整计算机的"日期和时间"设置，以匹配当前国家（地区）。

相关知识

1. 设置日期和时间

Windows XP 操作系统支持在任何时间、任何地点工作，可以容易地将计算机的时钟、日历、货币和数字设置更改成与当前国家（地区）和时区匹配，也可以使计算机时钟同 Internet 时间服务器同步，这样计算机时钟每周就会和 Internet 时间服务器进行一次同步，以校正本机的时间设置。如果具有连续的 Internet 连接，那么在选择"Internet 时间"选项卡中"自动与 Internet 时间服务器同步"复选框后，时钟同步会正常发生；如果只是偶尔连接 Internet，那么可以通过单击"Internet 时间"选项卡中的"立即更新"按钮来执行立刻同步。

2. 区域和语言

通过"控制面板"中的"区域和语言选项"，可以更改 Windows 用来显示日期、时间、

货币量、大数字和带小数点数字的格式。也可以从多种输入语言和文字服务中进行选择，例如不同的键盘布局，输入法编辑器以及语音和手写体识别程序，主要涉及的操作有：更改数字、货币、时间和日期设置，自定义输入语言的按键顺序，安装语言文件。

任务实施

1）单击"开始"→"控制面板"→"日期/时间"选项，打开"日期和时间 属性"对话框，如图 2-48 所示。

2）在"时间和日期"选项卡中，设定日期和时间为"2012 年 6 月 4 日上午 9 点 52 分"；在"Internet 时间"选项卡中，设置本机时间与 Internet 时间同步，如图 2-49 所示。

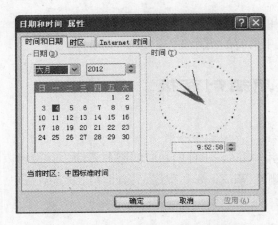

图 2-48 "日期和时间 属性"对话框

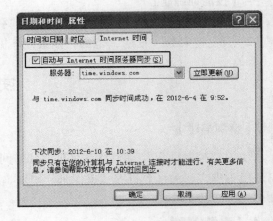

图 2-49 "Internet 时间"选项卡

3）在"控制面板"中打开"区域和语言选项"对话框，如图 2-50 所示。

4）单击"自定义"按钮，分别更改单独的日期、时间、数字或货币设置，如图 2-51 所示。

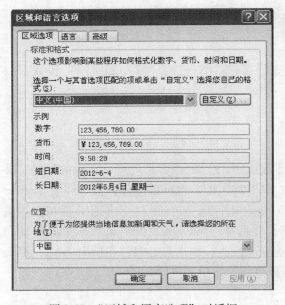

图 2-50 "区域和语言选项"对话框

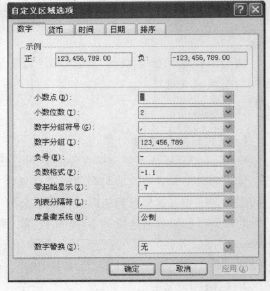

图 2-51 "自定义区域选项"对话框

5）回到"区域和语言选项"对话框中，在"标准和格式"下拉列表框里选择"中文（新加坡）"选项，观察其变化。

6）在"区域和语言选项"对话框中，选择"语言"选项卡，如图 2-52 所示。

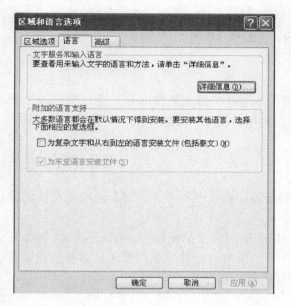 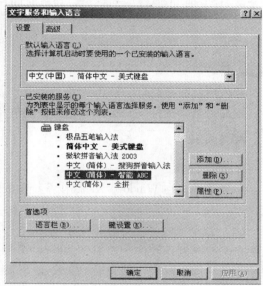

图 2-52 "语言"选项卡　　　　　　　　图 2-53 "设置"选项卡

7）在"语言"选项卡中，单击"详细信息"按钮，打开"文字服务和输入语言"对话框，打开"设置"选项卡，如图 2-53 所示。

8）在已安装的服务中选择"中文（简体）-智能 ABC"，单击右边的"删除"按钮。

9）单击"键设置"按钮，打开"高级键设置"对话框，如图 2-54 所示。

10）在"高级键设置"对话框的"输入语言的热键"下，单击"切换至中文（中国）-极品五笔输入法"，然后单击"更改按键顺序"按钮，设置成图 2-55 所示的状态，依次单击"确定"按钮完成设置。设置完成后，用〈Ctrl + Shift + 1〉组合键即可调出"极品五笔输入法"。

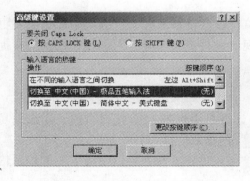 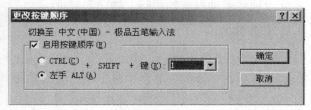

图 2-54 "高级键设置"对话框　　　　　　图 2-55 "更改按键顺序"对话框

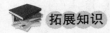 拓展知识

用任务栏右侧的时间显示来调整日期和时间。方法为：双击任务栏中显示时间的位置，打开"日期/时间 属性"对话框，设置时间和日期属性。

任务二　添加和设置硬件

任务分析

进入控制面板窗口，双击"添加硬件"图标，通过"添加硬件向导"为计算机添加硬件。添加一个新硬件——摄像头，安装时主要是利用该硬件"即插即用"的特点进行操作。

相关知识

1. 添加硬件

一般来说，在 Windows XP 操作系统中安装新的硬件有两种方式，即自动安装与手动安装。

（1）自动安装　当计算机中新增添一个"即插即用"型的硬件后，Windows XP 操作系统会自动检测到该硬件。如果 Windows XP 操作系统附带该硬件的驱动程序，则会自动安装驱动程序；如果没有，则会提示安装该硬件自带的驱动程序。

（2）手动安装　手动安装新硬件一般有以下三种情况：

1）使用"添加硬件"命令。这是最常用的驱动程序安装方式，单击"开始"→"设置"→"控制面板"命令，在打开的窗口中双击"添加硬件"图标，即可打开"添加硬件向导"对话框，具体的设置过程因硬件的不同而略有不同，但可根据向导提示进行添加。

2）使用安装程序。有些硬件（如扫描仪、数码相机、手写板等）有厂商提供的安装程序，这些安装程序的名称通常是 setup. exe 或 install. exe。把此类硬件安装到计算机上以后，双击安装程序，然后按照程序窗口提示的信息进行操作就可以了。

3）使用安装向导。在"控制面板"窗口中有计算机的设备列表，如打印机、调制解调器、显示适配器等设备，双击这些设备的图标，在打开的窗口中都包含有该设备的安装向导。

2. 设置硬件

更新硬件驱动程序：打开"计算机管理"窗口，在"设备管理器"选项中选定需要更新的设备，右击选择"更新驱动程序"命令，出现"硬件更新向导"对话框，根据向导提示完成硬件驱动程序的更新，如图 2-56 所示。

任务实施

1）使用摄像头时，应先将摄像头的数据线与计算机主机的 USB 接口相连，连接成功后，在桌面右下角的任务栏中将出现"发现新硬件"的提示信息。

2）此时，系统会自动安装摄像头，稍后弹出"新硬件已安装并可以使用了"的提示信息。

3）双击"我的电脑"图标，打开"我的电脑"窗口，在"扫描仪和照相机"区域将显示摄像头的图标。

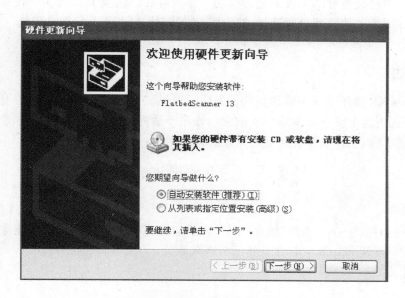

图 2-56　"硬件更新向导"对话框

4）双击该摄像头图标，即可打开摄像头，并在屏幕的中间区域显示镜头中拍摄到的内容。

5）查看硬件设备：单击"开始"→"控制面板"→"管理工具"选项，在打开的窗口中双击"计算机管理"图标，这时在"计算机管理"窗口中选择"设备管理器"选项（见图 2-57），右侧的详细资料窗格中即可出现相关信息，从中可对需要的设备进行查看。如果要查看隐藏的设备，那么可通过选择工具栏上的"查看"→"显示隐藏的设备"命令来进行查看。

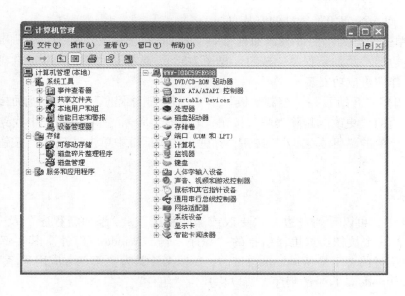

图 2-57　"计算机管理"窗口

6）如果要对已设置好的某设备进行改动，那么可在该选项上右击（一定要在展开的选项上右击），在弹出的快捷菜单中选择"停用"（暂时停止运行）或者"卸载"（永久删除）命令。

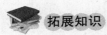拓展知识

在 Windows XP 操作系统中添加硬件设备后，通过"设备管理器"观察，有的设备上有黄色的问号，说明这个设备与 Windows 的驱动程序不适配，需要重新给它安装驱动程序，驱动安装好，系统认识了，就没有问号且该硬件也能用了。

任务三　添加和删除程序

任务分析

通过"控制面板"→"添加/删除程序"，添加计算机中需要的程序及删除不需要的程序。本任务是安装 WinZip 8.0 软件，然后再将其删除。

相关知识

1. 添加程序

双击"控制面板"中的"添加/删除程序"图标，在弹出的窗口中单击"添加新程序"按钮，系统会自动完成软件的安装。

2. 删除程序

双击"控制面板"中的"添加/删除程序"图标，打开"添加/删除程序"窗口，单击左边"更改或删除程序"按钮，在右边选择要删除的程序，单击"更改/删除"按钮，则系统弹出确认对话框，单击"确定"按钮，系统将开始自动卸载该程序组。

任务实施

1）插入"WinZip 8.0"软件的安装盘。

2）依次单击"开始"→"控制面板"→"添加/删除程序"，打开"添加或删除程序"窗口，单击左边的"添加新程序"按钮（见图 2-58），选择从"CD-ROM 或软盘安装程序"，然后按提示操作即可成功安装。

3）再次选择"开始"→"控制面板"→"添加/删除程序"，打开"添加或删除程序"窗口，单击左边的"更改或删除程序"按钮，（见图 2-59），在右边列表中找到刚才安装的"WinZip 8.0"，单击"更改/删除"按钮，在弹出的对话框中单击"确认"按钮，即可删除该程序。

拓展知识

在图 2-59 中，可以看到左边有"更改或删除程序"、"添加新程序"及"添加/删除Windows 组件"三个按钮。这里面所指的"程序"与"Windows 组件"其实都同属于"程序"范畴，只不过前者不是 Windows 自带的，所以又称其为"第三方应用程序"，而"Windows 组件"是 Windows 自带的程序，所以称其为"组件"。

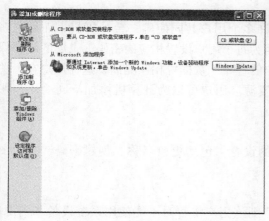
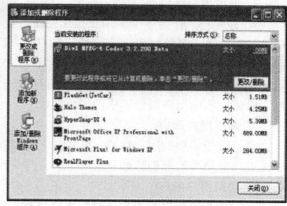

图 2-58 "添加新程序"窗口   图 2-59 "更改或删除程序"窗口

任务四 设置账户并进行安全管理

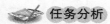 **任务分析**

用户在使用同一台计算机时，可以有不同的界面及工作环境，这可以通过"开始"→"控制面板"→"用户账户⊖"命令为计算机设置不同的账户来实现。本任务是添加"小猫"、"小狗"、"小兔"三个账号，并分别对其进行设置权限、设置用户密码等操作。

 相关知识

1. 账户类型

（1）计算机管理员（administrator） 计算机管理员账户拥有对全系统的控制权，可以创建、更改和删除其他账户，改变系统设置，安装和删除程序，访问计算机上的所有文件。Windows XP 操作系统中至少要有一个计算机管理员账户。在只有一个计算机管理员账户的情况下，该账户不能将自己改成受限制账户。

（2）受限制账户 受限制账户是权力受到限制的账户，可以访问已经安装在计算机上的程序，更改自己的账户图片，还可以创建、更改或删除自己的密码，但无权更改大多数计算机的设置项，不能删除重要文件，无法安装软件或硬件，也不能访问其他用户的文件。

（3）来宾账户（guest） 来宾账户是给那些在计算机上没有用户账户的人用的，只是一个临时用户，所以来宾账户的权力最小，没有密码，可以快速登录，能做的事情也就仅限于查看计算机中的资源，检查电子邮件，浏览 Internet，或者玩玩 Windows 自带的小游戏等。在默认情况下，来宾账户处于未激活状态，必须在激活后才能使用。

⊖ 在汉化的 Windows XP 操作系统中，使用的是"账户"，"账号"，请读者阅读时注意。

2. 添加用户账户

Windows XP 作为一个多用户操作系统，允许多个用户共同使用一台计算机，而用户账户就是用户进入系统的出入证。用户账户一方面为每个用户设置相应的密码、隶属的组、保存个人文件夹及系统设置，另一方面将每个用户的程序、数据等相互隔离，这样用户在不关闭计算机的情况下，不同的用户可以相互访问资源。用户可以为计算机添加不同的用户账户，以适应不同用户对计算机的操作要求。

3. 修改用户账户

对于已经添加的用户账户，可以改变它们的设置，包括更改名称、创建密码、更改图片、更改账户类型和删除账户。

4. 禁用用户账户

若将某用户账户设置为暂时禁止使用状态，则该用户将暂时不能使用系统设备和资源。在"本地用户和组"窗口中，如果用户的图标上显示红色的小叉子，那么表示用户的账户已经暂时被禁用了。禁用的用户账户只是暂时性的不能使用，一旦需要，管理员可以清除"账户已停用"复选框，禁用的账户就可以重新使用了。

5. 删除用户账户

可以将用户账户从系统中删除，使该用户无法使用系统设备和资源。

注意：账户一旦删除就不可恢复，只能重新建立。

6. 维护操作系统安全

为了防止他人破解管理员密码，用户可对密码的输入数进行限制，当输入密码的错误次数超过设定值后，系统会自行锁定计算机。

注意：用户在应用了该项设置后，应牢记自己的管理员密码，否则在密码输入错误的次数超过设定值时，任何用户在 30min 内将无法进入系统。用户若要取消此项设置，只需在对话框中将微调框的值设置为 0 即可。

任务实施

1）进入"控制面板"窗口，打开"用户账户"窗口，如图 2-60 所示。

2）单击"创建一个新账户"链接，打开"用户账户"向导对话框。

3）在文本框中输入新添加的用户名称"小猫"，如图 2-61 所示。

4）单击"下一步"按钮，为"小猫"账户挑选"计算机管理员"的账户类型，如图 2-62 所示。单击"创建账户"按钮，关闭"用户账户"窗口，完成添加用户操作。

5）按照步骤 1 ~ 4，再创建一个名为"小狗"的"受限账户"和一个名为"小兔"的"计算机管理员"账户。

图 2-60 "用户账户"窗口

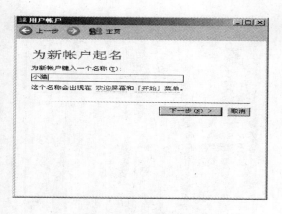

图 2-61　为新账户命名

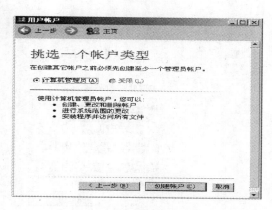

图 2-62　为新账户选择类型

6）在"用户账户"窗口中单击选择"小猫"用户名，如图 2-63 所示。

7）单击"更改名称"链接，输入新的名称"可爱的小猫"后，单击"改变名称"按钮完成操作。

8）单击"创建密码"命令，输入新密码、确认密码和密码提示，然后单击"创建密码"按钮，为用户创建一个密码。

9）单击"更改图片"命令，选择一个图片（见图 2-64），该图片会出现在用户欢迎屏幕上。

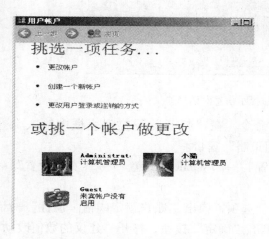

图 2-63　账户设置

图 2-64　更改账户图标

10）单击"更改账户类型"链接，将"可爱的小猫"账户类型更改为"受限"，如图 2-65 所示。

11）在"计算机管理"的"本地用户和组"窗口中选中"小狗"用户。

12）依次单击"开始"→"控制面板"→"管理工具"→"计算机管理"→"本地用户和组"→"用户"，从右栏中选中"小狗"用户。

13）单击"操作"菜单中的"属性"命令，弹出"小狗　属性"对话框。

14）在"常规"选项卡中选中"账户已停用"复选框，如图 2-66 所示。

图 2-65　更改账户类型

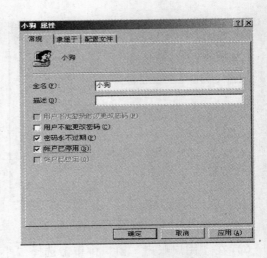

图 2-66　账户常规属性

15）选择完成后，单击"确定"按钮使设置生效。

16）选择"小兔"用户，单击"操作"菜单中的"删除"命令。

17）进入"本地用户和组"提示信息对话框，单击"是"按钮，将小兔用户删除，如图 2-67 所示。

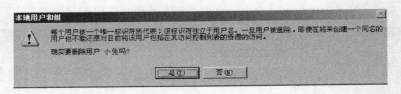

图 2-67　删除账户时提示信息对话框

18）选择"开始"按钮，执行"运行"命令，在"打开"下拉列表框中输入命令 gpedit.msc，然后单击"确定"按钮，打开"组策略"窗口。

19）在左侧的列表中依次展开"计算机配置"→"Windows 设置"→"安全设置"→"账户策略"→"账户锁定策略"选项。

20）在右侧的列表中双击"账户锁定阈值"选项，弹出"账户锁定阈值　属性"对话框，在对话框的微调框中设置数值为 3，然后单击"确定"按钮，打开"建议的数值改动"对话框。该对话框中显示了当输入密码错误的次数超过设定的次数时账户的锁定时间，再单击"确定"按钮，完成设置。

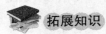 拓展知识

可以通过使用"计算机管理"→"本地用户和组"来对账户进行管理。其操作方法如下：

1）在"计算机管理"的"本地用户和组"中，右击"用户"列表中的用户名称，再单击"设置密码"命令，如图 2-68 所示。

2）在弹出的警告信息对话框中单击"继续"按钮，如图 2-69 所示。

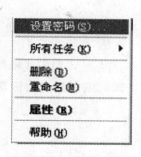

图 2-68　设置密码菜单

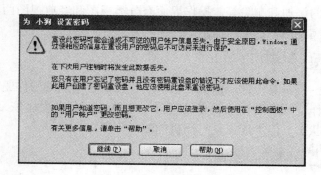

图 2-69　设置密码信息提示

3) 在图 2-70 所示对话框中输入新的密码后单击"确定"按钮，密码就设置完成了。

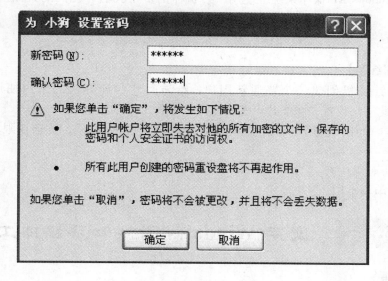

图 2-70　设置密码窗口

【问题建议】

常 见 问 题	交 流 建 议
计算机中安装的硬件设备较多，接口不够用，想暂时不用某个硬件以留出接口，该怎么操作？	可以暂时停用硬件。在"设备管理器"窗口中该硬件选项上单击，在弹出的快捷菜单中选择"停用"命令即可；下次使用该硬件时，再在快捷菜单中选择"启用"命令即可
可以安装与删除 Windows XP 操作系统自带的像"记事本"、"游戏"之类的软件吗？	可以。在控制面板中单击"添加/删除程序"，在打开的窗口左侧单击"添加/删除 Windows XP 组件"按钮，会弹出"Windows 组件向导"对话框，在其中选择某一复选框或取消选中某一复选框，即可添加或删除该软件

【案例小结】

利用"控制面板"可对计算机的软硬件环境进行配置，包括设置时钟、语言及软硬件的添加和删除等。操作界面有分类视图和经典视图两种方式，可根据实际情况相互切换，以满足用户的操作需求。

【教你一招】

恢复硬件以前的驱动程序：在安装了新的硬件驱动程序后，若系统不稳定或硬件无法工作，则只需在"设备管理器"中单击"驱动程序恢复"按钮，即可恢复到先前正常的系统状态，但不能恢复打印机的驱动程序。

【复习思考题】

1. 下面的多媒体软件工具中，由 Windows 自带的是（　　　）。

A. MediaPlayer　　　　　B. GoldWave　　　　　C. Winamp　　　　　D. Real Player

2. "在 Windows XP 操作系统中使用一台机器的多个我们有相同的桌面内容"，这句话是（　　　）。

A. 正确的　　　　　B. 错误的　　　　　C. 不一定

【技能训练题】

1. 为你的计算机创建一个普通新用户，给访问此台计算机的用户使用，用户名为"student"，为此用户设置一张图片，并更改用户名称为"学生"。

2. 设置另一个用户，用户名为"teacher"，密码为"teacher"，要求权限为计算机系统管理员。

3. 启用 guest 用户。

4. 删除其中一个用户。

案例五　使用 Windows 附件和多媒体工具

【案例描述】

Windows XP 操作系统的"附件"中自带一些小程序，如"记事本"、"计算器"、"画图"等，在用户操作计算机时会提供有效的帮助。使用"计算器"完成计算，主要是使用标准型模式；利用"画图"程序绘制一幅夜景图，其中主要会用到"曲线"、"取色"、"填充"等工具。

【案例分析】

"计算器"有标准型和科学型两种显示模式，使用时要对应相应功能选择合适的显示模式。"记事本"只能编辑没有格式要求的简单文档。"画图"程序提供了画图工具和色彩配置方案，用户可以自由绘制图画，也可以对图片进行编辑。

任务一　使用"计算器"和"记事本"

任务分析

单击"开始按钮"，从"所有程序"→"附件"中分别打开"计算器"与"记事本"，完成相应操作。标准型"计算器"用于完成算术运算；科学型"计算器"用于完成统计、逻辑等运算和数制转换。本任务是通过计算器计算"$45 \times 3 \div 5 + 61 - 18$"的结果，并创建一篇简单的记事本文档。

 相关知识

1."计算器"的使用

标准型"计算器"和科学型"计算器"，分别如图 2-71 和图 2-72 所示。单击"开始"按钮，打开"所有程序"→"附件"→"计算器"，系统默认启动的"计算器"为标准型"计算器"。单击"查看"菜单下的"科学型"选项，可切换至科学型模式。

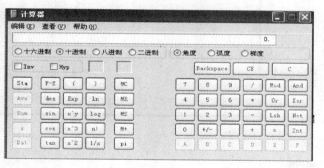

图 2-71　标准型"计算器"　　　　图 2-72　科学型"计算器"

2."记事本"的使用

"记事本"是用来创建简单文档的文本编辑器。单击"开始"按钮，打开"所有程序"→"附件"，从中双击"记事本"选项，即可打开"记事本"。

 任务实施

1.计算"$45 \times 3 \div 5 + 61 - 18$"

1）启动"计算器"程序，使用标准型显示模式。

2）单击计算器窗口内的数字及运算符按钮，依次按顺序用鼠标单击输入 $45 \times 3 \div 5 + 61 - 18$，然后单击"＝"按钮，计算结果显示在显示区中。

2.创建一篇简单的文档

1）单击"开始"按钮，打开"所有程序"→"附件"，从中双击"记事本"选项，打开"记事本"。

2）选择一种中文输入法，在文本编辑区的光标插入处输入"记事本是一个用来创建简单文档的基本文本编辑器。记事本最常用来查看或编辑文本文件，但是许多用户发现记事本是创建网页的简单工具"，如图 2-73 所示。

3）当输入的文字达到窗口边缘时，继续输入的文字将不在窗口内显示，这时可选择"格式"→"自动换行"命令使文档内容在达到窗口边缘时自动移到下一行。

4）文字录入完成后，选择"文件"菜单中的"保存"命令，将文档保存在 E 盘"临时文件夹"中。

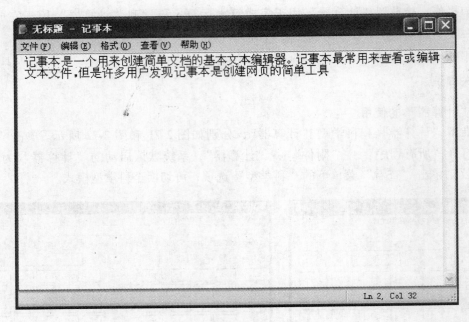

图 2-73　"记事本"窗口

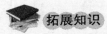拓展知识

用"记事本"编辑脚本代码："记事本"可以编辑脚本代码，诸如 vbscript，javascript，python，matlab，windows 下的批处理等。其方法是：新建一个记事本，取名最好是英文与数字的组合，输入所需要编辑的脚本，单击菜单中的"文件"→"另存为"命令，保存类型选择"所有文件"，然后用相应的程序文件扩展名另存。

任务二　使用"画图"工具

任务分析

打开"附件"中的"画图"程序，使用"画图"中的直线、椭圆、矩形和多边形等工具绘制一张简单的图形。

相关知识

"画图"程序是一个位图编辑器，可以对各种位图格式的图画进行编辑。用户可以自己绘制图画，也可以对扫描的图片进行编辑修改，在编辑完成后，可以使用 BMP、JPG、GIF等格式存档，还可以将其发送到桌面或其他文本文档中。

1. "画图"程序界面的构成

"画图"程序窗口如图 2-74 所示。

2. 页面设置

使用"画图"程序之前，先要进行页面设置，以确定所绘制图画的大小以及各种具体的格式，可以通过"文件"→"页面设置"实现，如图 2-75 所示。在"纸张"选项中，通

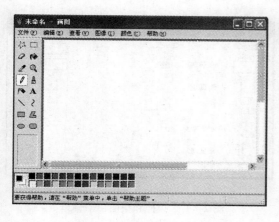

图 2-74　"画图"程序窗口

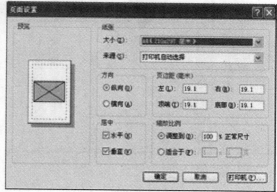

图 2-75　"页面设置"对话框

过相应的下拉列表框可以选择纸张的大小及来源，"纵向"和"横向"用于设置纸张的方向。

3. 使用"工具箱"

在"工具箱"中，为用户提供了十六种常用的工具，每选择一种工具，在下面的辅助选择框中会出现相应的信息。

选定工具：此工具用于选中对象。

橡皮工具：此工具用于擦除绘图中不需要的部分。

填充工具：运用此工具可以对一个选区进行颜色的填充。

取色工具：此工具的功能等同于在颜料盒中进行颜色的选择。

铅笔工具：此工具用于不规则线条的绘制。

刷子工具：使用此工具可绘制不规则的图形。

喷枪工具：使用喷枪工具能产生喷绘的效果。

文字工具：采用文字工具在图画中加入文字。

直线工具：此工具用于直线线条的绘制。

曲线工具：此工具用于曲线线条的绘制。

矩形工具、椭圆工具、圆角矩形工具：这三种工具的应用基本相同，单击"工具"按钮后，在绘图区直接拖动即可绘出相应的图形。

多边形工具：利用此工具可以绘制多边形。

4. 使用"图像"菜单

使用"图像"菜单中的命令可以对图像进行简单的编辑。

1）单击"翻转/旋转"命令，在弹出的"翻转和旋转"对话框内有三个复选框："水平翻转"、"垂直翻转"及"按一定角度旋转"，如图 2-76 所示。

2）单击"拉伸/扭曲"命令，在弹出的"拉伸和扭曲"对话框内，可以选择水平和垂直方向拉伸的比例和扭曲的角度，如图 2-77 所示。

3）选择"图像"下的"反色"命令，图形即可呈反色显示。图 2-78 和图 2-79 所示为执行"反色"命令前后的两幅图。

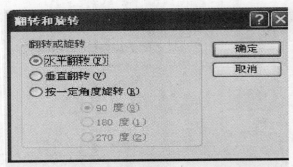 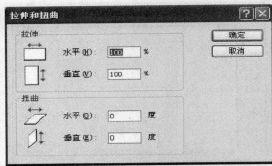

图 2-76　"翻转和旋转"对话框　　　　　　图 2-77　"拉伸和扭曲"对话框

图 2-78　图像反色显示前　　　　　　　　图 2-79　图像反色显示后

4）单击"属性"命令，在弹出的"属性"对话框中显示了保存过的文件属性，包括保存的时间、大小、分辨率，以及图片的高度、宽度等，可选择不同的单位进行查看，如图2-80 所示。

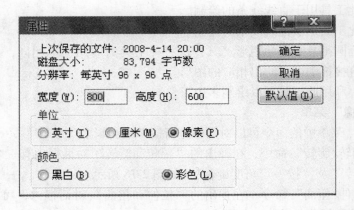

图 2-80　"属性"对话框

5. 编辑颜色

当颜料盒中提供的色彩不能满足需要时，可单击菜单中的"颜色"→"编辑颜色"命令，在"基本颜色"选项组中进行色彩的选择，也可以单击"规定自定义颜色"按钮自定义颜色，然后再添加到"自定义颜色"选项组中，如图 2-81 所示。

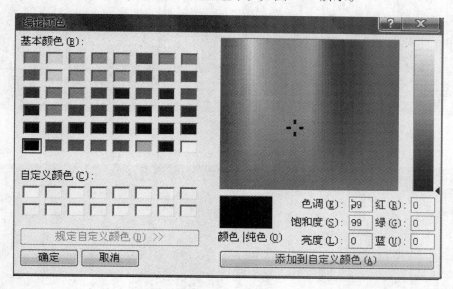

图 2-81　"编辑颜色"对话框

任务实施

1）单击"开始"按钮，选择"所有程序"→"附件"→"画图"命令，打开"画图"程序。

2）先画一幅夜景。在颜色选区的任意一格中双击，打开"编辑颜色"面板，在面板上找到自己中意的颜色，如图 2-82 所示。用左边工具栏中的"颜色填充"工具，在画纸上点一下，整个画纸就会被填充为同一个颜色，如图 2-83 所示。

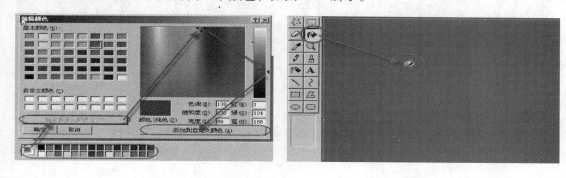

图 2-82　设置颜色　　　　　　　　　　图 2-83　颜色填充效果

3）绘制房子的轮廓。单击工具栏中的"直线"工具，并选择直线线条的粗细，选好黑色（见图 2-84），按住鼠标左键绘制一条直线，如图 2-85 所示。像这样一条条地画直线，把房子的轮廓画出来，如图 2-86 所示。

图 2-84　直线工具

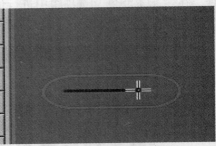

图 2-85　绘制直线

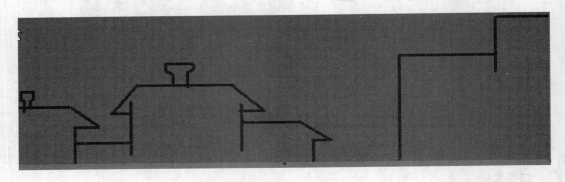

图 2-86　绘制房子轮廓

4）给房子和窗户上色。用"颜色填充"工具，为房子填充黑色，如图 2-87 所示。用工具栏中的"矩形工具"，选择最下面的"实心填充"模式，选择黄色，按住鼠标左键往右下角移，画出矩形图，如图 2-88 所示。

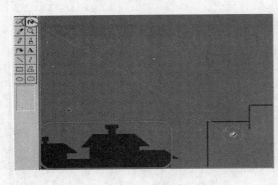

图 2-87　填充房子颜色

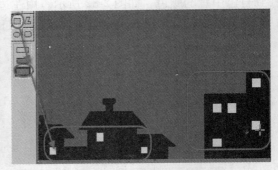

图 2-88　给房子画窗户

5）给窗户加上窗格。由于这里画的窗户比较小，直接画窗格会对不准，所以用"放大镜"把画纸放大，接着用"直线"工具给窗户画上窗格，下方选择黑色，在窗格上画线，横竖各一条。

6）美丽的渐变。用"刷子"工具（见图 2-89）选一些比底色稍微浅一点的色，画出弧线来。绘制夜幕后的效果如图 2-90 所示。

图 2-89　刷子工具

图 2-90　绘制夜幕后的效果

7）月亮和星星。选择黄色，画一个圆，再用另一种颜色，只选择线条绘制（要粗一点的线条），并用与背景颜色相似的颜色填充起来。

8）最后用"刷子"工具点缀上星星，选择"文字"工具，写上祝福语和签名并保存。最终效果如图 2-91 所示。

图 2-91　最终效果

拓展知识

使用命令提示符：单击"开始"按钮，打开"所有程序"→"附件"→"命令提示符"，即可打开相应程序，如图 2-92 所示。

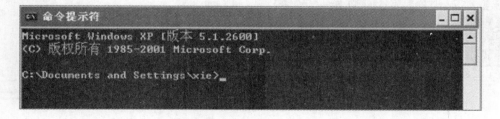

图 2-92　命令提示符

命令提示符是 Windows 下的 MS-DOS 方式。虽然随着计算机产业的发展，Windows 操作系统的应用越来越广泛，DOS 面临着被淘汰的命运，但是因为它运行安全、稳定，有的用户还在使用，所以一般 Windows 的各种版本都与其兼容，用户可以在 Windows 系统下运行 DOS 命令，可以通过输入相应的命令来查看自己计算机的资料，常用 DOS 命令及功能见表 2-2。

表 2-2　常用 DOS 命令及功能

命　令	功　能	命　令	功　能
winver	检查 Windows 版本	lusrmgr. msc	本地账户管理
mem. exe	显示内存使用情况	drwtsn32	系统医生
Sndvol32	音量控制程序	cleanmgr	整理
sfc. exe	系统文件检查	iexpress	木马捆绑工具
cmd. exe CMD	命令提示符	mmc	控制台
Msconfig. exe	系统配置使用情况	dcpromo	活动目录安装
taskmgr	任务管理器	ntbackup	系统备份和还原
devmgmt. msc	设备管理器	rononce -p	15s 关机
compmgmt. msc	计算机管理	conf	启动 netmeeting
dvdplay DVD	播放器	diskmgmt. msc	NT 的磁盘管理器
mspaint	画图板	winchat	局域网聊天
Clipbrd	剪贴板查看器	mplayer2	简易 widnows
services. msc	服务	nslookup	网络管理的工具

例如：在命令提示后输入"winver"命令，可检查 Windows 版本，如图 2-93 所示。

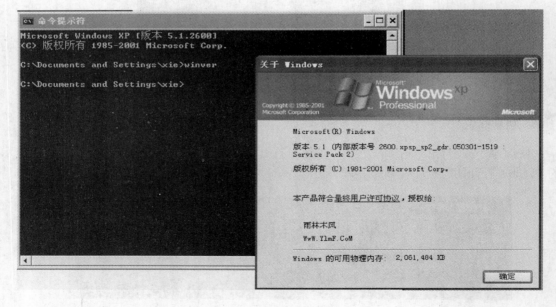

图 2-93　"winver"命令执行后的窗口

任务三　使用多媒体工具

任务分析

在"附件"中的"娱乐"选项下，Windows XP 操作系统提供了一些多媒体工具，有"录音机"、"Windows Media Player"及"音量控制"等，用它们可进行一些休闲娱乐活动。本任务是通过"录音机"录制一段文件，通过"Windows Media Player"播放音乐，并调整音量。

相关知识

1. "录音机"

Windows XP 操作系统中的"录音机"程序除了可以录制和播放声音外，还具有声音的修正及混音等功能。录制声音时必须要选择声音来源，如用"麦克风"的录制方式（当然也可以选择线路输入或 CD 音频等方式来录音），具体操作方法如下：

1）确保麦克风（传声器）已接到系统的声卡上。

2）在"录音机"窗口中单击"文件"菜单中的"新建"命令。

3）单击控制键上的"录音"按钮 ⬛●⬛，这时对着麦克风就可以进行录音了。

4）单击"停止"按钮 ⬛■⬛，即可停止录音。

录音完毕后，单击"播放"按钮可以听到刚录的音，还可以像保存文档一样将这个声音文件保存起来。

2. "Windows Media Player"

"Windows Media Player"支持几乎所有格式的多媒体文件。除了本地的多媒体文件类型以外，用户还可以用其播放当前流行的多种格式的音频、视频和混合型多媒体文件，还可以接入国际互联网，收听或收看网上的节目。即使在播放多种媒体类型的文件时，"Windows Media Player"也可以提供连续的观赏效果。

3. "音量控制"

Windows XP 操作系统自带了"音量控制"功能，它可以用来设置不同的音量，如系统音量、Wave 音量、CD 音量等。

任务实施

1）单击"开始"按钮，在弹出的菜单中选择"所有程序"→"附件"→"娱乐"→"录音机"命令，打开"录音机"的程序窗口，如图2-94 所示。

2）选择"文件"→"打开"命令，并在弹出的"打开"对话框中选择要播放的文件，再单击"打开"按钮，即可返回"录音机"的程序窗口。此时，录音机的程序窗口中将显示当前打开文件的一些基本数据，如长度、波形等。

3）单击"开始"按钮，在弹出的菜单中选择"所有程序"→"附件"→"娱乐"→"Windows

图 2-94　"录音机"的程序窗口

Media Player"命令，打开"Windows Media Player"程序窗口，如图 2-95 所示。

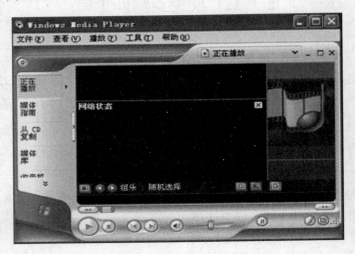

图 2-95 "Windows Media Player"程序窗口

4）单击菜单中的"文件"→"打开"命令，在"打开"对话框（见图 2-96）中找到要播放的媒体文件。

图 2-96 "打开"对话框

5）选中要播放的媒体文件后单击"确定"按钮，即可播放这个文件。单击"停止"按钮，停止媒体文件的播放。

注意：当将音频 CD 插入 CD-ROM 驱动器时，"Windows Media Player"将自动开始播放。播放器在打开时会处于"正在播放"状态，并显示艺术家名称、所播放曲目的标题以及可视化效果。

6）单击"开始"按钮，在弹出的菜单中选择"所有程序"→"附件"→"娱乐"中的"音量控制"命令，打开"音量控制"程序窗口（见图 2-97），移动滑标对音量大小进行调节。

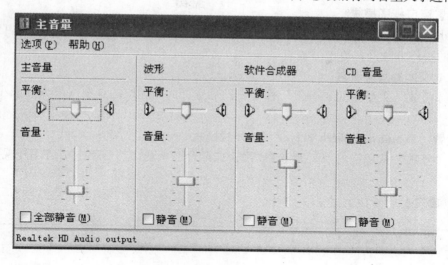

图 2-97　"音量控制"程序窗口

7）单击"选项"菜单中的"属性"命令，打开"属性"对话框（见图 2-98），单击需要选择的单选框选项，如"播放"、"录音"或"其他"。

8）在"显示下列音量控制"列表框中，选中"音量控制"、"波形"、"软件合成器"、"CD 唱机"复选框，单击"确定"按钮，即可设定"主音量"控制面板，如图 2-99 所示。在"主音量"控制面板上单击"全部静音"复选框，可使音量处于静音状态。

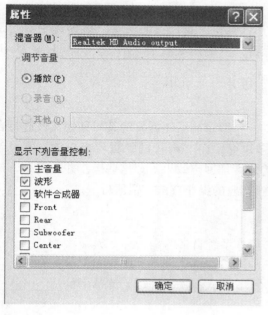

图 2-98　"属性"对话框

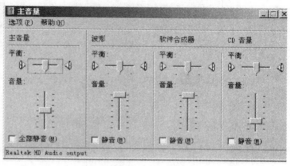

图 2-99　"主音量"控制面板

 拓展知识

1. 设置窗口视图模式

"Windows Media Player"程序窗口有两种视图模式，即完整模式和外观模式。设置窗口视图模式的操作方法是：单击"查看"菜单，然后单击相应的选项即可。

2. 改变媒体的播放音量

单击"播放"菜单中的"音量"命令，然后选择后面相应的选项（增大、减小或静音）即可。

3. 设置"Windows Media Player"的外观模式

单击"查看"菜单中的"外观选择器"，选择合适外观，然后单击"应用外观"按钮即可。

【问题建议】

常见问题	交流建议
创建和编辑带格式的文件能使用"记事本"吗	带格式的文件可以用"写字板"编辑，"记事本"只能编辑简单无格式要求的文件
为什么用"Windows Media Player"播放视频文件时，打开的列表框中没有我存放的文件，而用资源管理器却可以看到该文件	如果需播放电影等视频文件，而找到该文件的位置后，并没有在列表框中看到所需的文件，那么这时可在"文件类型"下拉列表框中选择"所有文件"选项

【案例小结】

Windows XP操作系统中的附件使用户在操作计算机时更加得心应手。多媒体工具则是休闲娱乐的助手，其中还包含图片和传真查看器，主要用于查看图片；"Windows Movie Maker"主要用于音频和视频文件的编辑。

【教你一招】

录制声音文件是制作编辑多媒体文件的基础，一般录制后还需要将其与其他文件进行合成。其实，仅在录音机程序的使用方面就有很多讲究。在"录音机"程序窗口中，既可录音，也可以将其他声音文件进行混合，还可以为声音加回声效果等。这些操作并不复杂，建议在"录音机"程序窗口的"帮助"菜单中查找相应的操作方法，很值得一试。

【复习思考题】

1. 下面的多媒体软件工具，由 Windows XP 操作系统自带的是（　　　）。

A. Media Player　　　　B. Gold Wave　　　　C. Winamp　　　　D. Real Player

2. 用户可以改变媒体文件播放时的音量，方法是单击_____菜单中的_____选项。

3. 使用"画图"程序中的_____选项可以将已有的图形文件粘贴到正在编辑的图形中。

【技能训练题】

1. 使用"记事本"输入一段文字，并保存在"我的文档"中。

2. 用"计算器"计算"$129 \times 58 - 25 + 369$"的值。

3. 用"Windows Movie Maker"，播放自己计算机中的任意一段视频。

单元三　Word文字处理系统

3

知识目标：
◎ 了解 Word 2003 软件的功能和特点。
◎ 掌握各类文档的创建与编辑方法。

技能目标：
◎ 熟练操作与管理 Word 文件。
◎ 熟练设置各种格式和打印文档。
◎ 熟练插入各类对象和进行图文混排。
◎ 熟练创建和编辑表格。
◎ 学会邮件的合并方法。
◎ 了解 Word 2010 的新增功能和操作特点。

　　Word 是 Microsoft 公司出品的 Microsoft Office 系列办公软件之一，主要用于办公文件的排版，也用于其他印刷品的排版，如宣传单、海报和杂志等。它为处理文字、表格、图形、图片等提供了一套功能齐全、运用灵活的运行环境，同时也为用户提供了赏心悦目的使用界面。因此 Word 在办公自动化方面应用非常广泛，是现代办公室不可或缺的软件之一。本单元以学习 Word 2003 的使用方法为侧重点，同时拓展 Word 2010 的新增功能和操作特点。

案例一　创建"个人档案"文档

【案例描述】

　　创建一个"个人档案"的文档，包含"个人资料"、"想对自己说的话"、"最大的理想"等内容。对文档内容进行格式设置，使整个版面达到一定的视觉传达效果，可插入照片或配合一些图形来设计编排，效果如图 3-1 所示。

【案例分析】

　　一个 Word 文档主要由文本、图形、图片、表格等对象组成。创建文档的基本方法是：首先以段落为单位输入文本，然后对文本和段落进行格式设置，再插入所需对象并对总体格式进行编排，完成文档的编辑后进行保存。

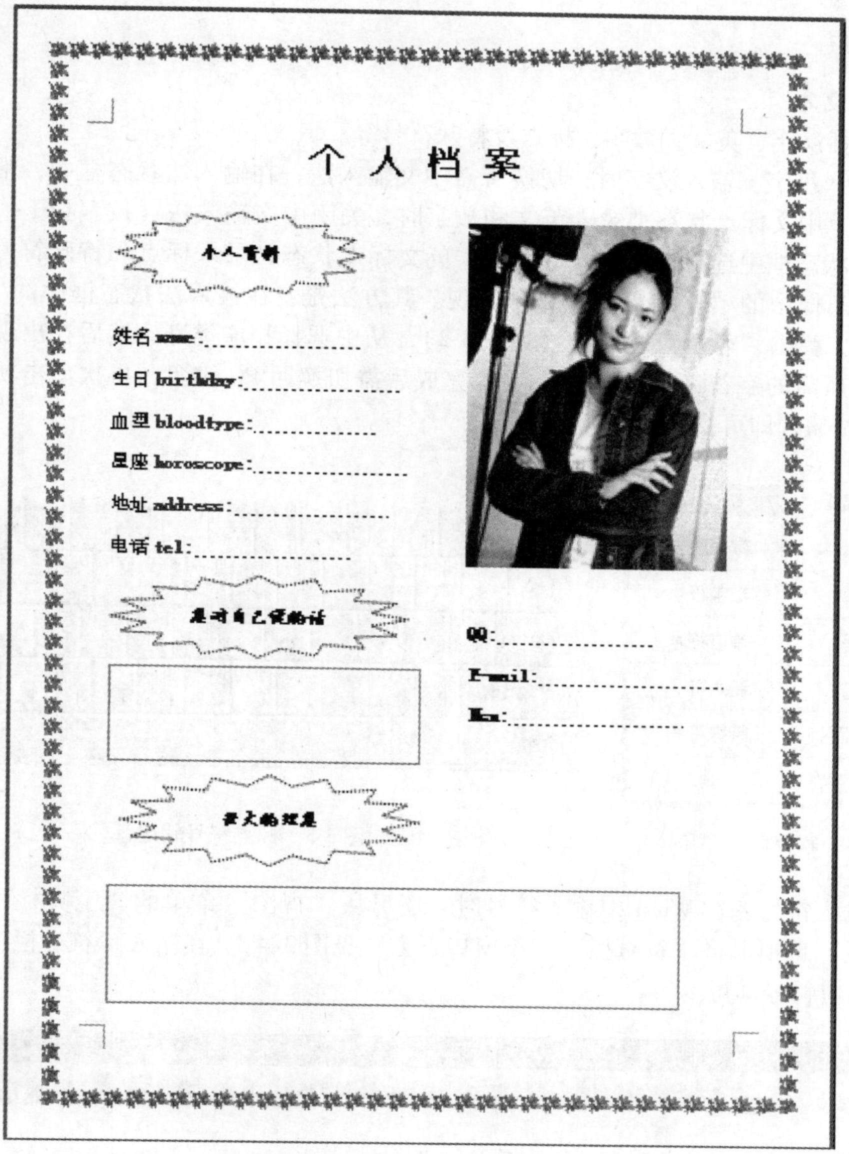

图 3-1　"个人档案"效果

任务一　输入与编辑文本

任务分析

　　新建文档后，光标插入点"┣"定位在第 1 行第 1 列，此时可以开始输入文本，输入内容后插入点向右移，当光标移至行尾时自动换行，一个自然段输入完成后按〈Enter〉键，段尾会出现一个代表段落结束的符号"↵"。如果需要在文档的任意位置插入内容，那么可将光标指针移至此处单击，当光标插入点定位后即可插入内容。文本输入完后再进行文本编辑。

相关知识

1. 输入文本

文本包括汉字、英文、数字、标点及特殊符号等。

（1）输入汉字　输入汉字时，切换所需中文输入法，在输入法状态框中，常选择中文输入、全角、中文标点状态；录入英文和数字时，关闭中文输入法（按〈Ctrl＋Space〉组合键）或在状态框中选择英文输入、半角、英文标点状态；录入标点和特殊符号时，可通过输入法状态框中的"软键盘"按钮来实现。其方法是：在输入法状态框中的"软键盘"按钮上右击，弹出"软键盘"菜单（见图3-2），从中选择相应类别，然后在出现的"软键盘"上单击所需的字符（见图3-3），输入完成后需切换回PC键盘，再次单击状态框中的"软键盘"按钮，即可关闭软键盘。

图3-2　"软键盘"菜单　　　　　　　　图3-3　标点符号软键盘

（2）输入符号　在Word中输入符号时，还可从"视图"菜单的"工具栏"选项中勾选"符号栏"选项，将"符号栏"移至窗口下方（见图3-4），在输入"符号栏"中的符号时，单击相应符号即可。

图3-4　"符号栏"

（3）输入特殊字符或符号　单击"插入"菜单中的"符号"命令，打开"符号"对话框，如图3-5所示。在"符号"对话框中选择所需符号，单击"插入"按钮或双击该符号，就会将所选符号插入到光标所在位置，插入后关闭对话框。

（4）输入文本　输入文本时，经常会使用撤销和恢复操作。Word支持多级撤销和恢复操作。

1）撤销：在操作过程中，如果对先前所做的操作不满意，那么可用撤销功能恢复到原来的状态。其方法是：单击常用工具栏上的"撤销"按钮 或按〈Ctrl＋Z〉组合键，可取消对文档的最后一次操作；多次单击"撤销"按钮 或多次按〈Ctrl＋Z〉组合键，将依次取消多次操作；单击"撤销"按钮右侧的下箭头 ，可打开撤销操作列表，选定其中某次操作，可一次性撤销此操作以及所有位于它上面的所有操作，如图3-6所示。

图 3-5　"符号"对话框

图 3-6　操作撤销

2）恢复：恢复是撤销的相反操作，其操作方法与撤销相似，单击常用工具栏上的"恢复"按钮 或按〈Ctrl + Y〉组合键，单击"恢复"按钮右侧的下箭头 ，也可一次性恢复被取消的多次操作。

2. 编辑文本

编辑文本的规律是："先选定，后操作"。选定文本后，被选中的部分变为反像显示，这时可对选中的文本进行多种编辑操作。

（1）选定文本　不同的文本块可采用不同的方法进行选定。

1）任意数量的文本：将鼠标指针移到要选定文本的开始处，按下鼠标左键不放，拖至所选文本的末尾时松开鼠标左键。若要选定一些不连续的文本块，则在选定下一文本块时，按〈Ctrl〉键的同时拖动鼠标。

2）中文词组或一个单词：双击该词组或单词。

3）一行文字：将鼠标指针移到该行左侧，直到指针变为向右的箭头 ，然后单击即可。

4）一个句子：按〈Ctrl〉键并单击该句的任意位置。

5）一个段落：将鼠标指针移到该行左侧，直到指针变为向右的箭头 $\nwarrow$ ，然后双击即可。

6）大段文本：单击要选定段落的起始处，然后滚动到要选定段落的结尾处，按〈Shift〉键的同时单击。

7）整篇文档：将鼠标移到文档中任意正文的左侧，直到指针变为向右的箭头 $\nwarrow$ 然后单击即可，或按〈Ctrl + A〉组合键也可选定整篇文档。

8）"矩形" 文本块：按〈Alt〉键的同时用鼠标拖出矩形区域。

（2）移动、复制文本　通常采用拖动法或粘贴法。

1）如果要移动或复制的文本距离较近，那通常采用拖动法，即将鼠标指针移到选定的内容上按住左键拖至目标位置，就可将内容移动到新位置；若在拖动的同时按〈Ctrl〉键，则可将内容复制到新位置。

2）除拖动法外可采用粘贴法。选定要移动或复制的文本，若要移动文本，则单击"常用" 工具栏上的 "剪切" 按钮 ，然后将光标插入点移到目标位置处，再单击"常用"工具栏上的 "粘贴" 按钮 ，就实现了文本的移动；若要复制文本，则要通过 "复制" 按钮 和 "粘贴" 按钮 配合来实现。

（3）使用 Office 剪贴板　使用工具栏上的 "粘贴" 按钮，只能粘贴最后一次放入剪贴板中的内容。如果要多次使用复制和粘贴操作，那么建议使用"Office 剪贴板"，它会给编辑文本提供更有效的帮助。单击 "编辑" 菜单中的 "Office 剪贴板"，可打开"剪贴板" 任务窗格。每使用一次 "复制" 操作，在"剪贴板库" 中将显示一个所复制文本或图形的缩略图，最新的项将添加到库的顶端，"剪贴板库" 中可容纳 24 个项目。单击剪贴板库中的某项可将其粘贴到插入点处，单击 "剪贴板库" 中某项右侧的下箭头可选择 "粘贴" 或 "删除" 操作。从任务窗格中也可选择 "全部粘贴" 或 "全部清空" 操作，如图 3-7 所示。

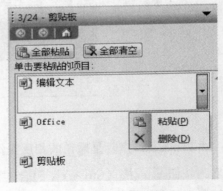

图 3-7　Office 剪贴板

（4）删除文本　选定要删除的文本，然后按〈Delete〉键或〈Back Space〉键。

⚠ **任务实施**

1）输入文本内容，使用中文标点，输入英文时切换到英文输入状态，需换行处按〈Enter〉键。

2）添加下划线时，可从 "格式" 工具栏中选择一种下划线类型（见图 3-8），用〈Space〉键或〈Back Space〉键调整其长短，不需要下划线的位置单击 "下划线" 按钮取消下划线的选择。

3）对重复的内容可采用 "拖动复制法"，输入文本后的效果如图 3-9 所示。

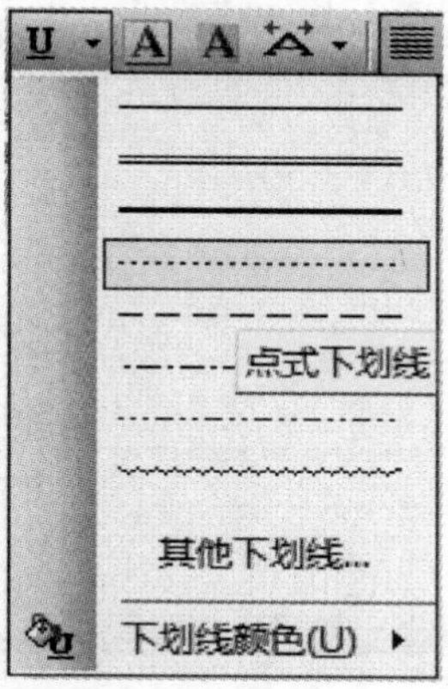

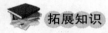

图 3-8 下划线类型

个人档案
个人资料
姓名 name: ....
生日 birthday: ....
血型 bloodtype: ....
星座 horoscope: ....
地址 address: ....
电话 tel: ....
QQ: ....
E-mail: ....
Msn: ....
想对自己说的话:
最大的理想:

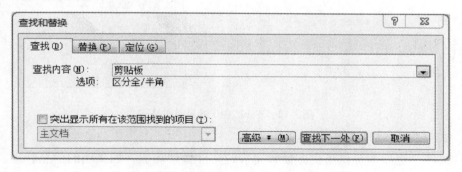

图 3-9 输入文本后的效果

拓展知识

1. 查找和替换

在文章输入完后，有时需要对全文进行校对或修正错误操作。这时查找和替换功能能为用户提供一定帮助。

（1）查找文本 能快速确定要查找文本的位置，同时也可以通过设置“高级”选项查找特定格式的文本和特殊字符等。

单击“编辑”菜单下的“查找”命令，打开“查找和替换”对话框，选择“查找”选项卡（见图 3-10），在“查找内容”下拉列表框中输入要查找的内容，然后单击“查找下一处”按钮可依次进行查找。如果勾选“突出显示所有在该范围找到的项目”复选框，则“查找下一处”按钮变为“查找全部”按钮，单击此按钮可使所有查找到的内容呈选中状态，这时可直接完成相应编辑。

图 3-10 “查找”选项卡

（2）替换文本 替换功能可将整个文档中指定的文本替换掉，也可以在选定的范围内进行替换。在“查找和替换”对话框中选择“替换”选项卡，在“查找内容”下拉列表框中输入要查找替换的文本，在“替换为”下拉列表框中输入要替换后的文本，最后单击

"替换"按钮可将指定的文本依次替换，单击"全部替换"按钮则可将指定的文本全部替换，如图 3-11 所示。

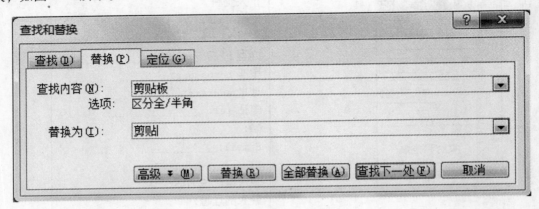

图 3-11 "查找和替换"对话框

2. Word 2010 的操作界面和新增功能

（1）Word 2010 的操作界面 Word 2010 的操作界面在旧版的基础上做出了很大的改变。它将菜单栏、工具栏、对话框、任务窗格等多项内容归类整合成选项组形式，同时随着插入对象的选定，将出现动态选项，以便完成相应操作，整体呈现出更加简洁明快的新界面风格，如图 3-12 所示。

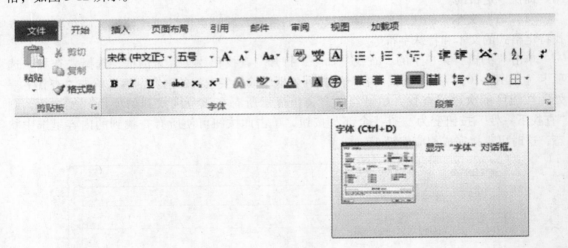

图 3-12 Word 2010 的界面风格

（2）Word 2010 新增功能

1）"文件"选项卡提供了更方便、完善的文件管理功能，如文档的信息管理、支持多种保存类型、打印效果直接显示在打印选项右侧等。

2）字体设置更加方便且新增了多种特效字体。

3）对插入的图片，提供了多种图片样式和调整功能，如抠图和艺术效果等。

4）增加了屏幕截图和语言翻译功能。

5）具有更丰富的 SmartArt 图形功能，以建立流程图、结构图等功能图。

6）对网上下载的文档，Word 2010 自动启动"保护模式"将其打开，以增强安全性。

3. Word 2010 编辑文本新特点

1）移动、复制文本时，单击"粘贴"按钮中的下箭头，打开粘贴选项（见图 3-13），将鼠标指针停在粘贴选项按钮上，鼠标下方显示"操作提示"，在文档插入点处将出现"动态粘贴结果"，单击此按钮即可完成粘贴操作。

2）"选择"操作项为选择操作和对象选择提供了更有效的帮助，如图 3-14 所示。

图 3-13　粘贴选项

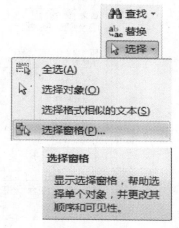

图 3-14　选择操作列表

任务二　设置字符、段落格式

 任务分析

输入文本内容后，要对文档进行格式设置与编排（主要包括字符和段落格式设置），以使文档视觉效果美观且便于阅读。根据文档的内容可适当配以图形、图像、艺术字、表格等对象，以使文档更加丰富多彩且富有吸引力。

相关知识

1. 设置字符格式

字符外观格式主要包括字体、字号、颜色和样式等。其设置方法通常有两种：一是未输入字符前设置，其后输入的字符将按设置好的格式显示；二是输入文本后，选定文本再进行设置，这样只对选定的文本起作用。对于这两种方法，可根据具体情况进行选用。

1）单击"格式"工具栏中的相应按钮完成设置，如图 3-15 所示。按钮允许联合使用，如粗体和斜体按钮可同时选中，且同时设置字体为"粗斜体"。鼠标指针停在某按钮上时会显示该按钮的名称，单击该按钮使其选中则可定义相应样式，再单击可取消样式定义，单击按钮右侧的箭头可打开选择列表。

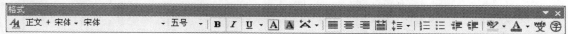

图 3-15　"格式"工具栏

2）单击"格式"菜单中的"字体"命令，弹出"字体"对话框（见图 3-16），从中选择"字体"选项卡，可设置字体、字号、字形、颜色、效果等样式；选择"字符间距"选项卡，可设置字符缩放比例、间距类型及磅值、位置类型及磅值等；选择"文字效果"选项卡，可设置文字动态效果。

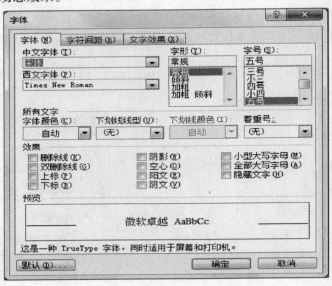

图 3-16　"字体"对话框

2. 设置段落格式

在 Word 中，用〈Enter〉键代表段落结束，每段末尾的箭头"↵"表示段落结束，其中包含段落格式信息。段落格式主要包括对齐、缩进、行距、项目符号等格式设置。

（1）设置段落水平对齐方式　水平对齐方式是指在当前段落中，水平排列的文字或其他内容相对于缩进标记位置的对齐方式。通常使用"格式"工具栏中的对齐按钮设置较为方便快捷。其方法是：选定需要对齐的文字或段落，单击相应的对齐按钮即可，如"两端对齐"按钮▤、"居中"按钮▤、"右对齐"按钮▤、"分散对齐"按钮▤。

（2）设置段落缩进　段落缩进是指段落到左页边距或右页边距的距离。缩进类型有左缩进、右缩进、首行缩进和悬挂缩进。设置的方法如下：

1）单击"格式"菜单中的"段落"命令，在弹出的"段落"对话框中选择"缩进和间距"选项卡，在"缩进"一栏中，选择缩进类型及具体缩进量，如图 3-17 所示。

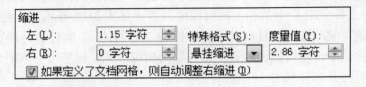

图 3-17　段落缩进

2）拖动水平标尺上的缩进标记，可方便地设置段落缩进。水平标尺上各部分的含义如图 3-18 所示。选定要缩进的段落，用鼠标指针点住标尺上的缩进标记拖动即可设置缩进。

若要精确地设置缩进量，则在拖动的同时按〈Alt〉键。按〈Alt〉键精确设置"首行缩进"2 个字符如图 3-19 所示。

左页边距　　左缩进　　悬挂缩进　　首行缩进　　　　　　　　右缩进　　　　右页边距

图 3-18　水平标尺

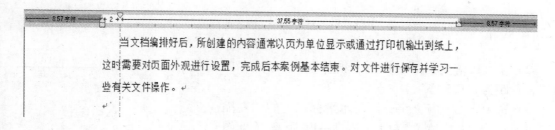

图 3-19　"首行缩进"2 个字符

3）如果要在原缩进的基础上增加或减少段落的左缩进量，那么可选定要修改的段落，单击"格式"工具栏上的"增加缩进量"按钮 或"减少缩进量"按钮 ，单击一次增加或减少一个制表位宽度的缩进量。

（3）设置行距和段落间距

1）行距是从一行文字的底部到下一行文字底部的间距，默认行距是"单倍行距"。Word 会自动调整行距以容纳该行中最大的字体和最高的图形。更改行距的方法是：单击"格式"工具栏上"行距"按钮 右侧的下箭头，打开行距列表（见图 3-20）选择行距倍数，单击"其他"选项，打开"段落"对话框，在间距一栏的行距中选择所需选项，如图 3-21 所示。若选择的行距为"固定值"或"最小值"，则要在"设置值"微调框中输入所需的行间隔数值；若选择了"多倍行距"，则要在"设置值"微调框中输入行数。

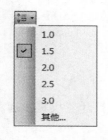

图 3-20　行距列表

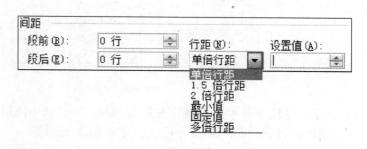

图 3-21　段落间距

2）段落间距是指段前或段后间距。选择要更改段间距的段落，打开"段落"对话框，在间距一栏中的"段前"或"段后"微调框中输入所需的间隔行数或数值。

任务实施

1）标题为"个人档案"，字体为"幼圆"，字号为"二号"，字形为"加粗"，字符间距为"加宽8磅"，对齐方式为"居中"。设置前后效果如图3-22所示。

图 3-22 "个人档案"设置前后效果

a）设置前的效果 b）设置后的效果

2）正文段落文字的字体为"楷体"，字号为"四号"，行距为"1.5倍"。

3）选中下面三行文字，拖动水平标尺上的"左缩进"标记，将这三段文字向右拖动一段距离（见图3-23），再将这三行文字重新设置一种字体。

4）选中文字"个人资料"将其剪切，可适当加入空行，留出绘图位置。从"绘图"工具栏的"自选图形"中，选择"星与旗帜"中的"十六角星"，如图3-24所示。

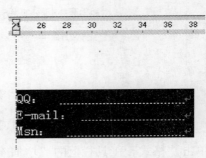

图 3-23 拖动"左缩进"标记

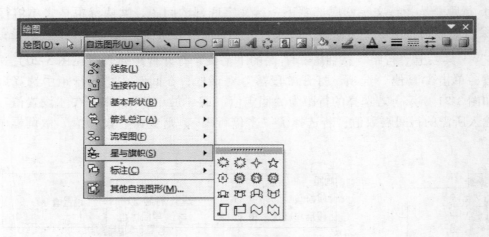

图 3-24 自选图形

5）在空行处绘制"十六角星"并适当调整大小，选中图形双击，打开"设置自选图形格式"对话框，设置一种"线条"样式，如图3-25所示。

6）选中并对准图形右击执行"添加文字"命令，这时将粘贴剪切的文字，使文字对齐在图形中央，然后设置适当的字体、字号，如图3-26所示。

7）用同样的方法设置"想对自己说的话"和"最大的理想"的格式。在下方绘制放置文字的矩形并设置图形的线条样式。

图 3-25 "设置自选图形格式"对话框

8）在文档右侧插入一张个人照片。选择恰当位置双击确定插入点，单击菜单中的"插入"→"图片"→"来自文件"命令，从 Word 素材文件夹中找到照片素材，单击"插入"按钮。

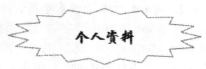

图 3-26 图形添加文字

9）双击图片打开"设置图片格式"对话框，单击"版式"选项卡，将环绕方式设置为"四周型"，将水平对齐方式设置为"右对齐"，然后单击"确定"按钮，如图 3-27 所示。最后适当调整图片大小和位置。

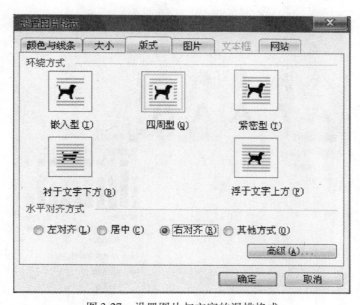

图 3-27 设置图片与文字的混排格式

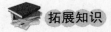 拓展知识

1. 用"格式刷"复制格式

对一些已有的字符和段落格式，用"格式刷"可以简便地进行复制，这样更便于实现统一的格式。

（1）复制字符格式　字符格式包括字体、字号、字形等。其操作方法如下：

1）选取要复制格式的文本，但注意不要包括段尾标记"↵"。

2）单击"常用"工具栏上的"格式刷"按钮，这时鼠标指针变为刷子形状。

3）选取要应用此格式的文本，然后松开鼠标。

（2）复制段落格式　段落格式包括对齐、缩进、行距、项目符号等。其操作方法如下：

1）将光标定位在要复制格式的段落内，或选取该段的段尾标记"↵"。

2）单击"格式刷"按钮。

3）把"刷子"光标移到要应用此格式的段落中单击，或选取段标记"↵"。

（3）多次复制格式　选取要复制格式的文本或段落，双击"格式刷"按钮，多次选取要应用此格式的文本或段落，完成复制后，再次单击"格式刷"按钮。

2. Word 2010 中设置字符、段落格式的新特点

在 Word 2010 中，字符、段落格式的设置均归纳在"开始"选项卡中。在"开始"选项卡中，包含有"字体"组和"段落"组，在各组中列出了主要的格式按钮和列表选项，右下角是一个折叠按钮，单击可打开对应的对话框。

（1）新增字体特效，让文字不再枯燥　用户可以为文字直接应用内置文字特效，还可以通过自定义为文字添加颜色、阴影、映像、发光等特效（见图 3-28），以设计出更加炫丽

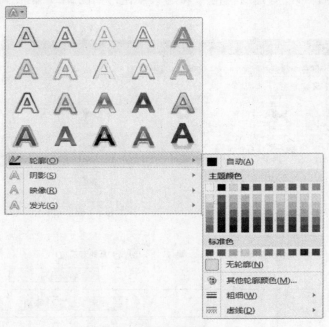

图 3-28　文本效果设置

的文字效果。

（2）可方便设置段落格式　"段落"组中包含了大部分的段落格式设置功能，通过它可以很方便地设置段落格式。在"段落"组中还包含有中文版式、边框等工具，可以插入类似网页中使用的水平线。使用标尺可以更加方便地设置段落缩进和页边距。

任务三　设置页面格式并保存文档

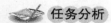任务分析

当文档编排好后，所创建的内容通常以页为单位显示或通过打印机输出到纸上，这时需要对页面格式进行设置，设置完成后还需要对文件进行保存。

相关知识

1. 页面设置

页面设置和我们用笔在纸上写字一样，要选择纸张大小和页面方向。可以在输入内容前设置页面，也可以在输入内容后设置页面。其操作方法如下：

（1）页面设置对话框　单击"文件"菜单中的"页面设置"命令，打开"页面设置"对话框，在不同的选项卡中设置页边距、纸张、版式、文档网格等内容，如图3-29所示。

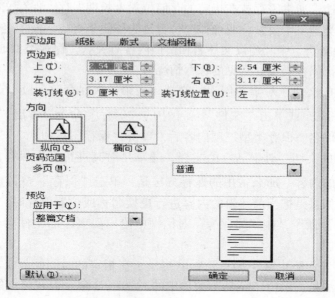

图3-29　"页面设置"对话框

（2）页边距　页边距是页面视图下四周的空白区域。通常，页眉、页脚、页码等都放置在页边距区域中。其设置方法如下：

1）在"页面设置"对话框中，选择"页边距"选项卡，在"页边距"栏中的"上"、"下"、"左"、"右"微调框中设置需要的数值。

2）使用标尺栏调整页边距：在页面视图下，将鼠标指针移到水平标尺或垂直标尺的页边距边界，待鼠标指针变为双向箭头时，按下鼠标左键进行拖动调整。按住〈Alt〉键可以精确调整数值。

（3）纸张大小　在"页面设置"对话框中，选择"纸张"选项卡，在纸张大小列表栏中选择标准纸型，或选择"自定义大小"，给出纸张的宽度和高度数值。

（4）每页行数和每行字数　依据页面参数的设置，每页的行数和每行的字数会有一个默认值，用户可以根据需要自行更改。其方法是：在"页面设置"对话框中，选择"文档网格"选项卡，在网格栏中选中"指定行和字符网格"单选钮，在"字符"和"行"栏下调整每行字符数和每页行数，如图 3-30 所示。

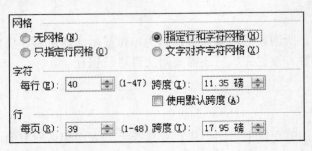

图 3-30　指定每页行数和每行字数

2. 保存文档

编辑完成的文档，通常需存放在指定的存储位置上长期保存。保存文档时应注意保存位置、文件名、保存类型三个要素，明确保存位置是为了便于查找，没指定保存位置则默认保存在 C 盘的"我的文档"中。建议文件名和文档内容有关联，保存类型通常使用默认方式，可根据实际情况选择保存类型。常见的保存情况有：

（1）保存新建的文档　对于新创建的文档，在第一次保存时，应单击"常用"工具栏上的"保存"按钮 💾，或单击"文件"菜单中的"保存"命令，弹出"另存为"对话框，设置保存位置、文件名、保存类型三项内容后，单击"保存"按钮。

（2）保存已有的文档　对于已有的文档，通常是对其进行再次保存，如果是用当前编辑的内容代替原来的内容，那么常用的保存方法是：单击"保存"按钮 💾 或按〈Ctrl + S〉组合键进行保存；如果是把当前编辑的内容进行更换名称或位置保存时，需要单击"文件"菜单中的"另存为"命令，在"另存为"对话框中给出要更改的文件名或保存位置，这样不会影响原有的文档。

（3）自动保存　为防止意外发生，Word 提供了在指定的时间间隔自动为用户保存文档的功能。其操作方法是：单击"工具"菜单中的"选项"命令，在弹出的"选项"对话框中选择"保存"选项卡，在"保存选项"中勾选"自动保存时间间隔"复选框，然后在后面的微调框中输入分钟数（见图 3-31），最后单击"确定"按钮。

3. 关闭和打开文档

（1）关闭文档　文档的创建、编辑、保存工作完成后，即可关闭文档。常用的关闭文档方法是：单击文档窗口右上角的关闭按钮 ✕ 、按〈Alt + F4〉组合键或单击"文件"菜单中的"关闭"命令。如果关闭前未对编辑内容进行保存，那么 Word 会弹出"是否保存"的提示信息框；如果打开了多个文档，关闭文档只是关闭当前使用的文档，那么在任一文档窗口中，单击"文件"菜单中的"退出"命令则会结束 Word 程序。

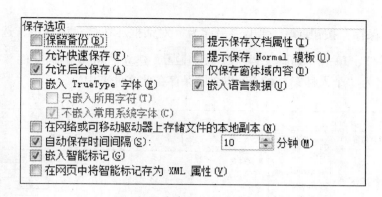

图 3-31　设置自动保存

（2）打开文档　文档以文件形式存放后，使用时可重新打开，使其处于激活状态，并显示内容。其操作方法如下：

1）通过现有文档打开其他文档。在文档窗口中，单击"常用"工具栏中的"打开"按钮 ，或单击"文件"菜单中的"打开"命令，在弹出的"打开"对话框中，选择文档三要素（位置、名称、类型）后，单击"打开"按钮。

2）直接打开指定的文档。在本地计算机的资源管理器中找到指定的文档，双击文档可直接打开。

任务实施

1）设置"个人档案"文档的页面外观。单击"文件"菜单中的"页面设置"命令，打开"页面设置"对话框，选择"页边距"选项卡，设置上、下页边距数值均为"3 厘米"，左、右页边距数值均为"2.5 厘米"，纸张方向为"纵向"；选择"版式"选项卡，单击下方的"边框"按钮，弹出"边框和底纹"对话框，设置一个"艺术型"页面边框，宽度为"15 磅"，如图 3-32 所示。

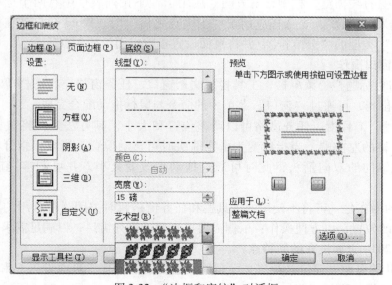

图 3-32　"边框和底纹"对话框

2）单击"保存"按钮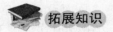，弹出"另存为"对话框。在该对话框中，选择保存位置为"本地磁盘（F:）"，单击"新建文件夹"按钮，建立"word 案例文件"文件夹，如图 3-33 所示，将名为"个人档案"的 Word 文档保存在此文件夹中。

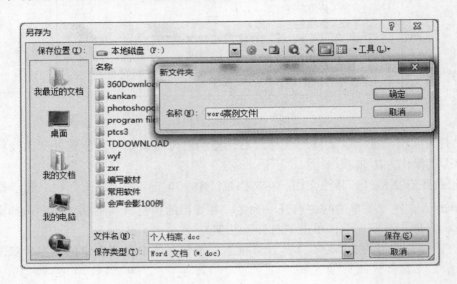

图 3-33 "另存为"对话框

拓展知识

1. 页面设置参数的应用

纸张大小、页边距、每行字数、字符间距、每页行数、行间距等参数是互相制约的，Word 将自动调整以适应参数变化。同时，这些参数都存在一个"应用于"的选择。在"页面设置"对话框的"预览"栏中，下方的"应用于"下拉列表框中有两个选项，即"整篇文档"和"插入点之后"，当选择应用于"插入点之后"时，Word 会自动在插入点处插入一个"下一页"类型的"分节符"，并将页面设置参数应用于插入点后。

2. Word 窗口操作

Word 窗口由标题栏、菜单栏、工具栏、文档窗口、任务窗格、状态栏等部分组成。窗口可以拆分、排列，可通过"窗口"菜单中的命令与鼠标拖动配合完成。

1）菜单栏、工具栏、任务窗格可以调整位置和大小，其方法是：将鼠标指针移到工具栏或任务窗格的左前端，当指针变为十字箭头时可移动位置；当鼠标指针移到边界处时会变为横向或纵向的双向箭头，此时可通过拖动来改变大小，并可调整到满意的窗口布局。

2）建议的操作是：可将不使用的工具栏和任务窗格暂时关闭，将常用的工具栏放置在方便且较醒目的位置，以方便操作；根据需要可新建或排列窗口，以满足需求。

3. Word 2010 页面设置的新特点

Word 2010 的页面设置包含在"页面布局"选项卡中，有"页面设置"和"页面背景"两个选项组，其操作更加便捷，还增加了页面背景效果设置，如图 3-34 所示。

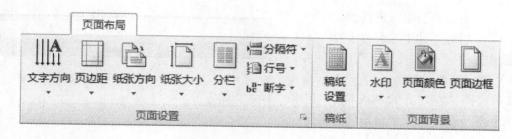

图 3-34　"页面布局"选项卡

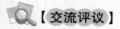【交流评议】

一、案例评价（满分 10 分）

评价项目及标准	得　分
文档内容录入完整正确，速度较快	4 分
格式设置熟练，效果美观	4 分
文档内容布局合理，内容设计较有创意	2 分

二、作品交流

展示作品	作品得分	设计特点	改进建议
作品一			
作品二			
作品三			

注：抽选具有代表性的作品，分组讨论并给出交流结果，最后由教师总结评议。

【案例小结】

本案例要求设计一个"个人档案"的文档，内容和样式可以进行自由创意设计，如添加团体标志性内容，设置背景颜色等。将所有信息收集整理以后可以制作成一本纪念册或通讯录等。

【教你一招】

设置制表位用以对齐文本：单击水平标尺最左端的方形按钮，单击一次即可改变一种制表符类型，共五种制表符，用于文本对齐的主要是左对齐式、右对齐式、居中式制表符。制表符的用法是：首先选定要在其中设置制表位的段落，然后选择需要的制表符类型，单击水平标尺上某一尺寸位置添加制表符，用〈Tab〉键将文本依次对齐。用鼠标水平拖动可移动制表符位置，按住〈Alt〉键可精确移动，这时在此制表位处对齐的文本也随之移动。如果要去掉某个制表位，那么只需用鼠标将其上下拖离标尺即可。

例如：将下面两段文字系、班、姓名分开对齐，间距为 3 个字符，姓名居中对齐。

　　　　　财会系会电一班张丽

　　　　　管理系建工二班孙宇峰

操作方法：

　　1）选定这两段文字。

　　2）选择"左对齐式制表符"，在水平标尺的第 6 个字符处单击添加制表符。

　　3）选择"居中式制表符"，在标尺的第 14 个字符处单击添加制表符。

　　4）将光标插入点置于要分开对齐的文本处按〈Tab〉键，结果如图 3-35 所示。

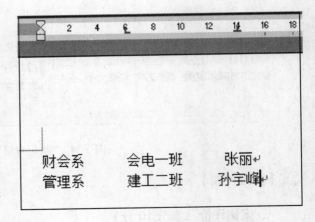

图 3-35　设置制表位对齐文本

 【复习思考题】

1. Word 2003 启动后，下列叙述正确的是（　　　）。

A. 可能没有状态栏　　　　　　　　　B. 可能没有标尺

C. 可能没有标题栏　　　　　　　　　D. 标题栏、标尺、状态栏一定都有

2. 编辑文档时，选定某行文本使用拖动法复制，配合的键盘操作是（　　　）。

A. 按住〈Alt〉键　　　　　　　　　B. 按住〈Ctrl〉键

C. 按住〈Esc〉键　　　　　　　　　D. 按住〈Shift〉键

3. 编辑文档时，要删除已选定的文本，正确的操作是按（　　　）键。

A.〈Backspace〉或〈Delete〉　　　　B.〈Insert〉或〈Esc〉

C.〈Insert〉或〈Delete〉　　　　　　D.〈Insert〉或〈Backspace〉

4. 在 Word 2003 中建立新文档后，立即单击"常用"工具栏上的"保存"选项将（　　　）。

A. 该文档关闭　　　　　　　　　　　B. 该文档保存在 Document 文件夹中

C. 该文档保存在当前文件夹中　　　　D. 弹出"另存为"对话框

5. 在 Word 编辑状态下，依次打开 W1. doc、W2. doc、W3. doc、W4. doc，则当前窗口是（　　　）。

A. W1. doc　　　B. W2. doc　　　C. W3. doc　　　D. W4. doc

6. 在 Word 2003 中，在插入状态下输入的新文本被显示在（　　　）。

A. 当前行的行尾　　　　　　　　　　B. 鼠标指针位置

C. 插入点的位置　　　　　　　　　　D. 当前行的前面

☞ 【技能训练题】

1. 打开"作业资料"文件夹中的文档"音乐的表现力 . doc"，按操作要求编排格式并保存在自己创建的目录中。

操作要求：

（1）第一行文字：设置字体为"隶书"，字号为"一号"，对齐方式为"居中"，段后为"6 磅"。

（2）第二行文字：设置字体："宋体"，字号为"三号"，下划线为"波浪线"，对齐方

式为"居中"，段后为"12磅"。

（3）正文段落第一、三自然段：设置字体为"楷体"，字号为"四号"，首行缩进"0.75厘米"，行距为"1.5倍"；第二自然段，设置字体为"幼圆"，字形为"加粗"，字号为"小四号"，左右各缩进"2厘米"，段前、段后各"6磅"，行距为"1.5倍"。

（4）页面设置：纸张大小为"B5"，上、下、左、右页边距均为"3厘米"，方向为"纵向"。

（5）保存文件：自己设定好文件三要素后保存。

2. 用Word设计编排一首自己喜欢的诗词，包括诗词内容和作者信息等。

案例二　制作办公文件

【案例描述】

通过自制模板制作一个"会议通知"的办公文档，通知包括标题、称呼、正文和落款等内容，并设置页眉，效果如图3-36所示。

太原市汾西计算机公司

关于2011年度安全生产工作会议

通　知

各分公司各厂：

为贯彻市政府安全工作会议精神，研究落实我公司安全生产事宜，总公司决定召开2011年度 安全生产工作会议，现将有关事项通知如下：

1．参加会议人员：各车队队长，修理厂厂长。

2．会议时间：7月21日，会期1天。

3．报到时间：7月20日至7月21日上午8时前。

4．报到地点：第二招待所301号房间，联系人：赵爱国。

5．各单位报送的经验材料，请打印20份，于7月20日前报公司技安科。

特此通知

总公司办公室

2011年10月31日

图3-36　"会议通知"的文档效果

【案例分析】

办公文件排版是 Word 软件的主要功能之一。办公文件有较通用的信函、出版物、报告等，这类文件可先利用模板或向导快速创建，再做适当修改。在不同的行业中也有一些特殊要求的文档，由于办公文件存在规范性要求，重复应用性较大，可在工作中自制模板后重复套用。

任务一　利用模板制作办公文件

任务分析

模板是一种预先设置好内容格式及样式的特殊文档。通过模板可以创建具有统一规格、统一框架的文档。对一些频繁使用的文件，利用模板制作将事半功倍。

相关知识

利用模板创建文档通常有三种方式：第一，本机的模板是 Word 组件自带的模板；第二，Office Online 模板是从 Microsoft Office Online 中下载的模板；第三，网站上的模板是指定某个网络上的模板。选择好模板类型后创建文档的方法基本相同。利用本机上的模板创建文档的方法如下：

1）单击"文件"菜单中的"新建"命令，打开"新建文档"任务窗格，从中选择创建方式，如图 3-37 所示。

2）在"新建文档"任务窗格中单击"本机上的模板"，打开"模板"对话框（见图 3-38），从中选择"模板类型"，以向导或预定的格式及内容创建文档。

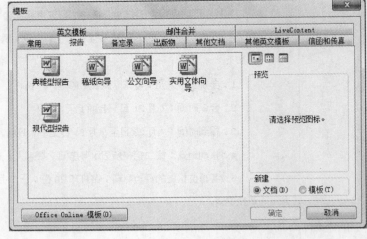

图 3-37　"新建文档"任务窗格　　　　　　图 3-38　"模板"对话框

3）自定义模板是用户自己预设格式和内容并保存在计算机上的模板。由于自身的特殊需求，创建自定义模板对我们来说有时会很实用，这类模板一般存储在 Templates 文件夹中，保存类型为"文档模板（＊. dot）"。自定义模板的创建方法是：

①在"模板"对话框中，以一类模板创建一个新模板，即在"新建"一栏中选中"模

板"单选钮。

② 以自己预设的格式和内容创建好文档后，保存为文档模板（∗.dot）。

4）以自定义模板创建文档的方法是：打开"模板"对话框，在"常用"选项卡中，选择需要的模板。

任务实施

1. 利用自定义模板制作会议通知

通知包括标题、称呼、正文和落款等内容。工作中如果这类文件较为常用，那么可将其主体内容和格式制作成模板，以便重复套用，提高工作效率。

（1）输入通知框架内容　首先以"三号，宋体"的格式输入通知框架内容，结果如下：

关于××会议

通知

通知对象：

会议正文内容

特此通知

落款

日期

（2）设置字体、段落格式

1）选中第一、二行标题，设置字号为"二号"，字形为"加粗"，对齐方式为"居中"，段后距为"1行"；设置"通知"两字的字符间距为加宽"10磅"。

2）第三行"通知对象"左对齐，加冒号；"会议正文内容"设置字体为"仿宋体"，首行缩进"2字符"；"特此通知"设置首行缩进"2字符"，段前距为"1行"，段后距为"3行"。

3）最后两行设置为左缩进中间偏右一段距离，再居中。格式设置效果如图3-39所示。

4）选中"日期"两字，单击"插入"菜单中的"日期和时间"选项，在弹出的"日期和时间"对话框中选择日期格式，并勾选"自动更新"复选框。

（3）保存模板　将会议通知保存为模板（在"另存为"保存类型中选择"文档模板∗.dot"），关闭此文档。

2. 利用自定义的"会议通知"模板，制作一个通知范文

1）单击"文件"菜单中的"新建"命令，打开"新建文档"任务窗格，单击"本机上的模板"，打开"模板"对话框，在"常用"选项卡中选择"会议通知"模板创建文档。

2）将会议标题中的"××"选中，替换为"2011年度安全生产工作"；将"通知对

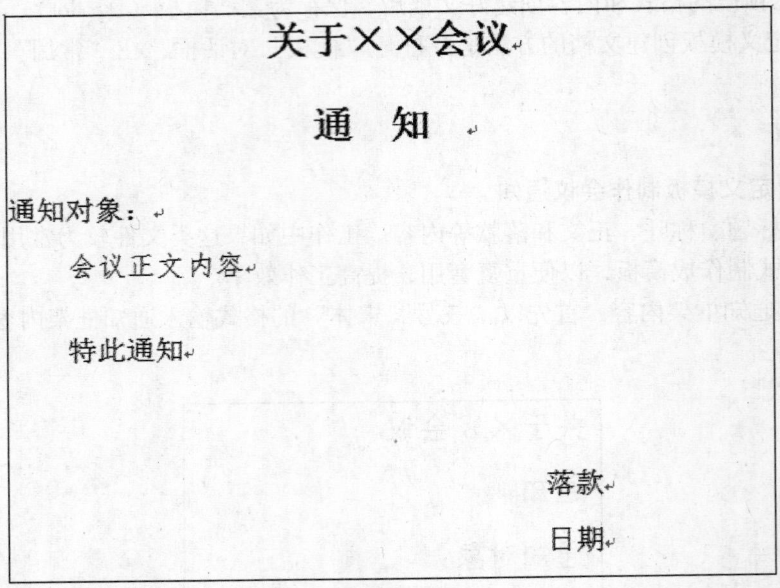

关于××会议

通　知

通知对象：

    会议正文内容

    特此通知

落款

日期

图 3-39　"会议通知"格式设置效果

象"选中，替换为"各分公司各厂"，将"落款"选中，替换为"总公司办公室"。

3）选中"会议正文内容"，输入会议内容，保存后发送会议通知。

 **拓展知识**

1. 文档视图

为了更好地编辑和查看文档，Word 提供了多种显示文档的方式，如普通、Web 版式、页面、大纲、阅读版式视图。每种视图都有其适用场合，并提供了文档结构图、缩略图等显示图，为用户提供了方便直观的显示效果。一般默认显示的是页面视图，若要更改显示方式，则可通过"视图"菜单或水平滚动条左侧的 ≡ ▣ ▤ ▦ 按钮来选择。

（1）普通视图　普通视图显示文字的格式，简化了页面布局，不显示页边距、页眉和页脚、背景、图形对象以及没有设置为"嵌入型"环绕方式的图片。这样可快速输入和编辑文字，删除手工分隔符时要用到此视图方式。

（2）Web 版式视图　Web 版式视图显示文档在 Web 浏览器中的外观，在此视图中，可看到背景和为适应窗口而换行显示的文本，且图形位置与图形在 Web 浏览器中的位置一致。在 Web 版式视图中，可以创建能在屏幕上显示的 Web 页或文档。

（3）页面视图　页面视图的显示效果与实际打印的效果相同。页面视图在处理大文档时速度较慢，适用于"所见即所得"类文档的排版。

（4）大纲视图　通过大纲视图可以方便地查看文档的结构，通过拖动标题可以快速地移动、复制或重新组织大段的正文。在大纲视图中不显示页边距、页眉和页脚、背景，可以折叠文档来查看主要标题，展开文档可以查看所有标题甚至整个文档。

（5）阅读版式视图　阅读版式视图可分屏显示文档内容，用于审阅或批注文档。

2. Word 2010 的模板应用

在 Word 2010 窗口界面下，选择"文件"选项卡，单击"新建"命令后会弹出"可用模板"窗格。在模板列表中包含两种模板，一种是自带模板，另一种是从 Microsoft Office Online 中下载的模板。利用模板可以快速创建信函、简历、报告等风格美观的文档，还可以创建各种字体的书法字帖。

任务二　打印输出文档

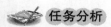 **任务分析**

文件编辑完成后有时需要打印输出。打印文档时常需要设置页眉和页脚。页眉和页脚分别出现在每页的顶端和底端，打印在上页边距和下页边距中。用户可以在页眉和页脚中插入文本或图形，如页码、日期、公司 Logo、文档标题、文件名或作者名等，以美化文档或增强阅读性。打印前需通过"打印预览"浏览一下版面的整体格式，若不满意则可以进行调整，然后再打印。

 相关知识

1. 页眉和页脚

（1）插入页眉　插入页眉的方法是：单击"视图"菜单下的"页眉和页脚"命令，这时会出现浮动工具栏"页眉和页脚"，进入页眉编辑状态，输入文本或图形，如在页眉处居中输入"源翔电子技术有限公司"，如图 3-40 所示。

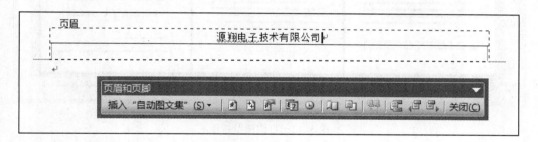

图 3-40　页眉编辑

（2）插入页脚　插入页脚的方法是：单击"页眉和页脚"工具栏上的"在页眉和页脚间切换"按钮，切换到页脚区，然后输入文本或图形，如图 3-41 所示。单击"页眉和页脚"工具栏上的"关闭"按钮，返回插入前的视图。

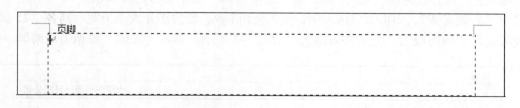

图 3-41　页脚区

（3）设置页眉页脚　页眉和页脚中预先设置了格式，进入页眉和页脚编辑状态后，可从样式列表中看到预设的格式，对输入的文本或图形可进行格式修改设置。

（4）删除页眉页脚　当删除一个页眉或页脚时，Word 会自动删除整篇文档中相同的页眉和页脚。其操作方法是：进入页眉和页脚编辑状态，选定要删除的文本或图形，然后按〈Delete〉键即可。

2. 打印预览

打印预览的方法是：

1）单击"常用"工具栏中的"打印预览"按钮，或单击"文件"菜单中的"打印预览"命令，切换到打印预览视图，如图 3-42 所示。

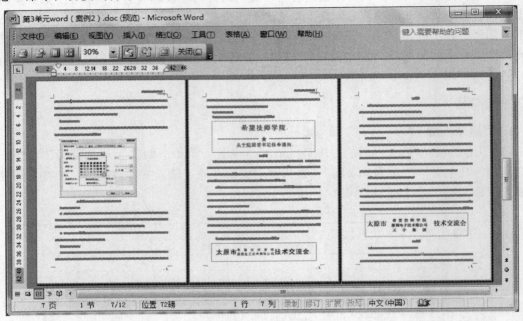

图 3-42　打印预览视图

2）在打印预览视图下，可设置单页或多页显示、显示比例等，以满足观察打印效果的需求。单击"关闭"按钮则返回到之前的编辑状态。

任务实施

1）打开任务一中提到的"会议通知范文"文档，切换到页眉编辑状态，由于页眉中设置了制表位，所以按两次〈Tab〉键，输入公司名称"太原市汾西计算机公司"，文字对齐方式为"右侧对齐"。单击页眉区左侧，插入公司 logo，设置图片大小为宽和高各"25 磅"，设置版式为"四周型"、"左对齐效果"，如图 3-43 所示。单击"关闭"按钮退出编辑。

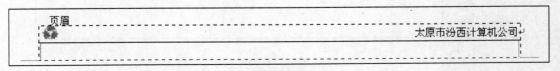

图 3-43　页眉效果

2）单击"格式"工具栏中的"样式窗格"按钮 ，打开"样式和格式"任务窗格。在应用格式列表中，单击页眉右侧的下箭头，在下拉列表中选择"修改"命令，打开"修改样式"对话框（见图 3-44），设置为"五号"字，单击"格式"按钮，在列表中选择"边框"命令，打开"边框和底纹"对话框，取消下边框格式，单击"确定"按钮后返回编辑状态。

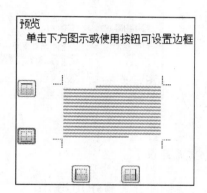

图 3-44　修改页眉样式

3）将打印版面格式设置满意后打印。单击"文件"菜单下的"打印"命令或按〈Ctrl + P〉组合键，打开"打印"对话框，设置好打印机、页码范围、打印份数等打印参数，确认打印机连接好并装好纸后，单击"确定"按钮完成打印。

拓展知识

1. 打印设置

打印前需在"打印"对话框中设置打印参数。

1）将打印机名称选择为当前连接的打印机型号。在"页码范围"中可指定全部、当前页、指定页码范围，如连续页码"1-10"，不连续页码"1-5，7，9"等。

2）在"份数"微调框中输入需打印的份数。勾选"逐份打印"复选框后，打印一份完整的副本后才开始打印下一份的第一页，若清除此选项，则所有副本的首页打印完后再开始打印其他后续页。

3）"按纸张大小缩放"选项可通过选择需要的"纸型"，让文件配合纸张大小缩放打印。在"打印"选项中，可设置只打印奇数页或偶数页，如图 3-45 所示。

2. Word 2010 文档的打印

Word 2010 文档的打印操作更加直观便捷，选择"文件"选项卡，执行"打印"命令，左侧是打印设置区，右侧是打印预览区，设置完成且预览效果满意后，单击打印设置区上方的"打印"按钮即可完成打印。

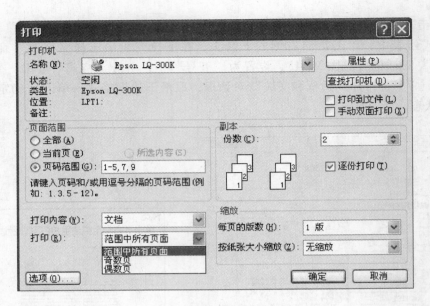

图 3-45　打印设置

【交流评议】

一、案例评价（满分 10 分）

评价项目及标准	得　分
办公文件内容设计完整，样式美观	5 分
文件创建熟练，技巧性强	5 分

二、作品交流

展示作品	作品得分	设计特点	改进建议
作品一			
作品二			
作品三			

注：抽选具有代表性的作品，分组讨论并给出交流结果，最后由教师总结评议。

【案例小结】

办公文件有基本的格式标准，制作时可通过网络或其他途径查寻了解。应不断总结经验，利用各种方法提高工作效率。Microsoft Office Online 中包含丰富的下载模板，从中可以选择需要的样式下载，其用法与自带模板基本相同。

【教你一招】

使用文件的比较功能：打开两个要比较的文件，在其中一个文件窗口中，单击"窗口"

菜单中的"与'另一文件的文件名'并排比较"命令，这时两个文件窗口左右排列，拖动右侧文件的垂直滚动条，两个文件同时滚动比较。若当前打开了两个以上的文件，则单击"并排比较"命令时，会弹出"并排比较"对话框，从中选择要比较的文件名即可实现并排比较。

 【复习思考题】

1. 模板是预先设置好_____的特殊文档。

2. Word 2003 中，打开"模板"对话框的方法是_____。

3. 绘制自选图形后，使用鼠标可改变图形的_____、_____、_____和_____。

4. 样式包括_____样式和_____样式，是具有统一格式的一系列指令的集合。

5. 在页眉区的最右端插入文件名的方法是_____。

 【技能训练题】

1. 利用模板向导制作 2011 年 7 月的日历。

2. 制作公司信纸模板。

案例三　　制作主题电子报

【案例描述】

以"感恩的心"为主题制作电子报，版面主要内容有"报头"、"刊首语"、"感恩故事讲述"、"感恩随笔"、"感恩名言"几个版块。制作时可插入与主题相关的图片、艺术字、图形等编排版面。电子报效果如图 3-46 所示。

图 3-46　电子报效果

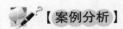 【案例分析】

电子报要求画面精美，可读性强，制作的一般方法是：

1）根据选题收集和加工素材，并进行分类整理。

2）规划版面：围绕主题设计版面的布局结构。

3）制作报头：报头应包含有关说明信息，设计特点鲜明且具有代表性。

4）设计版面：版面包括多项元素混排，注意排版技巧和画面设计的观赏性。

任务一　规划版面

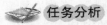 任务分析

根据整理好的素材规划版面内容，可以使用文字和图片占位符，如文本框和绘图画布总体规划版面布局。

相关知识

1. 文本框

文本框是可任意调整的存放文字或图片的"容器"，主要用于设计复杂的版面。当一页上要放置多个文字块，或文字块按不同方向排列时，可以把文字放在不同的文本框中编辑。

1）插入文本框后，单击文本框内部，可编辑内部文字，在文本框中右击，从弹出的快捷菜单中执行"文字方向"命令，可更改文字方向。

2）将鼠标指针移至文本框边界处单击选中文本框，可移动文本框位置；双击可打开"设置文本框格式"对话框，选择各选项卡可设置填充效果、线条样式、环绕方式等项目。

2. 创建自选图形

"绘图"工具栏上的自选图形列表中，包含有各种图形类别的自选图形，如基本形状、线条、流程图、星与旗帜、标注等。绘制基本图形后，可通过图形调整、叠放组合、更改属性等操作完成自选图形的创建。

（1）绘制自选图形　在"绘图"工具栏上单击"自选图形"按钮，将鼠标指针指向一种图形类别，单击所需的图形，鼠标指针会变为十字形状，在插入位置按下鼠标左键拖出自选图形，如图3-47所示。

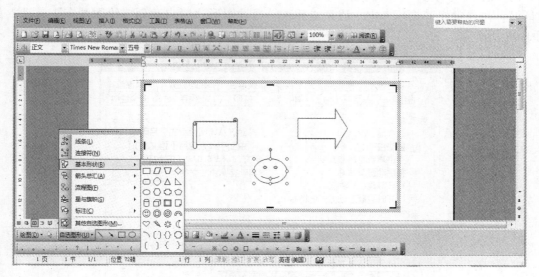

图3-47　绘制自选图形

（2）调整图形　将鼠标指针移到图形上，鼠标指针会变为十字箭头，按下鼠标左键并拖动，可移动图形位置；将鼠标指针移到图形边界处，鼠标指针会变为双向箭头，按下鼠标左键并拖动，可调整图形大小；将鼠标指针移至"绿色控点"，鼠标指针会变为环形箭头，按下鼠标左键并拖动可旋转角度；将鼠标指针移至"黄色控点"，鼠标指针会变为小黑箭头，按下鼠标左键并拖动可更改图形形状。

（3）设置图形格式

1）选中图形并双击，打开"设置自选图形格式"对话框，在该对话框中设置填充色彩、线条样式、大小、版式等属性。

2）选中图形，在"绘图"工具栏上单击"填充颜色"、"线条颜色"、"线型"、"阴影"等按钮，可更改图形属性。更改图形的填充颜色、填充效果、线条颜色、带图案线条、线型、阴影、三维效果样式后的图形示例如图3-48所示。

图 3-48　图形示例

 任务实施

准备好制作电子报的文字和图片资料。

1）新建一个空白 Word 文档，单击菜单中的"工具"→"选项"命令，打开"选项"对话框，在"常规"选项卡中，清除"插入'自选图形'时自动创建绘图画布"选项，如图3-49所示。

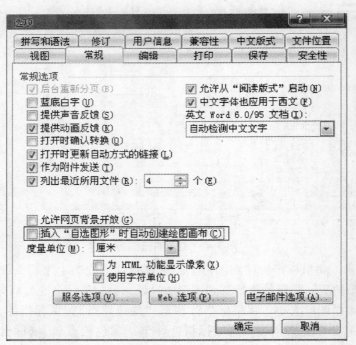

图 3-49　"选项"对话框

2）在页面上端插入一个文本框，规划出"报头"的大小和位置。在"报头"右侧拖出一个放置"刊首语"的文本框，填入文字内容以确定大小和位置，如图3-50所示。

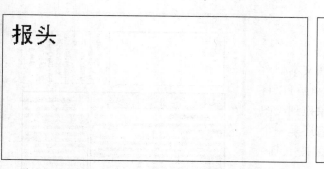

图 3-50　规划报头和刊首语

3）根据规划的内容调整页面，纸型为"A4"，四个页边距均为"1.5 厘米"。

4）在版面中的插入点位置双击，拖出放置"文本块"的文本框，填入文字内容以相应调整文本框的大小和位置。用文本框规划出"版块标题"的位置和大小。

5）确定插入点，然后单击菜单中的"插入"→"图片"→"绘制新图形"命令，插入绘图画布。由于大小的原因，绘图画布可能不会在原来的位置，此时可先用鼠标拖动以缩放其大小，然后将其选中并双击，打开"设置绘图画布格式"对话框，设置绘图画布填充色以便能将其看到；设置版式为"四周型"，根据放置的位置可选择对齐方式（见图 3-51），然后将其移动到相应位置并调整好大小。

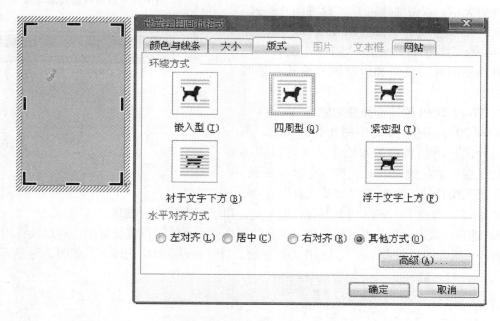

图 3-51　用绘图画布规划图片位置

6）为了更好地在文本中放置绘图画布，可适当采用缩进、换行等方法调整文字的位置。规划后的版面布局效果如图 3-52 所示。

7）将创建好的文件，以文件名"版面规划.doc"保存在自己的目录中。

拓展知识

1. 在绘图画布上添加和编辑对象

在绘图画布上可添加图形、图片和文本框对象，并可在绘图画布上编辑这些对象，也可以将对象拖出绘图画布，同时也可以将对象拖到绘图画布上。当绘图画布上没有对象时，它还是一个占位符，不需要时可单击将其选中，按〈Delete〉键删除。

1）插入图形和文本框对象时，可单击"绘图"工具栏上的"图形"或"文本框"按钮，在绘图画布上绘制。选中对象后可进行编辑和格式设置。

2）插入图片：选中绘图画布，单击菜单中的"插入"→"图片"→"剪贴画"命令，将从剪贴画库中插入剪贴画；选择"来自文件"命令，将从磁盘上插入图片文件。

3）选中图片进行编辑，拖动控点可粗略调整图片的大小；双击图片打开"设置图片格式"对话框，在各选项卡中设置填充效果、线条样式、环绕版式等项目；使用"图片"工具栏的按钮可调整图片的色彩和设置图片格式，如图3-53所示。

2. Word 2010 的图片处理功能

Word 2010 具有更丰富的图片处理功能，不仅可以为图片增加各种艺术效果，还可以修正图片的锐度、柔化效果、对比度、亮度及颜色。选择并插入图片后，会出现"图片工具"选项，包含"格式"选项卡，该选项卡下有四组工具，用于对图片进行处理。

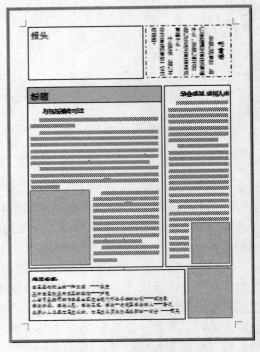

图 3-52　版面布局效果

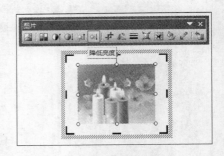

图 3-53　编辑图片

1）图片样式组。图片样式组提供了丰富的图片样式可供用户直接套用，可以设置图片边框、图片效果和图片版式样式。其操作非常便捷，打开列表选择应用即可，如图3-54所示。

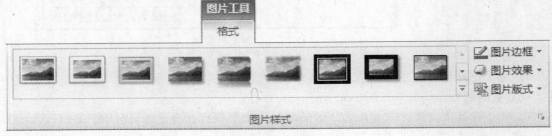

图 3-54　图片样式组

2）调整组。通过调整组，可以从背景中抠出图像，调整图像的亮度、锐度、柔化效果、对比度以及颜色，设置图片的艺术效果。打开内置艺术效果列表，将鼠标指针停在"效果"按钮上即可看到应用效果，若效果满意，则单击应用即可。也可以单击下方的"艺术效果选项"，进一步设置效果参数。"塑封"艺术效果的应用如图 3-55 所示。

图 3-55　"塑封"艺术效果的应用

3）排列和大小组。排列组主要用于设置图片与文本的环绕方式和多张图片的相互位置，大小组则用于图片裁剪和大小调整。将图片以"云形"裁剪的效果如图 3-56 所示。

图 3-56　将图片以"云形"裁剪的效果

任 务 二　制 作 报 头

 任务分析

报头是电子报中最重要的部分，好的报头就像优秀的 logo 一样，能给人留下深刻的视觉印象。在 Word 中可利用艺术字、图形、文本框进行巧妙设计，灵活地将分散的各部分有机地组织在一起。

相关知识

添加和设置艺术字效果。艺术字是由用户创建的带有预设效果的文字对象，可以通过设置环绕方式使其与文本进行混排。

1. 添加艺术字

在"绘图"工具栏中单击"插入艺术字"按钮，打开"艺术字库"，从中选择艺术字样式，单击"确定"按钮，然后打开"编辑'艺术字'文字"对话框，在文字编辑区输入并设置文字格式，单击"确定"按钮，就会在插入点处生成艺术字效果，如图 3-57 所示。

2. 设置艺术字效果

生成艺术字效果后还可以进一步对其样式进行修改。方法是：选中艺术字对象，用鼠标拖动控点调整其大小；双击艺术字，在打开的"编辑'艺术字'文字"对话框中更改文字内容及字体格式；使用"艺术字"工具栏中的按钮，设置艺术字格式、形状样式、环绕版式等。

图 3-57　添加艺术字

任务实施

1）将文件"版面规划.doc"在同目录下另存为"电子报刊.doc"。

2）将报头文本框向下缩小，在文本框中填入主办单位、刊号、期数等文字内容并设置字体格式，选中文本框后双击在弹出的"设置文本框格式"对话框中设置填充"橙色"，设置线条颜色为"无线条颜色"，如图 3-58 所示。

图 3-58　设置期刊文字

3）插入艺术字"感恩的心"，设置艺术字格式、大小及外观样式。如设置艺术字填充效果为渐变预设颜色"彩虹出岫"，艺术字形状为"山形"，如图 3-59 所示。

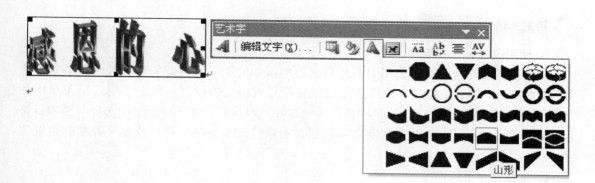

图 3-59 设置艺术字效果

4）绘制心形图形，设置线条样式、大小及旋转方向。报头效果如图 3-60 所示。

图 3-60 报头效果

 **拓展知识**

叠放组合图形：

（1）叠放 添加了多个图形对象后，有时需要进行叠放，通常上面的对象部分遮盖了下面的对象。选中图形，单击鼠标右键，在弹出的快捷菜单中选择"叠放次序"，从下级菜单中选择要调整的次序。需要注意的是，这时的图形对象只能是浮动的，而不能是嵌入式的。

（2）组合 多个对象可组合成一个对象，以便于移动、复制、统一设置格式。只要是独立的非嵌入式对象，就可进行组合，操作方法是：先选择其中一个对象，然后按住〈Shift〉键再选择其余的对象，当选中全部要组合的对象后，单击右键，从弹出的快捷菜单中执行"组合"命令，即可将所有的对象组合成一个整体进行操作。

任务三 设计版面

任务分析

设计版面是指完成电子报的总体效果设计。设计时，可使用文本框使整个版面活泼、新颖；使用表格使版面工整而有条理；设置分栏可增强文本的可读性；插入图形、图片与文字一起混排，可使版面更加丰富，增加观赏性。

相关知识

1. 使用项目符号和编号

项目符号和编号是指在文档中的并列内容前添加的统一符号或编号，可使文章条理分明，清晰易读。操作方法是：选择要添加项目符号或编号的段落，单击"格式"菜单中的"项目符号和编号"命令，打开"项目符号和编号"对话框，在该对话框中选择一种项目符号或编号即可。也可以单击"自定义"按钮，重新定义新的项目符号或编号并精确设置位置。

2. 设置首字下沉

首字下沉效果常出现在报刊中。文章或章节的第一个字明显突出并下沉数行，能起到吸引眼球的作用。设置的方法是：选择要设置首字下沉的段落，单击"格式"菜单中的"首字下沉"命令，打开"首字下沉"对话框，设置下沉位置、字体样式、下沉行数、距正文的距离等参数，如图 3-61 所示。

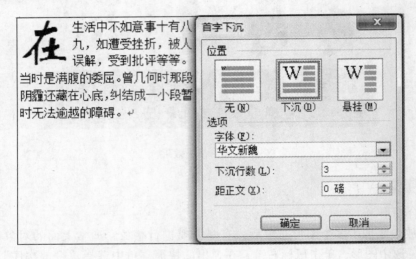

图 3-61　设置首字下沉

任务实施

1）设置"刊首语"文本框的线条样式，并设置文字竖排，如图 3-62 所示。

2）将光标插入点置于刊头下方，单击菜单中的"插入"→"图片"→"剪贴画"命令，打开"剪贴画"任务窗格，在其底部单击"管理剪辑"，打开"剪辑管理器"窗口，在"收藏集列表"中，选择"Office 收藏集"→"Web 元素"→"分割线"，选择一种分割线复制、粘贴即可，如图 3-63 所示。

3）设置"感恩故事讲述"的文本框格式为"填充灰色"、"无线条颜色"。

4）选中"感恩故事讲述"下方的文本框后将其删除，插入一个自选图形"折角形"，右击图形，从弹出的快捷菜单中设置叠放次序为"置于底层"。右击图形，从弹出的快捷菜单中执行"添加文字"命令，打开"版面规划"文档，将文字复制后粘贴在"折角形"上面。

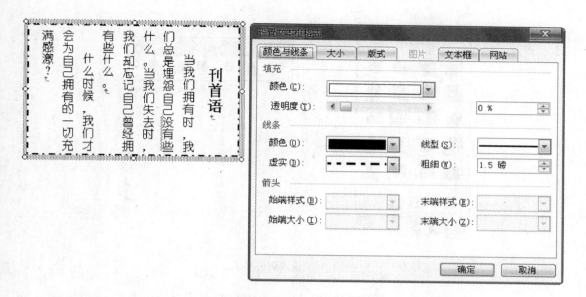

图 3-62　设置"刊首语"版块

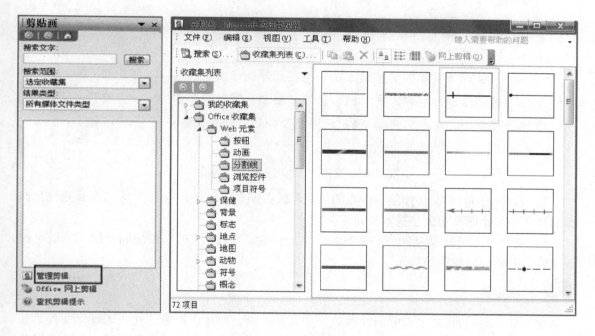

图 3-63　插入分割线

5）设置"折角形"的线条样式，单击"绘图"工具栏上的阴影样式按钮，为图形设置"阴影样式2"；单击下方的"阴影"按钮，调整阴影效果，如图3-64所示。

6）将"感恩名言"文本框设置为"填充浅蓝色"、"无线条颜色"。设置字体格式，应用项目符号，如图3-65所示。

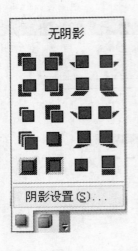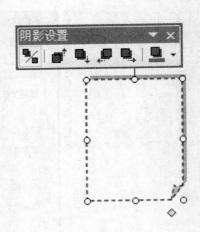

图 3-64　设置阴影样式

感恩名言:

- 感恩是精神上的一种宝藏 ——洛克
- 没有感恩就没有真正的美德——卢梭
- 人世间最美丽的情感是出现在当我们怀念母亲的时候——莫泊桑
- 感谢命运，感谢人民，感谢思想，感谢一切我要感谢的人——鲁讯
- 卑鄙小人总是忘恩负义的，忘恩负义原本就是卑鄙的一部分 ——雨果

图 3-65　设置"感恩名言"文字版块

7）选择绘图画布，去掉绘图画布的填充和线条颜色。在绘图画布上插入素材图片，调整图片大小与绘图画布大小基本相同。

8）将显示比例设置为50%，调整各对象的位置，在按〈Ctrl〉键的同时用光标键可细致调整，完成最终效果的制作。

拓展知识

使用"剪辑管理器"："剪辑管理器"中包含图画、照片、声音、视频等媒体文件。如果使用"剪贴画"任务窗格未找到所需的内容，那可打开"剪辑管理器"窗口，从中浏览媒体剪辑收藏集，查找所需内容，然后将它们插入 Office 文档中。

在"剪辑管理器"窗口中，从左侧的列表中选择类别，从右侧的窗口中选择要插入的剪辑拖到文档中。单击"文件"菜单，从中选择"将剪辑添加到管理器"命令，可将不同位置的剪辑添加到管理器的某一类收藏集中，如图 3-66 所示。也可以新建收藏集并将自己的剪辑添加到其中。

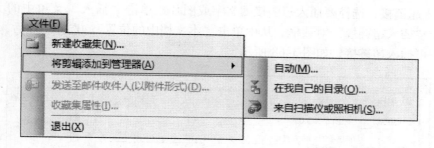

图 3-66　将剪辑添加到管理器中

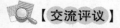 【交流评议】

一、案例评价（满分 20 分）

评价项目及标准	得　　分
刊头结构设计美观，整体布局均衡	6 分
文本框应用得当，格式设计能与文字搭配	4 分
艺术字、图片等对象处理正确	4 分
版面设计布局合理，方法恰当，有观赏性	6 分

二、作品交流

展　示　作　品	作　品　得　分	设　计　特　点	改　进　建　议
作品一			
作品二			
作品三			

注：抽选具有代表性的作品，分组讨论并给出交流结果，最后由教师总结评议。

 【案例小结】

电子报刊以其色彩鲜明、内容生动、浏览方便等特点，逐步渗透到更多人群的生活中。电子报通常由多版组成，各版制作方法基本相同，可在头版中设计导读栏并插入超链接，以方便阅读。

【教你一招】

对于多版的电子报，可在各版中插入书签，更容易实现以导读栏进行超链接。

1）插入书签：将光标定位在要添加书签的位置或选择添加书签的内容，单击"插入"菜单中的"书签"命令，打开"书签"对话框，在"书签名"文本框中输入书签名（书签名应以字母或文字开头），单击"添加"按钮即可插入书签，如图 3-67 所示。

图 3-67　"书签"对话框

2）插入超链接：选择要插入超链接的文字或图片，单击"插入"菜单中的"超链接"命令，打开"插入超链接"对话框，从中单击"本文档中的位置"，选择书签后，单击"确定"按钮即可插入超链接，如图3-68所示。

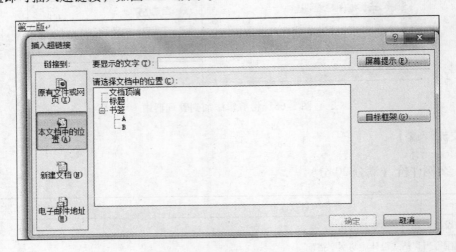

图 3-68　"插入超链接"对话框

3）切换到"阅读版式"视图更便于阅读和使用超链接。

 【复习思考题】

1. 文本框是放置＿＿＿＿＿＿＿＿＿＿＿＿的"容器"。

2. 绘图画布的作用是＿＿＿＿＿＿＿＿＿＿＿＿＿＿＿＿＿＿＿＿。

3. 在未选中绘图画布时，看不到它的原因是＿＿＿＿＿＿＿＿＿＿＿＿。

4. 对艺术字设置阴影样式的方法是＿＿＿＿＿＿＿＿＿＿＿＿＿＿＿＿。

5. 调整图片亮度的方法是＿＿＿＿＿＿＿＿＿＿＿＿＿＿＿。

【技能训练题】

1. 制作方形印章效果。

2. 自选主题制作电子报。

案例四 制作学期成绩通知单

【案例描述】

在实际工作中经常会遇到需要处理的文件格式基本相同，内容也很相近，只是具体数据有变化的情况。例如，学校给学生的成绩通知单，姓名和成绩不同，但样式和科目是相同的，这时可将学生成绩表作为数据源表，使用邮件合并功能，会使工作完成得既准确又快捷，如图 3-69 所示。

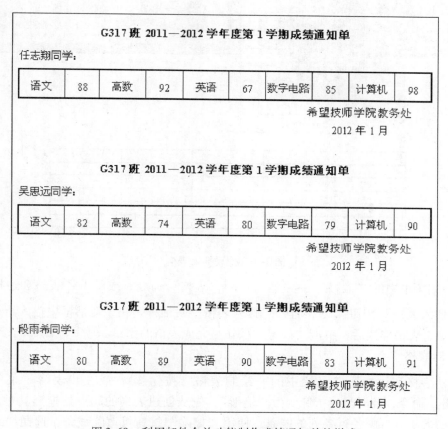

图 3-69 利用邮件合并功能制作成绩通知单的样式

【案例分析】

要完成邮件合并，首先需建立学生成绩的数据源表，然后创建一个成绩通知单样式的文档作为主文档，使用邮件合并功能制作学期成绩通知单，最后打印邮件或编排邮件合并文档并保存。

任务一 建立数据源表格

任务分析

根据表格的不同特点，可以分别采用插入表格和绘制表格两种方法创建表格。行列单元格较标准的表格以插入表格的方法创建，而绘制表格更适合于绘制非标准的各种表格。学生成绩表以学号为序，包括学期各科成绩，行列单元格标准，所以使用插入表格的方法创建。

相关知识

1. 插入表格

将光标置于要插入表格的位置，然后进行以下操作：

1）单击"常用"工具栏中的"插入表格"按钮▦，按住左键拖动鼠标，选定所需行列数后松开鼠标，在插入点处即出现一个选定行列数的表格，如图 3-70 所示。

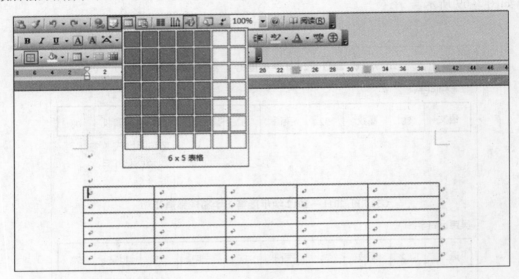

图 3-70　拖动插入表格

2）使用菜单中的"表格"→"插入"→"表格"命令，或单击"表格和边框"工具栏中的"插入表格"按钮▦ ，打开"插入表格"对话框，在该对话框中输入行列数、选择调整选项、表格样式后，单击"确定"按钮，完成表格的创建。

2. 绘制表格

单击"表格和边框"工具栏中的"绘制表格"按钮▨，或在"表格"菜单中选择"绘制表格"命令，此时鼠标指针变为"笔形"，先从创建表格的起点处拖至其对角，以确定整张表的大小，再画各行各列的线条，使用"擦除"按钮可擦除线条，选择"线型"可绘制相应线型的线条，如图 3-71 所示。

3. 编辑修改表格

（1）调整表格尺寸、行高和列宽　对于所创建的表格，可调整整个表格或部分单元格的尺寸。其调整方法是：用鼠标拖动调整或通过表格属性参数设置。

1）在页面视图下，将鼠标指针置于表格右下角，直到表格尺寸控点"□"出现，然后将指针停在表格尺寸控点上，使其出现双向箭头，拖动边框即可调整表格尺寸；将鼠标指针停在行或列的边线上，直到指针变为横向或纵向的双向箭头，拖动边框即可调整行高和列宽。拖动时按〈Alt〉键可进行精确调整。

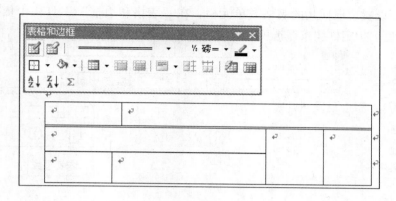

图 3-71　绘制表格

2）选中整个表格、部分行或部分列，单击"表格"菜单中的"表格属性"命令，打开
"表格属性"对话框，选择"表格"选项卡，可设置表格尺寸；选择"行"或"列"选项
卡，可设置行或列的尺寸。

（2）合并与拆分单元格

1）合并单元格：选定需合并的若干相邻单元格，单击"表格和边框"工具栏中的"合
并单元格"按钮 ▦ 即可。

2）拆分单元格：将光标置于要拆分的单元格中，单击"表格和边框"工具栏中的"拆
分单元格"按钮 ▦，打开"拆分单元格"对话框，输入要拆分的行、列数，单击"确定"
按钮即可。

（3）插入或删除行和列

1）插入行和列：将光标置于要插
入的行或列的位置，单击"表格"菜
单，选择"插入"选项，从下一级项
目列表中选择插入方式，如图 3-72 所
示。如果要插入多行或多列，那么先选
择多行或多列再插入；也可以使用"绘
制表格"按钮 ▧，在所需的位置绘制
行或列。

2）删除行和列：选择要删除的行
或列，单击"表格"菜单，选择"删
除"选项，从下一级项目列表中选择行或列即可。

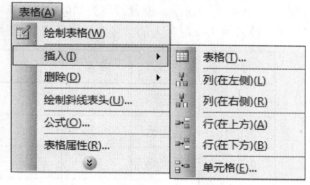

图 3-72　插入菜单

4. 设置表格样式

（1）设置对齐方式　在默认情况下，表格中的数据对齐单元格的左上角。可根据需要
设置单元格中数据的对齐方式，方法是：选择需设置对齐方式的单元格，在"表格和边框"
工具栏中，单击"对齐选项"按钮右侧的下箭头，打开对齐方式列表，选择对齐方式即可，
如图 3-73 所示。

（2）设置边框和底纹

1）选择要设置边框样式的表格或单元格，在"表格和边框"工具栏中依次选择线型、粗细、边框颜色、指定框线按钮选项完成设置，如图3-74所示。

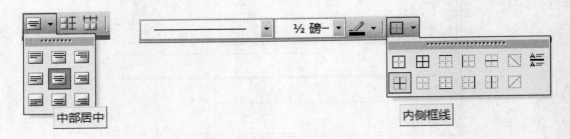

图 3-73　对齐选项　　　　　　　　　　图 3-74　框线按钮选项

2）在"表格和边框"工具栏中依次设置线型、粗细、边框颜色后，使用"绘制表格"按钮，在指定的框线上绘制。

3）在表格中选择要设置底纹的单元格区域，单击"表格和边框"工具栏中"底纹颜色"按钮 旁边的箭头，设置底纹颜色。

任务实施

1）单击"表格和边框"工具栏中的"插入表格"按钮，打开"插入表格"对话框，根据全班人数和考试科目在对话框中输入"56 行"、"7 列"，创建表格。

2）将鼠标指针移到表格左上角按钮上单击，选中整张表格，然后单击"表格"菜单中的"表格属性"命令，设置行高为"0.8 厘米"，列宽为"2 厘米"。

3）输入表头及每个人的学号、姓名及各科成绩，效果如图3-75所示。

学号	姓名	语文	高数	英语	数字电路	计算机
20103101	任志翔	88	92	67	85	98
20103102	吴思远	82	74	80	79	90
20103103	段雨希	80	89	90	83	91
20103104	胡丽林	78	83	78	72	85
20103105	周游	84	80	74	70	90
20103106	朱源泉	70	68	70	74	82
20103107	王勇	76	88	74	72	81
20103108	黎飞	90	98	91	97	100

图 3-75　输入参数后的效果

4）选中整张表格，单击"中部居中"按钮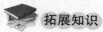，使表格中的所有数据"中部居中"对齐。在"表格和边框"工具栏上，选择粗细"1 ½ 磅"，单击"外侧边框线"按钮，设置表格外边框线。

5）在"表格和边框"工具栏上，选择线型，使用"绘制表格"工具绘制表头下面的线条。选择第 1 行表头，设置底纹颜色（灰色-15%），如图 3-76 所示。

学号	姓名	语文	高数	英语	数字电路	计算机

图 3-76　表头样式

6）单击"表格"菜单中的"标题行重复"选项，为后续页加上表格标题；单击"视图"菜单中的"页眉和页脚"命令，切换至页脚区，在"页眉和页脚"工具栏上单击"插入自动图文集"按钮，从列表中选择页码格式"第 X 页 共 Y 页"；单击"居中"按钮，将页码格式居中；单击"关闭"按钮，退出页脚编辑。

7）将文档以名为"学生成绩数据源表"保存在自己建立的目录中。

注意：作为邮件合并的数据源表不能有表名。

拓展知识

斜线表头通常位于表格的第 1 行第 1 列，其绘制方法是：

1）使用"表格和边框"工具栏中的"绘制表格"按钮，进行对角绘制。

2）单击要添加斜线表头的表格，选择"表格"菜单中的"绘制斜线表头"命令，在"插入斜线表头"对话框中选择表头样式，在标题框中输入标题，单击"确定"按钮。行、列、数据标题也可以在返回表格编辑状态后在表头中输入，但要注意调整标题的位置。例如，在"插入斜线表头"对话框中选择"样式二"，单击"确定"按钮，在表头中输入行、列、数据标题并调整位置，效果如图 3-77 所示。

财会系学生出勤表

班级 人数 项目	财管 1 班	财管 2 班	会电 1 班	会电 2 班	注会 1 班	注会 2 班
应到人数	55	54	56	52	55	53
缺勤人数	0	1	0	2	0	1

图 3-77　插入斜线表头示例

任务二 利用邮件合并功能制作成绩单

任务分析

邮件合并的一般方法是：先建立格式基本相同的主文档，再通过数据源文件（数据源文件不能有标题）合并生成邮件。

相关知识

1. 邮件合并

邮件合并是指从数据源文件中选择收件人信息，批量地将数据信息插入到主文档的相应位置，形成邮件并发送。

2. 邮件合并的方法

打开建立好的主文档，选择菜单中的工具→信函与邮件→邮件合并命令，打开"邮件合并"任务窗格，按照提示步骤依次完成邮件合并。其主要步骤有：

1）第一步：选择文档类型，指定用什么类型的文档建立邮件。

2）第二步：选择开始文档，指定用哪类文档作为开始文档来建立邮件。

3）第三步：选择收件人，即从数据源文件中选择收件人。

4）第四步：撰写信函，在主文档中指定信函位置，依次插入收件人合并域。

5）第五步：预览邮件，查看从合并域中插入到主文档的邮件结果。

6）第六步：完成合并，生成邮件并作进一步编辑后保存或打印输出。

任务实施

1）新建空白文档，建立并保存成绩通知单样式的文档，如图 3-78 所示。

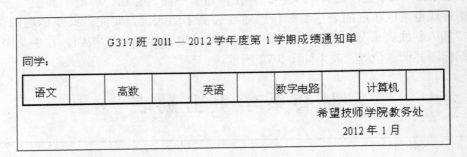

G317班 2011—2012学年度第 1 学期成绩通知单

同学：

语文		高数		英语		数字电路		计算机	

希望技师学院教务处

2012 年 1 月

图 3-78 成绩通知单样式

2）在"成绩通知单样式"的文档中，打开"邮件合并"任务窗格，第一步选择"信函"文档，第二步选择"使用当前文档"；第三步选择"使用现有列表"，单击"浏览"选项，打开"选取数据源"对话框，选择"学生成绩表 . doc"，单击"打开"按钮，弹出"邮件合并收件人"对话框，如图 3-79 所示。

3）在"邮件合并收件人"对话框中，选择收件人，单击"确定"按钮，返回"邮件合并"任务窗格，单击"下一步：撰写信函"选项，进入第四步，如图 3-80 所示。

4）将光标定位在"同学"之前，在"邮件合并"任务窗格中的"撰写信函"选项区中

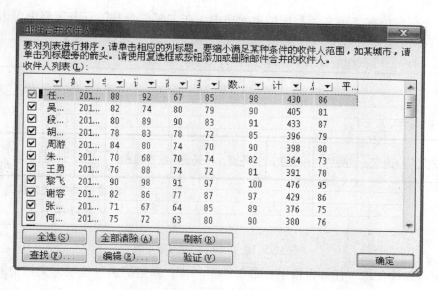

图 3-79　"邮件合并收件人"对话框

单击"其他项目"选项,弹出"插入合并域"对话框,在"域"列表中选择"姓名"选项,单击"插入"按钮,如图 3-81 所示。单击"关闭"按钮,关闭"插入合并域"对话框。

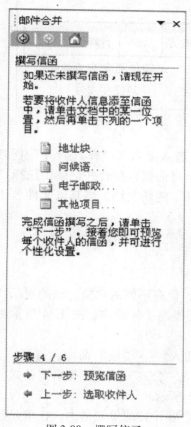

图 3-80　撰写信函

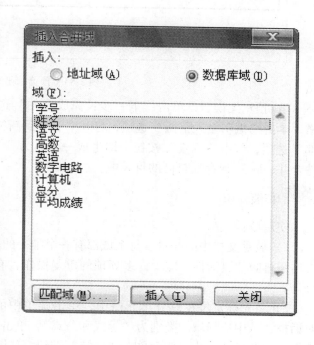

图 3-81　"插入合并域"对话框

5）将光标定位在"语文"后面的单元格中，在"邮件合并"任务窗格中单击"其他项目"选项，弹出"插入合并域"对话框，在"域"列表中选择"语文"选项，单击"插入"按钮。同理，可在相应位置插入其他科目的域，如图3-82所示。

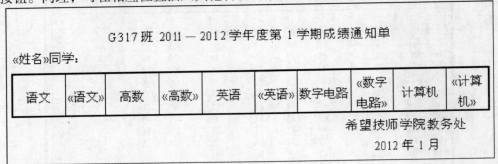

图 3-82　在主文档中插入合并域

6）在"邮件合并"任务窗格中，单击"下一步：预览信函"选项，文档中的合并域即被替换成数据源中相应的记录项，如图3-83所示。

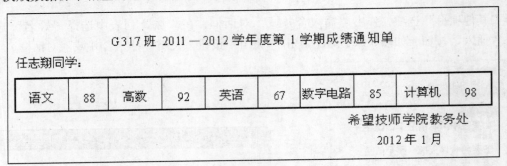

图 3-83　预览信函结果

7）预览无误后，单击"下一步：完成合并"选项，进入第六步"邮件合并"任务窗格，单击"编辑个人信函"选项，打开"合并到新文档"对话框，在合并记录中选择"全部"选项，单击"确定"按钮，即生成一个名为"字母1"的新文档，将其以文件名"邮件合并.doc"保存在自己的目录中。

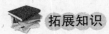　拓展知识

使用域：

1）域是文档中的变量，每个域都有一个唯一的名字，但有不同的取值。域的更新特性会增强排版的灵活性，减少许多烦琐的重复操作，有利于提高工作效率。图3-84所示为总分计算。

2）将光标定位在总分单元格中，单击菜单中的"插入"→"域"命令，打开"域"对话框，从中选择域的类别为"等式和公式"，单击右侧的"公式"按钮，弹出"公式"对话框，设置求和公式，然后单击"确定"按钮，如图3-85所示。

3）选择完成计算的总分值，将其复制并粘贴到下一个要计算的单元格中。在单元格中单击选择域，按〈F9〉键或右击，从快捷菜单中执行"更新域"命令。

学号	姓名	语文	高数	英语	数字电路	计算机	总分
20103101	任志翔	88	92	67	85	98	430

图 3-84　总分计算

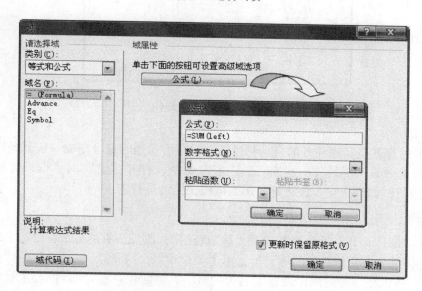

图 3-85　插入"等式和公式"域

任务三　编辑邮件样式

任务分析

在合并后的邮件文档中，每个人的信息各占一个页面。删除文档中的分节符，将其重新编排。由于重复设置的操作较多，因此可以采用录制宏的方法，以有效简化重复操作。

相关知识

宏是一系列命令和指令。这些命令和指令组合在一起，形成一个单独的命令，以实现任务执行的自动化。

1. 录制宏

在 Word 中执行的任何一项操作都可以录制在宏中。录制完成后，通过运行宏可以帮助用户迅速有效地解决文档编辑和排版过程中的重复操作问题。其操作方法是：

1）单击"工具"菜单，指向"宏"命令，从下一级菜单中执行"录制新宏"命令，打开"录制宏"对话框，输入宏名，将宏指定到"工具栏"或"键盘"，将宏保存在当前文档或所有文档"Normal. dot"中，输入对宏的描述，如图 3-86 所示。

2）设置完成后单击"确定"按钮，开始录制。在录制过程中，所有的操作都将被录制下来。

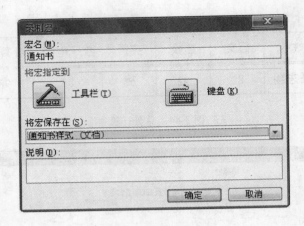

图 3-86 "录制宏"对话框

2. 运行宏

运行宏的过程就是实现任务的自动化过程，运行所录制的宏可完成一系列操作。具体操作为：单击菜单中的"工具"→"宏"→"宏"命令，打开"宏"对话框，选择宏名，单击"运行"按钮；如果指定了快捷键，那么可按快捷键运行宏。

任务实施

1）打开"邮件合并"文档，切换到"普通视图"，删除所有的分节符。

2）将光标定位在文档开始的标题处，单击菜单中的"工具"→"宏"→"录制新宏"命令，打开"录制宏"对话框，设置宏名为"M1"，将宏保存在"邮件合并"文档中；单击"键盘"按钮，弹出"自定义键盘"对话框，指定快捷键〈Alt〉+〈Z〉并将更改保存在"邮件合并 . doc"文档中，如图 3-87 所示；单击"关闭"按钮，进入"录制宏"状态。

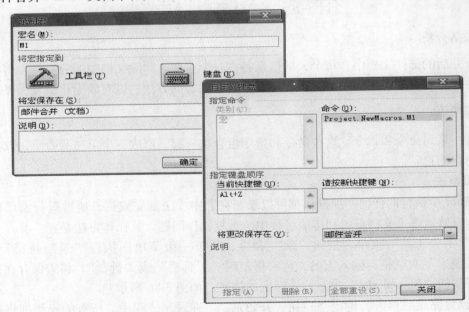

图 3-87 录制宏的相关设置

3）录制状态时，鼠标指针为"录音机"形状。录制宏的操作是：按住〈Shift〉键的同时用鼠标选中标题文字，设置字体加粗；单击"格式"菜单，打开"段落"对话框，设置段前"2 行"，段后"0.5 行"；单击工具栏中的"停止录制"按钮，完成录制。

4）依次单击文档中各条记录的标题开始处，按〈Alt + Z〉组合键运行宏。完成操作后每页有 5 条记录，共 11 页，单击"保存"按钮保存文档。

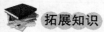 拓展知识

文档保护：文档创建完成后，用户可以使用文档的保护功能，进行格式设置限制及编辑限制等功能的设置，从而对文档进行保护。单击菜单中的"工具"→"保护文档"命令，打开"保护文档"任务窗格，用户可以完成以下设置：

（1）格式设置限制　在"保护文档"任务窗格中启用"限制对选定的样式设置格式"复选框，单击下面的"设置"链接文字，打开"格式设置限制"对话框并进行选择设置。限制格式之后，用于直接应用格式的命令和键盘快捷键将无法再使用，从而对文档的格式进行保护。

（2）编辑限制　启用"仅允许在文档中进行此类编辑"复选框，若选择"未作任何更改（只读）"选项，则文档只能阅读，不能修改也不能存储。对于重要的档案，用户可以将其设置成只读状态。

（3）启动强制保护　单击"是，启动强制保护"按钮，打开"启动强制保护"对话框，设置密码，单击"确定"按钮，如图 3-88 所示。此时设置的文档保护生效，只有知道密码的用户才可以删除保护。

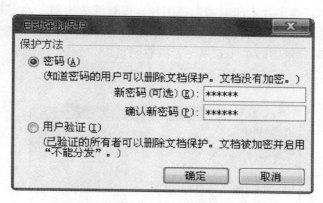

图 3-88　"启动强制保护"对话框

【交流评议】

一、案例评价（满分 20 分）

评价项目及标准	得　　分
成绩通知单样式设计完整、美观	10 分
邮件合并功能应用正确	10 分

二、作品交流

展 示 作 品	作 品 得 分	设 计 特 点	改 进 建 议
作品一			
作品二			
作品三			

注：抽选具有代表性的作品，分组讨论并给出交流结果，最后由教师总结评议。

🔍【案例小结】

利用邮件合并功能可以批量制作文件，减小手工操作的工作量，同时也有利于数据文件的管理。例如，制作请柬时，在制作好请柬样本后，整理数据文件，利用邮件合并功能将被邀请人姓名、时间、地点等信息插入请柬样本，可完成请柬的批量制作。

📖【教你一招】

设置背景水印效果

水印是显示在文档文本后面的文字或图片，可用于增添趣味或标志文档。设置水印效果的操作方法是：单击菜单中的"格式"→"背景"→"水印"命令，打开"水印"对话框，如图 3-89 所示。设置图片水印时需选择图片，设置缩放比例，确定是否选择冲蚀效果；设置文字水印时需输入文字，设置字体、尺寸、颜色及版式，确定是否选择半透明。单击"应用"按钮，可观察背景中的水印效果，若满意则单击"确定"按钮，否则可再次修改设置。

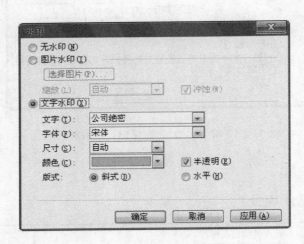

图 3-89 "水印"对话框

【复习思考题】

1. 显示"邮件合并"工具栏的方法是_____。
2. 预览邮件时看到的结果是_____。
3. 域的更新方法是_____。
4. 文档中使用宏的特点是_____。
5. 使用文档保存功能,设置只读文档的方法是_____。

【技能训练题】

制作如下所示邮政汇款通知。

□□□□□□ 中国人民邮政通知					
金额要紧挨人民币三字大写 数字间不要留空白	请按照背面注意事项携带 本通知和本人有效证件到 (下面五栏请汇款人用钢笔、毛笔或圆珠笔同一笔型,使用靛蓝或黑色墨水写清楚)			汇款号码	
				收汇局	
	汇款 金额人民币(大写)			收款日期	
	收款人 详细地址				
				收款员:	
	收款人 姓名			兑现日期　兑付员:	
	汇款人 姓名	您的性别(男/女)	是否航空		
	汇款人 详细地址			接收员	

案例五　编排试卷

【案例描述】

试卷是一种较常用的特殊文档。本案例以制作电工电路试卷为例,介绍试卷的制作方法,其中包含公式的编辑、电路图的绘制以及常见题型的编排技巧。试卷中部分题目的样例效果如图 3-90 所示。

【案例分析】

编排试卷时,首先应确定试卷的页面大小、排列方式及"密封栏"的制作方法。试卷中的特殊公式应使用"公式编辑器"进行编辑。编排内容时,应注意文、图、表的混排技巧和内容的整齐,以达到内容总体美观的效果。

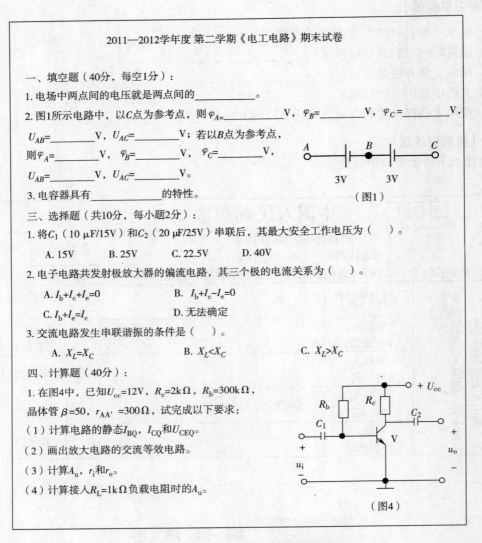

2011—2012学年度 第二学期《电工电路》期末试卷

一、填空题（40分，每空1分）：

1. 电场中两点间的电压就是两点间的_____。

2. 图1所示电路中，以C点为参考点，则$\varphi_A=$_____V，$\varphi_B=$_____V，$\varphi_C=$_____V，

$U_{AB}=$_____V，$U_{AC}=$_____V；若以B点为参考点，

则$\varphi_A=$_____V，$\varphi_B=$_____V，$\varphi_C=$_____V，

$U_{AB}=$_____V，$U_{AC}=$_____V。

3. 电容器具有_____的特性。

（图1）

三、选择题（共10分，每小题2分）：

1. 将C_1（10 μF/15V）和C_2（20 μF/25V）串联后，其最大安全工作电压为（　　）。

　　A. 15V　　　　B. 25V　　　　C. 22.5V　　　　D. 40V

2. 电子电路共发射极放大器的偏流电路，其三个极的电流关系为（　　）。

　　A. $I_b+I_c+I_e=0$　　　　　　B. $I_b+I_c-I_e=0$

　　C. $I_b+I_e=I_c$　　　　　　　D. 无法确定

3. 交流电路发生串联谐振的条件是（　　）。

　　A. $X_L=X_C$　　　　　　B. $X_L<X_C$　　　　　C. $X_L>X_C$

四、计算题（40分）：

1. 在图4中，已知$U_{cc}=12V$，$R_c=2k\Omega$，$R_b=300k\Omega$，

晶体管$\beta=50$，$r_{AA'}=300\Omega$，试完成以下要求：

（1）计算电路的静态I_{BQ}，I_{CQ}和U_{CEQ}。

（2）画出放大电路的交流等效电路。

（3）计算A_u，r_i和r_o。

（4）计算接入$R_L=1k\Omega$负载电阻时的A_u。

（图4）

图3-90　试卷中部分题目的样例效果

任务一　编排试卷的常见题型

 任务分析

试卷中常见的题型有填空题、选择题，以及依据图形完成的题目。填空题需要正确留出填空位置；选择题需要将各小题的选项对齐，使版面内容更整齐；还有一些题目需要正确绘制图形并注意与文字的恰当混排。

相关知识

当文档中需要输入较复杂的公式时，Word 中提供了一个"公式编辑器"，为创建公式提供了若干套"样板"，包括特殊符号和各种公式。

1. 插入公式

将光标置于要插入公式的位置，单击"插入"菜单中的"对象"命令，在弹出的对话框中选择"新建"选项卡，单击"对象类型"列表框中的"Microsoft 公式 3.0"选项，单击"确定"按钮，进入公式编辑窗口。在"公式"工具栏的上行列出了各种数学符号，下行则是样板或框架，如图3-91所示。从"公式"工具栏中选择符号和公式样板来创建公式，创建完成后单击公式以外的空白处，可返回到 Word 文档中。

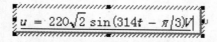

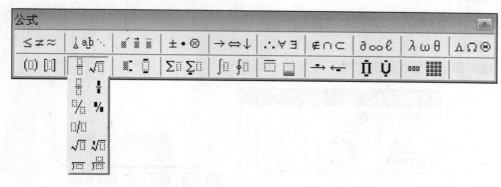

图3-91 "公式"工具栏

2. 编辑公式

单击选择公式，拖动控点可缩放大小；双击公式，进入公式编辑环境，可重新修改公式。选中公式，右击，从弹出的快捷菜单中执行"设置对象格式"命令，打开"设置对象格式"对话框，设置公式的填充颜色、大小尺寸等格式，设置环绕版式为"与文字混排"。

任务实施

1. 编排填空题

填空题需要输入序号、文字、填空的横线或公式等内容。

1）填空的横线可通过"符号"对话框中的插入横线符号"＿"插入，用复制的方法可调整横线长短，或使用下划线插入，并用空格来调整长短，使用完后取消下划线。

2）插入公式，以嵌入的方式与文字放在一行。例如："9. 已知正弦交流电压 $u = 220\sqrt{2}\sin(314t - \pi/3)$，它的最大值是＿＿＿＿＿。"

2. 编排选择题

对于选择题的选项，应根据选项长短使用制表位或表格将其对齐排列。

1）插入一个 1 行 4 列的表格，使用"表格属性"对话框均匀调整列宽，在单元格中以左对齐的方式输入各选项。选中整个表格，单击"表格和边框"工具栏中的"无框线"按钮（有时会显示为虚框，单击"表格"菜单中的"隐藏虚框"命令可将虚框隐藏），例如表格中的内容为：

A. 15V　　　　　B. 25V　　　　　C. 22.5V　　　　　D. 40V

2）插入一个 2 行 2 列的表格，将列宽调整为上一表格列宽的 2 倍，输入选项，将表格设置为无边框线，例如表格内容为：

A. $I_b + I_c + I_e = 0$ B. $I_b + I_c - I_e = 0$

C. $I_b + I_e = I_c$ D. 无法确定

3. 编排带图形的题目

首先输入题目的文字或公式内容，确定插入点，绘制或插入图形，设置图形与文字的混排方式，如以"嵌入型"或"四周型"的方式放置在题目文字的下方或右侧。注意标清图号。

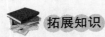 拓展知识

1. 插入和编辑组织结构图或其他图示

1）单击"绘图"工具栏上的"组织结构图或其他图示"按钮，弹出"图示库"对话框，选择图示类型，单击"确定"按钮，如图 3-92 所示。

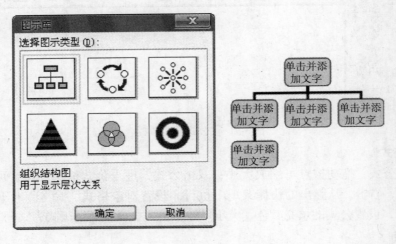

图 3-92　插入图示

2）选择创建的图示，出现"图示"工具栏，使用其中的按钮来调整图示形状、套用样式、设置版式等。单击"形状"按钮，在图示中输入文字并设置文字的字体、字形、字号。建立的图示样例效果如图 3-93 所示。

2. Word 2010 的 SmartArt 图形

SmartArt 图形中包含了多种图形布局样式，可用于快速创建流程图、维恩图、组织结构图等复杂的功能图形。

1）插入 SmartArt 图形：选择"插入"选项卡，单击"插图"组中的"SmartArt"按钮，在弹出的"选择 SmartArt 图形"对话框中选择一种图形样式，单击"确定"按钮，在光标插入点处插入一种 SmartArt 图形。

2）选择 SmartArt 图形，出现 SmartArt 工具，其中包含"设计"选项卡和"格式"选项卡。"设计"选项卡用于创建 SmartArt 图形的形状、调整布局、设计 SmartArt 图形样式等；"格式"选项卡用于设置图形的形状样式、文字效果、排列方式及大小等格式。如建立"交替六边形"图形样式，设置的图形样式及格式效果如图 3-94 所示。

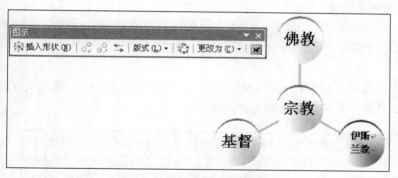

图 3-93　建立的图示样例效果

图 3-94　"交替六边形"
图形样式及格式效果

任务二　设计试卷页面

任务分析

试卷的页面通常使用 B4 纸型，纵向排列或横向分两栏排列。由于需要制作"密封栏"，因此放置"密封栏"的一侧需设置较宽的页边距。建议在页脚处插入"第 X 页 共 Y 页"的页码格式，以对应试者起到提醒的作用。

相关知识

分栏不仅可以美化页面，而且可以方便阅读。在 Word 文档中，分栏功能具有很大的灵活性，可以控制栏数、栏宽及各栏之间的间距等。

1. 利用"分栏"对话框设置

选择要设置分栏的文本内容，单击"格式"菜单中的"分栏"命令，打开"分栏"对话框，在对话框中设置栏数、栏宽和间距，需加分栏线时可勾选"分隔线"复选框，如图 3-95 所示。

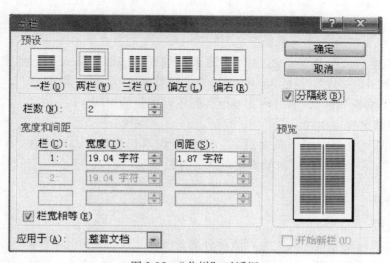

图 3-95　"分栏"对话框

2. 利用"页面设置"对话框设置

单击"文件"菜单中的"页面设置"命令，打开"页面设置"对话框，选择"文档网格"选项卡，在栏数框中设置栏数。

3. 两种设置的区别

设置分栏后，文档中将自动插入分节符。第一种方法适合对所选文字分栏，第二种方法适合对整篇文档或一节内容分栏。分栏效果示例如图 3-96 所示。

在生活中不如意事十有八九，如遭受挫折，被人误解，受到批评等等。当时是满腹的委屈。曾几何时那段阴霾还藏在心底，纠结成一小段暂时无法逾越的障碍。人只有在经历了无数次岁月的洗礼后才会逐渐地走向成熟睿智。那时的你再蓦然回首，曾经的阴霾只不过是人生长河中的一朵浪花，如檐岁月里的一缕馨香。

生活需要一颗感恩的心来创造，一颗感恩的心需要生活来滋养。常怀感恩心，一生无憾事。翻开日历，一页页崭新的生活会因为我们的感恩而变得更加的璀璨。

图 3-96　分栏效果示例

 任务实施

1. 设置试卷的页面格式

单击"文件"菜单中的"页面设置"命令，打开"页面设置"对话框，从中单击"纸张"选项卡，设置纸张大小为"B4"；单击"页边距"选项卡，设置左边距为"4.5 厘米"，上、下、右边距均为"2 厘米"，方向为"横向"；单击"文档网格"选项卡，设置文字排列方向为"水平"，栏数为"2 栏"。

2. 制作密封栏

1）将页面显示比例调整为60%，插入"绘图画布"，设置其高为"16 厘米"，宽为"2厘米"，将版式设置为"四周型"，将"绘图画布"移到页面左边距处。

2）在"绘图画布"上插入一个竖排文本框，其尺寸基本接近"绘图画布"的尺寸。

输入"班级＿＿＿＿　姓名＿＿＿＿　学号＿＿＿＿＿"等内容，调整文字方向，设置文本框格式为"无填充"、"无线条颜色"。

3）在文本框右侧绘制一条高为"16 厘米"的垂直虚线，插入一个竖排文本框，输入"密封线"三个字，并设置字号为"小五号"，字符间距为"加宽 30 磅"，文本框格式为"无填充"、"无线条颜色"，然后将文本框移到垂直虚线的中间。

3. 设置页脚区页码格式

单击"视图"菜单中的"页眉页脚"命令，切换到页脚区，单击插入"自动图文集"按钮，选择"第 X 页 共 Y 页"的页码格式，并设置为"右对齐"。

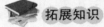 **拓展知识**

1. 文档分页

Word 提供了自动分页和人工分页两种分页方法。

1）自动分页是指在建立文档时，当文档内容填满整页时，Word 会自动按照用户所设置的页面大小进行自动分页处理，同时随文档的内容增减而自动变更。

2）人工分页是指根据需要强制插入分页符。其操作方法是：将插入点移到需要分页的位置，单击"插入"菜单中的"分隔符"命令，打开"分隔符"对话框，选择"分页符"选项，然后单击"确定"按钮。"分隔符"对话框如图3-97所示。

3）在普通视图中，自动分页符显示为一条贯穿页面的虚线，人工分页符显示为标有"分页符"字样的虚线。对于多余的人工分页符，在普通视图中选定该分页符，按〈Delete〉键即可将其删除。多余的分页符也可能是使用了一些影响文档分页的段落格式，打开"段落"对话框，

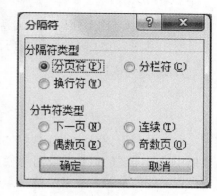

图3-97　"分隔符"对话框

选择"换行和分页"选项卡，清除"段中不分页"、"与下段同页"或"段前分页"复选框，单击"确定"按钮，即可删除多余分页符。

2. 分节功能

在编辑文档的过程中，可能会遇到在同一文档中前后要求不同版面格式的情况，这时就要用到分节功能。插入分节符的方法是：单击"插入"菜单中的"分隔符"命令，弹出"分隔符"对话框（见图3-97），从中可设置分节符类型。分节符类型见表3-1。

表3-1　分节符类型

名　称	功　能
下一页	分节后的文本从新的一页开始
连续	新节与其前面一节同处于当前页
偶数页	新节中的文本显示或打印在下一偶数页。如果该分节符已在一个偶数页上，那么其下面的奇数页为一空页
奇数页	新节中的文本显示或打印在下一奇数页上。如果该分节符已在一个奇数页上，那么其下面的偶数页为一空页

【交流评议】

一、案例评价（满分20分）

评价项目及标准	得　分
试卷内容创建正确，技巧性较强	10分
试卷中图、文、表混排格式整齐美观	10分

二、作品交流

展示作品	作品得分	设计特点	改进建议
作品一			
作品二			
作品三			

注：抽选具有代表性的作品，分组讨论并给出交流结果，最后由教师总结评议。

【案例小结】

Word 可以制作不同科目的试卷。试卷页面大小通常比一般文档要大，内容较多，在制作时要注意图、文、表的混排技巧，注意在实践中总结经验，培养良好的操作习惯。

【教你一招】

定义不相等的栏宽

在"分栏"对话框中，选择"预设"区域中的"两栏"或"三栏"选项，也可以在栏数框中设置需要的栏数，取消"栏宽相等"复选项的选中状态，在各栏的"宽度"文本框中设置需要的数值，单击"确定"按钮，即可定义不相等的栏宽，如图 3-98 所示。

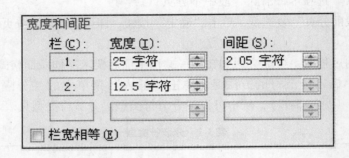

图 3-98 设置栏宽

【复习思考题】

1. 创建公式后，要再次编辑修改的方法是_____。

2. 对分栏的设置主要包括_____、_____、_____。

3. 文本与公式放在一行中排版，公式设置的环绕版式通常是_____。

【技能训练题】

1. 打开"作业资料"文件夹下的"书法与音乐.doc"文档，编排文档格式，操作要求如下：

（1）设置页面：设置页边距为上、下"4 厘米"，左、右"3 厘米"，页眉、页脚各"2厘米"；设置页眉左侧添加文件名，右侧添加页码。

（2）将标题"书法的意蕴和旋律"设为艺术字，并编辑样式及格式。

（3）设置正文：第 1 段设置底纹为"图案样式 10%"，应用于"文字"；第 3、4 段设置分两栏，第一栏栏宽为"5 厘米"，加分栏线。

（4）将"作业资料"文件夹中的图片"fower.wmf"插入到文档中，调整其大小后与文字混排，将编排完成的文档保存在自己的目录中。

2. 制作图 3-99 所示的组织结构图。

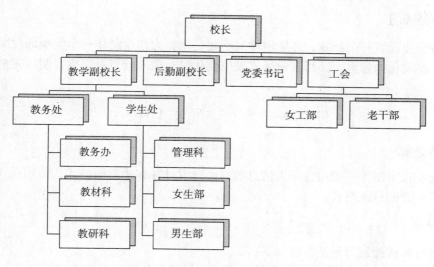

图 3-99　组织结构图

案例六　制作作业汇报书

【案例描述】

　　将完成的 Word 文档作业整理成作业汇报书，制作封面和目录页，设置内容页面格式，并将目录与内容链接。封面及目录页效果如图 3-100 所示。

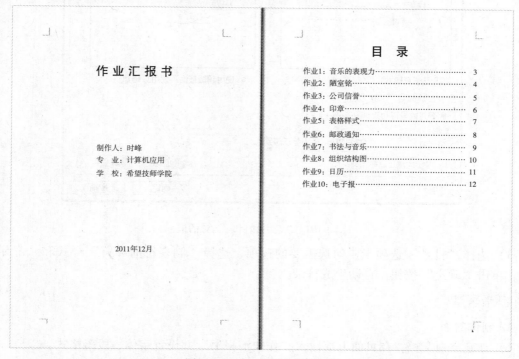

作业汇报书

制作人：时峰
专　业：计算机应用
学　校：希望技师学院

2011年12月

目　录

图 3-100　封面及目录页效果

【案例分析】

　　为每份作业设置一个标题，并使用样式编制目录，为作业制作一个美观的封面，应用所学知识进一步美化内容页面。当页面版式发生变化时，插入分节符编排，制作完整的作业汇报书。

任务一　制作封面和目录页

任务分析

　　为作业汇报书制作一张包含个人信息的封面，设计并编排封面格式；使用样式编制目录页，并设置整齐的目录格式。

相关知识

使用内置样式编制目录的方法如下：

1）选择内置样式，将其应用到文档中要成为目录的各级标题上。

2）将光标置于要插入目录的位置，单击菜单中的"插入"→"引用"→"索引和目录"命令，打开"索引和目录"对话框，如图3-101所示。

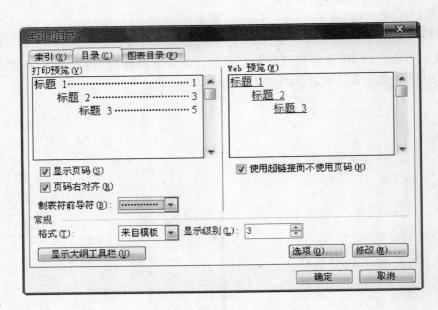

图3-101　"索引和目录"对话框

3）选择"目录"选项卡，勾选需要的选项，选择"制表符前导符"样式和"显示级别"，单击"确定"按钮，自动生成目录。

任务实施

1. 制作封面

1）新建空白文档，在页面上部输入"作业汇报书"并设置字体、段落格式。

2）在页面中间输入"制作人:"、"专业:"、"学校:"等内容并设置格式。

3）在页面下部输入日期并设置格式。

4）将显示比例调整为 50%，观察页面布局并进行适当调整。

2. 制作目录页

1）在文档末尾插入"下一页"分节符，输入"目录"二字。

2）插入一个相同的分节符，打开作业 1 的文档，全选作业 1 的文档内容并复制，然后返回到刚才的文档，执行"粘贴"命令，进行页面和内容的适当调整，在文档顶端插入标题"作业 1：音乐的表现力"。

3）打开"样式和格式"任务窗格，指向"标题 1"样式，单击右侧的下箭头选择"修改"命令，打开"修改样式"对话框，将字体设置为"宋体"、"五号"、"加粗"；将段落设置为段前、段后"0 行"；将边框（底端）设置为"单实线"、"蓝色"。将标题"作业 1：音乐的表现力"应用标题 1 样式。

4）在文档末尾插入分节符，加入其他作业，添加标题并应用标题 1 样式。

5）将光标置于第 2 页目录文字的下一行，打开"索引和目录"对话框，选择"制表符前导符"样式，设置显示级别为"1"。单击"修改"按钮，弹出"样式"对话框，修改"目录 1"的样式，设置为"楷体"、"三号"、"加粗"，单击"确定"按钮，生成目录，将文档以文件名"作业汇报书.doc"保存在自己的目录中。

拓展知识

使用样式

样式是一组已命名的字符和段落格式的组合。样式中包含字体、段落、边距等多种格式。使用样式可以方便地为文档建立统一的格式。当样式修改后，所有套用该样式的字符或段落格式都将自动被新样式代替。

1. 创建样式

用户除了可以使用 Word 中内置的样式外，还可以根据自己的需求创建一些新样式来满足排版需要。创建新样式的方法是：单击"格式"工具栏最前端的按钮，打开"格式和样式"任务窗格，单击"新样式"按钮，打开"新建样式"对话框，在该对话框中新建所需样式的各种格式。

例如，新建一个段落样式，定义样式名称为"段落样式 1"，样式类型为"段落"，在格式栏中设置字体为"幼圆"，字号为"小四"；单击下方的"格式"按钮，弹出菜单列表，选择"段落"命令，打开"段落"对话框，设置首行缩进"2 个字符"，行距为"1.5 倍"，段前、段后各"6 磅"，返回"新建样式"对话框（见图 3-102），单击"确定"按钮完成样式的创建。

2. 应用样式

在"格式和样式"任务窗格中，列出了内置样式、新建样式以及文档中所应用的字符、段落格式，因此用户可以快速地重复使用。方法是：选中要应用样式的段落或文本，在"格式和样式"任务窗格中或工具栏样式下拉列表中选择一种样式并单击，这个样式中的所有格式会自动套用于选中的内容上。

3. 修改或删除样式

在格式设置过程中，如果列表中存在不符合要求的样式，那么用户可以将该样式删除或加以修改，使其发挥有效作用。在"格式和样式"任务窗格中，单击样式名称右侧的下箭头，打开下拉列表（见图3-103），选择"删除"命令即可从列表中删除该样式；选择"修改"命令可打开"修改样式"对话框，重新设置样式的属性及格式。

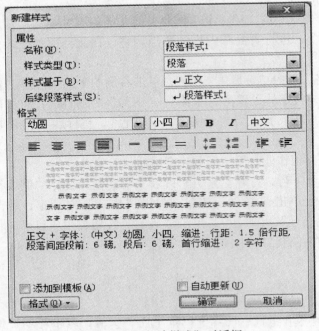

图 3-102　"新建样式"对话框　　　　　　　图 3-103　修改或删除样式

任务二　设置作业内容页面

任务分析

整理自己的作业目录，将所有作业放在一个文档中，对作业内容格式进一步进行美化设置，插入页眉和页脚，设置较完整的文书格式。

相关知识

当文档中有内容需要注释或说明时，可插入脚注或尾注。脚注一般位于页面底端，用于说明要注释的内容；尾注一般位于文档结尾处，用于集中解释文档中要注释的内容或标注文档中引用其他文章的名称。

1. 插入脚注和尾注

选择要插入脚注或尾注的文字，单击菜单中的"插入"→"引用"→"脚注和尾注"命令，打开"脚注和尾注"对话框，设置位置和格式后，单击"插入"按钮，然后输入注释或说明的文字。在节的结尾处插入尾注如图3-104所示。

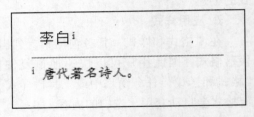

图 3-104　在节的结尾处插入尾注

2. 奇偶页设置不同的页眉或页脚

　　单击"文件"菜单中的"页面设置"命令，打开"页面设置"对话框，选择"版式"选项卡，在"页眉和页脚"栏中，勾选"奇偶页不同"复选框。在奇数页上设置页眉时，会出现奇数页页眉；在偶数页上设置页眉时，会出现偶数页页眉。设置页脚时同理。

　　任务实施

1. 为作业汇报书设置页眉和页脚

　　1）将光标置于封面页，单击"文件"菜单，执行"页面设置"命令，打开"页面设置"对话框，选择"版式"选项卡，在"页眉和页脚"栏中勾选"奇偶页不同"和"首页不同"两个复选框，在"预览"栏中选择应用于本节。设置目录页时同理。

　　2）单击"视图"菜单，执行"页眉和页脚"命令，奇数页页眉设置为居中文字"Word 文字处理系统"，偶数页页眉居中插入文件名。

　　3）单击"插入"菜单，执行"页码"命令，打开"页码"对话框，取消"首页显示页码"复选框的选中状态，单击"格式"按钮，打开"页码格式"对话框，选择数字格式，在"页码编排"栏中，设置起始页码1，单击"确定"按钮，如图 3-105 所示。

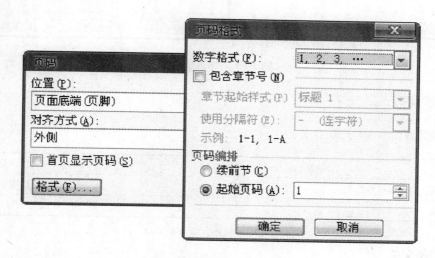

图 3-105　插入页码

2. 为作业 2 插入一个尾注

　　选择作业 2 中的简介文字，执行"剪切"命令，选择题目"陋室铭"插入尾注于节的结尾处，应用于本节，单击"确定"按钮，将文字粘贴在尾注区。

3. 为作业 3 设置一个艺术型页面边框

　　单击"格式"菜单中的"边框和底纹"命令，选择"页面边框"选项卡，在艺术型列表中选择边框样式，设置宽度为"20 磅"，应用于本节，单击"确定"按钮。

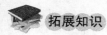　**拓展知识**

插入分割文本的横线

将光标置于插入点处，单击"格式"菜单下的"边框和底纹"命令，打开"边框和底纹”对话框，选择“边框”选项卡，单击下方的“横线”按钮，打开“横线”对话框，从中选择横线样式，单击“确定”按钮，如图 3-106 所示。选择横线双击，从弹出的“设置横线格式”对话框中设置格式。

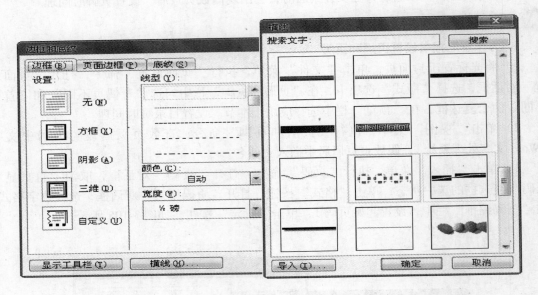

图 3-106　插入横线

【交流评议】

一、案例评价（满分 20 分）

评价项目及标准	得　分
封面设计美观，目录编排恰当	10 分
页面设计美观	10 分

二、作品交流

展示作品	作品得分	设计特点	改进建议
作品一			
作品二			
作品三			

注：抽选具有代表性的作品，分组讨论并给出交流结果，最后由教师总结评议。

【案例小结】

　　在处理长文档时，为了帮助读者快速了解整个文档的层次结构及其具体内容，可以创建文档目录。目录是通过各级标题自动生成的，当因修改标题或增删文档内容而使页码发生变化时，只需在目录中右击，在弹出的快捷菜单中单击“更新域”命令，即可自动更新目录。

【教你一招】

在大纲视图中上移或下移文本段落：切换至大纲视图，选择要移动的文本段落，在"大纲"工具栏中单击"上移"按钮，可将所选段落移动至上一段前面；单击"下移"按钮，可将所选段落移动至下一段后面。

【复习思考题】

1. 使用内置样式编制目录的前提是_____。

2. 使用了自动目录后，若标题或页码发生了变化，则更新目录的方法是_____。

3. 在同一文档中，设置一页为横向、一页为纵向的方法是_____。

【技能训练题】

打开"作业资料"文件夹中的"目录整理.doc"文档，练习创建目录页。

单元四　Excel 电子表格处理系统

4

知识目标：
◎ 了解 Excel 2003 软件的功能和特点。
◎ 掌握 Excel 电子表格处理系统在实际中的应用方法。
技能目标：
◎ 学会工作表的操作与管理方法。
◎ 熟练进行工作表中数据的计算与管理。
◎ 熟练进行图表的创建、编辑与应用。
◎ 熟练进行工作表的页面设置和打印操作。
◎ 了解 Excel 2010 的新增功能和操作要点。

利用 Excel 可以快速制作出各种电子表格，同时可引用公式和函数对表格中的数据进行运算，并将结果用各种统计图表的形式表现出来。本单元以学习 Excel 2003 的使用方法为侧重点，介绍 Excel 2003 的基础知识，工作表的建立、编辑、格式化方法，数据的图表化和打印输出的基本方法，同时介绍 Excel 2010 的新增功能和操作特点。

案例一　制作员工信息管理表

【案例描述】

制作员工信息管理表。工作簿，其中包含三个工作表，分别是"员工档案表"、"员工信息表"和"员工考勤表"。在制作过程中会用到工作表数据输入、函数和公式的运用、工作表的优化设置等技巧。员工信息管理表样例如图 4-1 所示。

【案例分析】

在制作 Excel 2003 电子表格时，首先可通过单击激活单元格的方法输入数据。其中，员工编号的输入采用特殊数据 + 自动填充的输入方法；身份证号的输入采用英文状态单引号 + 数字的输入方法；姓名的输入采用数据有效性的输入方法。其次，对标题、表头的字体格式和单元格数据的对齐格式进行设置，使表格得到美化。最后，将包含"员工信息管理表"、"员工档案表"和"员工考勤表"三张工作表的工作簿"员工信息管理表"保存。

员工编号	姓名	性别	学历	部门	职务	工作时间	身份证号
00001	牛小刚	男	硕士	经理室	市场部经理	1996-4-7	14040219760214857X
00002	王星星	女	大专	营业部	销售员	1996-1-8	14040219780401857X
00003	张慧淑	女	大专	营业部	销售员	1995-2-9	14040219750213857X
00004	张秀玲	女	本科	营业部	销售员	1996-10-10	14040219781213857X
00005	杨银梅	女	本科	实验室	实验员	1996-12-11	14040219800213857X
00006	郭志鹏	男	大专	实验室	实验员	1992-4-12	14040219760213857X
00007	郝如意	女	大专	营业室	实验员	1994-4-13	14040219782021385X
00008	王会程	男	本科	财务科	现金会计	1995-4-14	14040219750213857X
00009	冯云丽	女	大专	财务科	总帐会计	1995-5-1	14040219720123252X
00010	王会宁	女	大专	办公室	科员	1990-3-1	14040219730203252X
00011	杨林海	男	硕士	经理室	经理助理	2002-2-1	14040219800913884X
00012	常明亮	男	硕士	实验室	研发部主任	1997-2-1	14040219680912322X
00013	张凡	男	硕士	设计室	工程师	1993-3-1	14040219620823123X
00014	王谦	男	本科	设计室	工程师	2002-8-1	14040219710612321X
00015	周盼	男	本科	设计室	工程师	1999-10-1	14040219680314952X

图 4-1　员工信息管理表样例

任务一　建立工作簿及工作表

 任务分析

启动 Excel 2003 后，文件是一个工作簿，默认有三张工作表，用户可根据需要建立若干张工作表。建立工作表后可向其中输入数据，输入数据后还可对工作表中的数据进行编辑，并通过查找和替换功能对工作表中的数据进行快速查找和修改。

相关知识

1. 工作表的操作

（1）工作表的复制和移动

1）工作簿内部的复制和移动

方法一：单击菜单中的"编辑"→"移动或复制工作表"选项，弹出"移动或复制工作表"对话框，在"工作簿"下拉列表框和"下列选定工作表之前"列表框中选择要复制或移动到的工作簿或工作表，如图 4-2 所示。

方法二：单击选中的工作表标签，在按〈Ctrl〉键的同时沿标签拖动选中的工作表进行复制。如果执行移动操作，那么不用按〈Ctrl〉键，直接拖动选中的工作表进行移动即可。

2）工作簿之间的复制和移动

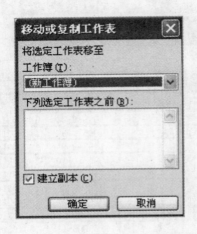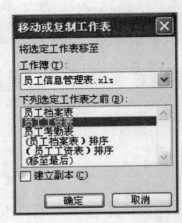

图 4-2　移动或复制工作表

　　方法一：单击菜单中的"编辑"→"移动或复制工作表"选项，弹出"移动或复制工作表"对话框，勾选"建立副本"复选框，执行"工作簿"→"新工作簿"操作。

　　方法二：单击选中的源工作簿中的工作表标签，在按〈Ctrl〉键的同时沿标签拖动选中的工作表到目标工作簿中的工作表，松开〈Ctrl〉键实现复制操作。如果执行移动操作，那么不用按〈Ctrl〉键，直接拖动选中的源工作簿中的工作表到目标工作簿的工作表中即可。

　　（2）工作表的删除　右击要删除的工作表标签，在弹出的快捷菜单中单击"删除"命令即可删除工作表。

　　（3）工作表的重命名　双击工作表标签名，输入新工作表名即可。

2. 输入数据

　　当直接输入数据时，需要激活单元格。对一些特殊数据的输入，如编号、身份证号、电话号码等，用户需要用特殊的方法才能输入。其输入步骤如下：

　　1）单击选定单元格。

　　2）输入一个英文状态的单引号'＋编号或身份证号等，按〈Enter〉键确定。

3. 编辑数据

　　（1）选定数据

　　1）选定单元格：单击该单元格或用键盘方向键移动选择。

　　2）选定整行或整列：单击工作表上该行的行号或该列的列号。

　　3）选定整个工作表：单击工作表左上角的"全选"按钮。

　　4）选定连续的单元格区域：选定第一个单元格，按住〈Shift〉键不放，同时选定最后一个单元格。

　　5）选定不连续的单元格区域：按住〈Ctrl〉键不放，然后依次单击想选定的单元格。

　　（2）清除或删除数据

　　1）清除数据：对象是数据，执行此操作后选取的单元格仍在原位置不变，只是单元格中的数据消失。具体操作为：选取单元格或区域后，单击菜单中的"编辑"→"清除"命令即可清除数据，如图 4-3 所示。

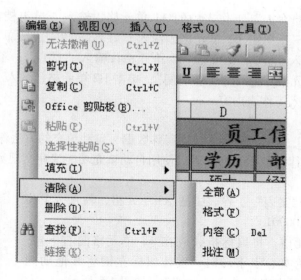

图 4-3　清除数据

2）数据删除：对象是单元格，执行此操作后选取的单元格及单元格中的数据都消失。具体操作为：选取单元格或区域后，单击菜单中的"编辑"→"删除"命令即可删除数据，如图 4-4 所示。

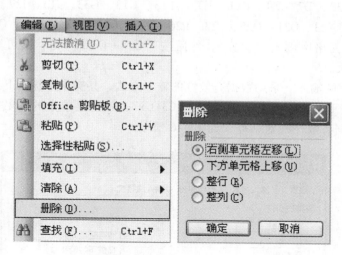

图 4-4　删除数据

任务实施

1. 新建工作簿

在 Excel 2003 中默认新建工作簿的名称为"Book1.xls"，单击菜单中的"文件"→"另存为"选项，选择保存位置，将其命名为"员工信息管理表"。

2. 新建工作表及内容

1）依次双击工作表标签名"Sheet1"、"Sheet2"和"Sheet3"，分别输入"员工档案表"、"员工工资表"和"员工考勤表"。

2）单击"员工档案表"工作表中的 A1 单元格，输入"员工档案表"；单击 A2 单元格，输入"员工编号"；单击 B2 单元格，输入"姓名"；单击 C2 单元格，输入"性别"；单击 D2 单元格，输入"学历"；单击 E2 单元格，输入"部门"；单击 F2 单元格，输入"职务"；单击 G2 单元格，输入"工作时间"；单击 H2 单元格，输入"身份证号"；依次单击相应的单元格，输入工作表内容。

3. 输入数据

（1）"员工编号"数据的输入　使用特殊数据 + 自动填充的方法输入数据。在 Excel 中，如果要输入一些有规律的数据，那么可以使用自动填充功能快速实现数据的输入。其步骤如下：

1）单击"员工档案表"工作表中的 A3 单元格，输入一个英文状态的单引号' + 00001。

2）选中 A3 单元格，将鼠标指针放在 A3 单元格的右下角，当鼠标指针变成黑色实心十字形时，按住鼠标左键将其拖动到 A17 单元格松开，即可实现数据的自动填充，如图 4-5 所示。

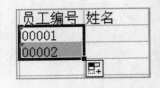

图 4-5　自动填充数据

（2）"缺勤"数据的输入　在 Excel 中，如果需要在多个单元格中同时输入相同的内容，那么其操作步骤如下：

1）单击"员工考勤表"工作表，按住〈Ctrl〉键，依次单击要输入"缺勤"二字的单元格，如 C5、C33、D7、E9、E11、E33、F13、G13、G33、I13、I29、J13、K15、K29、L18、M21、N20、N23、O21、O25、P23、P26、P29、Q23、Q25、Q27、Q29。

2）在活动单元格中输入"缺勤"，然后按〈Ctrl + Enter〉键，即可实现所有选中的单元格中数据的输入。

（3）"性别"的输入　采用数据有效性的输入方法，其操作步骤如下：

1）选择"员工档案表"的单元格区域 C3：C17，单击菜单中的"数据"→"有效性"命令，弹出"数据有效性"对话框，如图 4-6 所示。

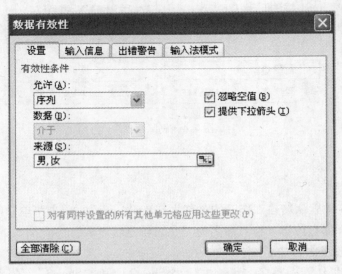

图 4-6　"数据有效性"对话框中的"设置"选项卡

2）选取"设置"选项卡，将"允许"设置为"序列"，将"来源"设置为"男，女"。

3）选取"出错警告"选项卡，将"样式"设置为"停止"，将"标题"设置为"输入错误"，在"错误信息"中输入"只能输入男或女"，单击"确定"按钮，如图4-7所示。

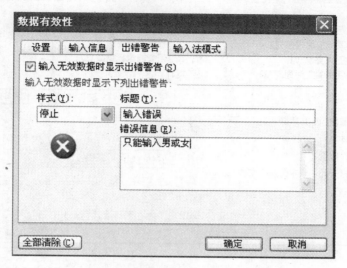

图4-7 "数据有效性"对话框中的"出错警告"选项卡

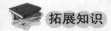 拓展知识

1. 设置打开工作簿时的工作表数量

Excel 2003 默认的工作簿中只有 3 个工作表，用户可以自定义工作簿中默认工作表的数量。

1）启动 Excel 2003，单击菜单中的"工具"→"选项"命令，打开"选项"对话框，选择"常规"选项卡，如图4-8所示。

2）在"新工作簿内的工作表数"微调框中输入希望创建工作簿时默认包含的工作表数量。

3）设置完成后单击"确定"按钮。

2. 设置工作簿自动保存时间

当计算机遇到突然停电或死机等故障而重新启动时，当前正在编辑的工作簿中的数据可能会丢失。为避免数据丢失，Excel 2003 中提供了保存自动恢复信息时间间隔。设置 Excel 2003 工作簿保存自动恢复信息时间间隔的步骤如下：

1）启动 Excel 2003，单击菜单中的"工具"→"选项"→"保存"选项卡。

2）选取"保存自动恢复信息，每隔"复选框，在右侧的微调框中输入一个表示时间间隔的数值，设置完成后单击"确定"按钮，如图4-9所示。

3. Excel 2010 的操作界面和新增功能

（1）Excel 2010 的界面 Excel 2010 能够使用比以往的 Excel 版本更多的方式来分析、管理和共享信息，从而帮用户做出更明智的决策。与以往的 Excel 版本相比较，Excel 2010 主界面上的功能菜单分别为"开始"、"插入"、"页面布局"、"公式"、"数据"、"审阅"、

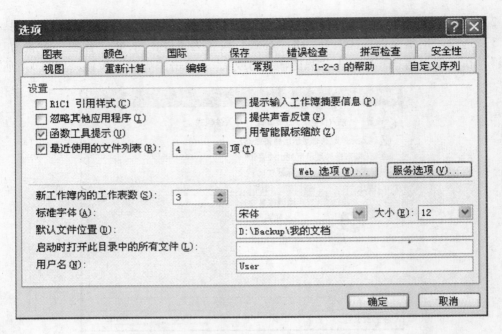

图 4-8 "选项"对话框中的"常规"选项卡

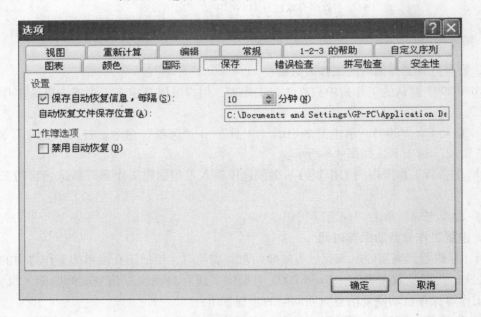

图 4-9 "选项"对话框中的"保存"选项卡

"视图"、"加载项"等，单击相关的功能按钮后，在中间的红色区域内便会显示详细信息，如图 4-10 所示。

（2）Excel 2010 的新增功能

1）增强的 Ribbon 工具条。在 Excel 2010 中，Ribbon 的功能更加强大，界面的主题颜色和风格也有所改变。Ribbon 工具条的引入使用户可以设置的东西更多，使用起来更加方便。

2）兼容性更加强大。在 Excel 2010 中，Excel 文件被保存成 xlsx 格式的文件。用户可以

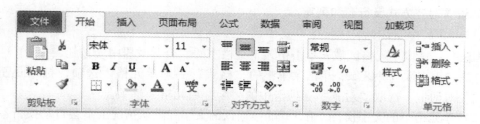

图 4-10　Excel 2010 的界面风格

将扩展名 xlsx 修改成 rar，然后用 WinRAR 打开它，打开后可以看到里面包含了很多 xml 文件，这种基于 xml 格式的文件在网络传输和编程接口方面具有很大的便利性。

3）Excel 2010 支持 Web。Excel 2010 中一个最重要的改进就是对 Web 功能的支持。用户可以通过浏览器直接创建、编辑和保存 Excel 文件，以及通过浏览器共享这些文件。Excel 2010 Web 版是免费的，用户只要拥有 Windows Live 账号，就可以通过互联网在线使用 Excel 电子表格。

4）"迷你图"功能。"迷你图"是 Excel 2010 中的一个非常方便且好用的功能。用户可通过"插入"菜单在一个单元格中创建小型图表来快速发现数据波形趋势。这种突出显示重要数据趋势的快速、简便的方法，可为用户节省大量时间，使用户快速获得可视化的数据表示。"迷你图"的效果如图 4-11 所示。

图 4-11　"迷你图"的效果

5）其他改进。Excel 2010 提供的 Web 功能可使用户通过 Excel 和其他人同时分享数据。另外，对于企业级的用户而言，Microsoft 推荐为 Excel 2010 安装 Project Gemini 加载宏，可以处理极大量数据，甚至包括亿万行的工作表。

任务二　设置单元格格式

任务分析

完成"员工档案表"、"员工工资表"和"员工考勤表"的数据输入后，需要对工作表进行格式美化，主要通过"格式"工具栏或"单元格格式"对话框设置单元格的格式，并通过"条件格式"将符合条件的单元格进行统一设置。

相关知识

1. 设置字符格式

选取要进行字符格式设置的单元格，单击菜单中的"格式"→"单元格"选项，打开设置"单元格格式"对话框，从中选取"字体"选项卡，即可设置字符格式。

2. 设置对齐方式及行高和列宽

（1）设置合并居中

方法一：选取单元格区域，单击格式工具栏上的"合并及居中"按钮 ▧。

方法二：选取合并区域，单击菜单中的"格式"→"单元格"选项，打开设置"单元格格式"对话框，选取"对齐"选项卡中的"合并单元格"选项。

（2）单元格中的文字换行　在 Excel 中输入的文字在默认情况下不会自动换行，要想换行，必须使用〈Alt + Enter〉组合键。

（3）设置对齐方式　选取要进行对齐方式设置的单元格区域，单击菜单中的"格式"→"单元格"选项，打开"设置单元格格式"对话框，从中选取"对齐"选项卡，即可设置对齐方式。

（4）设置行高和列宽

1）选取行，单击菜单中的"格式"→"行"→"行高"选项，然后输入数值。

2）选取列，单击菜单中的"格式"→"列"→"列宽"选项，然后输入数值。

3. 条件格式

条件格式允许指定多个条件，并根据单元格的内容自动地应用单元格的格式。也可以设定多个条件，但 Excel 只会应用一个条件所对应的格式，如果该单元格满足某条件，那么就应用相应的格式规则。其操作步骤如下：

1）选择要应用条件格式的单元格或单元格区域。

2）单击菜单中的"格式"→"条件格式"命令。

4. 自动套用格式

如果对所创建的工作表没有太高的格式要求，那么可以自动套用 Excel 自带的 17 种表格格式，这样既美化了表格，又节省了时间。

1）选定要套用格式的单元格区域，单击菜单中的"格式"→"自动套用格式"命令。

2）在"格式"列表框中选择要使用的格式，单击"确定"按钮，如图 4-12 所示。

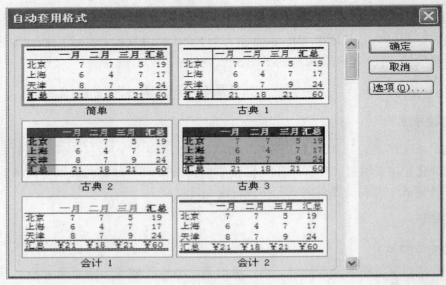

图 4-12　自动套用格式

任务实施

1. 设置标题和表头字体格式

1）选取"员工档案表"所在的标题 A1:H1 单元格区域，单击"格式"工具栏中的"合并居中"命令，并设置为"楷体"、"18 号""加粗"。依次选取"员工工资表"所在的标题 A1:G1 单元格区域和"员工考勤表"所在的标题 A1:Q 1 单元格区域，设置相同的格式。

2）选取"员工档案表"所在工作表的表头"员工编号"、"姓名"、"性别"、"学历"、"部门"、"职务"、"工作时间"和"身份证号"，设置为"楷体"、"16 号""加粗"。依次选取"员工工资表"工作表的表头和"员工考勤表"工作表的表头，设置相同的格式。

3）选取"员工档案表"的标题 A1:H1 单元格区域，单击菜单中的"格式"→"单元格"选项，打开"单元格格式"对话框，选取"填充"选项卡，设置标题颜色。依次选取"员工工资表"的标题和"员工考勤表"的标题区域，设置颜色，效果如图 4-13 所示。

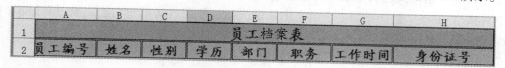

图 4-13 设置标题和表头颜色效果

2. 设置单元格格式

将"工作时间"数据设置为日期数据，将"身份证号"数据设置为文本数据，将"基本工资"、"食宿补贴"、"加班费"、"奖金"和"应发工资"数据设置为货币数据。设置"工作时间"数据的步骤如下：

1）选取"员工档案表"的 G3:G17 单元格区域，单击菜单中的"格式"→"单元格"选项，打开"单元格格式"对话框，选取"数字"选项卡中的"日期"选项，设置日期数据。

2）选取"员工档案表"的 H3:H17 单元格区域，用同样的方法设置文本数据。

3）按住〈Ctrl〉键，选取"员工工资表"的 C3:C17、D3:D17、E3:E17、F3:F17 和 G3:G17单元格区域，单击"格式"工具栏的货币样式按钮，设置货币数据。

3. 使用条件格式

"缺勤"数据采用条件格式标示，其步骤如下：

1）打开"员工考勤表"，选取单元格区域 C3:Q33。

2）单击菜单中的"格式"→"条件格式"命令，打开"条件格式"对话框，从中选取"等于"、"缺勤"，将"格式"颜色设置为红色，如图 4-14 所示。

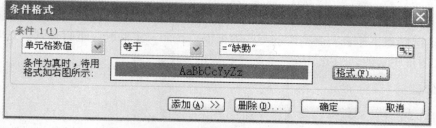

图 4-14 "条件格式"对话框

4. 设置对齐格式

1）选取"员工档案表"正文内容的单元格区域 A3：H17。

2）单击菜单中的"格式"→"单元格"命令，打开"单元格格式"对话框，选择"字体"选项卡，设置为"宋体"、"12 号"；打开"填充"选项卡，设置填充色为浅绿色；打开"对齐"选项卡，设置为"水平居中"和"垂直居中"。

3）依次设置"员工工资表"的 A3：G17 和"员工考勤表"的 A3：B33 单元格区域的格式，完成后的样例效果如图 4-1 所示。

拓展知识

1. "员工考勤表"中"缺勤次数"和"罚款金额"的计算

（1）统计每个员工的"缺勤次数"

1）合并单元格区域 A36：B36，单击单元格 C36，输入公式 = COUNTA（C3：C33）。

2）按〈Enter〉键计算第一个员工的缺勤次数，使用自动填充功能完成所有员工的缺勤次数统计。

（2）根据"缺勤次数"计算"罚款金额"

1）合并单元格区域 A37：B37，单击单元格 C37，输入公式 = C36 * 50。

2）按〈Enter〉键计算第一个员工的罚款金额，使用自动填充功能完成所有员工的罚款金额统计。

2. Excel 2010 单元格设置的新特点

Excel 2010 单元格格式的设置包含在"开始"选项卡中，有"单元格大小"、"可见性"、"组织工作表"和"保护"四组，其按钮样式更加直观，操作也很便捷，还增加了更加丰富的"单元格样式"和"表格格式"。Excel 2010 单元格格式设置如图 4-15 所示。

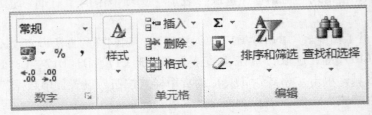

图 4-15　Excel 2010 单元格格式设置

任务三　给数据排序

任务分析

使用 Excel 工作簿制作相关的数据表格时，默认的三个工作表往往不能满足需要，用户可以根据情况新建工作表。表格中的有些数据需要按照一定的顺序进行排列，这时可以利用 Excel 强大的排序功能，浏览、查询、统计相关的数字。

相关知识

数据排序包括单列排序、多列排序和自定义排序等。

（1）单列排序　在实际运用过程中，用户按一个条件对数据进行重新排列的方法称为单列排序。单列排序的步骤如下：

1）在需要排序的单元格区域选定任一单元格。

2）选择"常用"工具栏的"升序/降序排序"按钮。

（2）多列排序 在实际运用过程中，用户将数据表格按多个关键字进行排序的方法称为多列排序。多列排序的步骤如下：

1）在需要排序的单元格区域选定任一单元格。

2）选取菜单"数据"→"排序"命令。

3）依次选取"主要关键字"、"次要关键字"和"第三关键字"内容。

（3）自定义排序 在实际运用过程中，用户将数据表格按事先定义好的顺序进行排序的方法称为自定义排序。自定义排序的步骤如下：

1）选取菜单中的"工具"→"选项"，打开"选项"对话框，选取"自定义序列"选项卡中的"创建自定义排序序列"。

2）选取"自定义排序"工作表中的单元格区域，选取菜单中的"数据"→"排序"→"自定义排序次序"命令。

3）依次选取"主要关键字"、"次要关键字"和"第三关键字"内容。

任务实施

1. 新建工作表标签并更名

1）单击菜单中的"插入"→"工作表"命令，双击工作表标签分别将其更名为"员工档案表（排序)"、"员工工资表（排序)"。

2）分别选取"员工档案表"、"员工工资表"的内容复制到"员工档案表（排序)"、"员工工资表（排序)"。

2. 将工作表内容按多列升序排序

在"员工档案表（排序)"工作表中，按"工作时间"由长到短排序，若"工作时间"相同，则再按"姓名"排序。

1）单击工作表标签"员工档案表（排序)"，选取菜单中的"数据"→"排序"命令，设置"主要关键字"为"工作时间"，设置"次要关键字"为"姓名"。如图4-16所示。

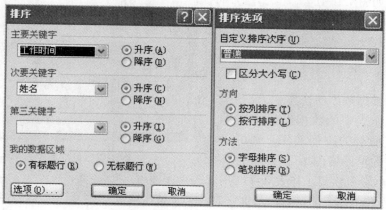

图4-16 员工档案表排序

2）为避免字段名成为排序对象，可单击"有标题行"单选钮，按升序排列并选取"选项"→"排序"选项。员工档案表排序最终效果如图4-17所示。

	员工档案表						
员工编号	姓名	性别	学历	部门	职务	工作时间	身份证号
00010	王会宁	女	大专	办公室	科员	1990-3-1	14040219730203252X
00006	郭志鹏	男	大专	实验室	实验员	1992-4-12	14040219760213857X
00013	张凡	男	硕士	设计室	工程师	1993-3-1	14040219620823123X
00007	郝如意	女	大专	营业部	销售员	1994-4-13	14040219782021385X
00003	张慧淑	女	大专	营业部	销售员	1995-2-9	14040219750213857X
00008	王会程	男	本科	财务科	现金会计	1995-4-14	14040219750213857X
00009	冯云丽	女	大专	财务科	总帐会计	1995-5-1	14040219720123252X
00002	王星星	女	大专	营业部	销售员	1996-1-8	14040219780401857X
00001	牛小刚	男	硕士	经理室	市场部经理	1996-4-7	14040219760214857X
00004	张秀玲	女	本科	营业部	销售员	1996-10-10	14040219781213857X
00005	杨银梅	女	本科	实验室	实验员	1996-12-11	14040219800213857X
00012	常明亮	男	硕士	实验室	研发部主任	1997-2-1	14040219680912322X
00015	周盼	男	本科	设计室	工程师	1999-10-1	14040219680314952X
00011	杨林海	男	硕士	经理室	经理助理	2002-2-1	14040219800913884X
00014	王谦	男	本科	设计室	工程师	2002-8-1	14040219710612321X

员工档案表 / 员工工资表 / 员工考勤表 \ 员工档案表（排序）/ 员工工资表（排序）/

图4-17　员工档案表排序最终效果

3. 按多列降序排列

在"员工工资表（排序）"工作表中，按"基本工资"由高到低排序，若"基本工资"相同，则再按"应发工资"由高到低排序。

1）单击工作表标签"员工工资表（排序）"，选取菜单中的"数据"→"排序"命令，设置"主要关键字"为"基本工资"，设置"次要关键字"为"应发工资"，如图4-18所示。

2）选取降序排列。员工工资表排序最终效果如图4-19所示。

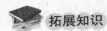 拓展知识

1. 排序后数据顺序的恢复

若要使工作表中的数据经过多次排序后仍能恢复原来的排列次序，则可在工作表排序前的单元格内增加一空白列，

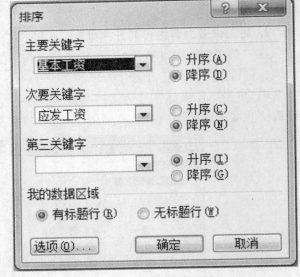

图4-18　员工工资表排序

并填入记录编号，要恢复工作表顺序时用此栏排序即可。步骤如下：

1）排序前在工作表的最右边增加一空白列，依次输入"编号"、"1"和"2"。

2）选取存放"1"和"2"的单元格，将鼠标指针移到单元格右下角，待鼠标指针变成

	A	B	C	D	E	F	G
1				员工工资表			
2	姓名	部门	基本工资	食宿补贴	加班费	奖金	应发工资
3	牛小刚	市场部经理	￥ 2,500.0	￥ 300.0	￥550.0	￥400.0	￥ 3,750.00
4	王谦	工程师	￥ 2,300.0	￥ 280.0	￥500.0	￥350.0	￥ 3,430.00
5	杨林海	经理助理	￥ 2,300.0	￥ 300.0	￥500.0	￥300.0	￥ 3,400.00
6	周盼	工程师	￥ 2,300.0	￥ 280.0	￥480.0	￥300.0	￥ 3,360.00
7	张凡	工程师	￥ 2,300.0	￥ 280.0	￥480.0	￥280.0	￥ 3,340.00
8	常明亮	研发部主任	￥ 2,200.0	￥ 300.0	￥500.0	￥280.0	￥ 3,280.00
9	杨银梅	实验员	￥ 2,200.0	￥ 250.0	￥450.0	￥200.0	￥ 3,100.00
10	郭志鹏	实验员	￥ 2,200.0	￥ 250.0	￥450.0	￥150.0	￥ 3,050.00
11	王星星	销售员	￥ 2,100.0	￥ 200.0	￥450.0	￥200.0	￥ 2,900.00
12	张慧淑	销售员	￥ 2,100.0	￥ 200.0	￥450.0	￥150.0	￥ 2,900.00
13	郝如意	销售员	￥ 2,100.0	￥ 200.0	￥400.0	￥200.0	￥ 2,900.00
14	张秀玲	销售员	￥ 2,100.0	￥ 200.0	￥300.0	￥250.0	￥ 2,850.00
15	冯云丽	总帐会计	￥ 1,900.0	￥ 200.0	￥450.0	￥300.0	￥ 2,850.00
16	王会程	现金会计	￥ 1,900.0	￥ 200.0	￥400.0	￥200.0	￥ 2,700.00
17	王会宁	科员	￥ 1,800.0	￥ 200.0	￥400.0	￥200.0	￥ 2,600.00

员工工资表 / 员工考勤表 / 员工档案表（排序）/ 员工工资表（排序）

图 4-19 员工工资表排序最终效果

十字形。

3）按住鼠标左键向下拖动鼠标，实现数据自动填充到最后一个记录，然后松开鼠标左键。

4）恢复数据顺序时，需按"编号"的升序排列。

2. Excel 2010 的排序设置新特点

Excel 2010 排序格式的功能设置包含在"数据"选项卡中，如图 4-20 所示。

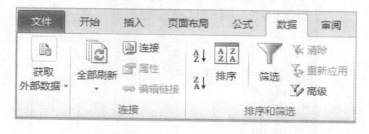

图 4-20 Excel 2010 排序设置

任务四 保护数据

任务分析

Excel 对数据有很强的保护功能，可以对整个或部分数据进行隐藏、禁止复制和修改等设置。

相关知识

1. 保护工作簿

1）单击菜单中的"工具"→"保护"→"保护工作簿"命令。

2）设置确认口令，如图 4-21 所示。

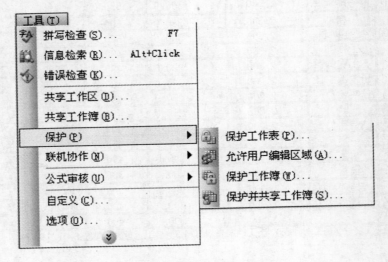

图 4-21　保护工作簿

2. 保护工作表

1）单击菜单中的"工具"→"保护"→"保护工作表"命令。

2）设置确认口令，如图 4-22 所示。

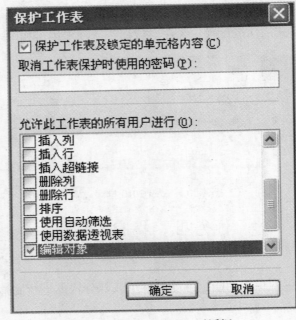

图 4-22　"保护工作表"对话框

3. 取消保护工作簿、工作表

单击菜单中的"工具"→"保护"→"撤销保护工作表"命令。

任务实施

保护工作簿的操作如下

1）选取需要数据保护的"员工信息管理表"工作簿。

2）设置权限密码。

① 单击菜单中的"工具"→"选项"，打开"选项"对话框，选取"安全性"选项卡。如图 4-23 所示。

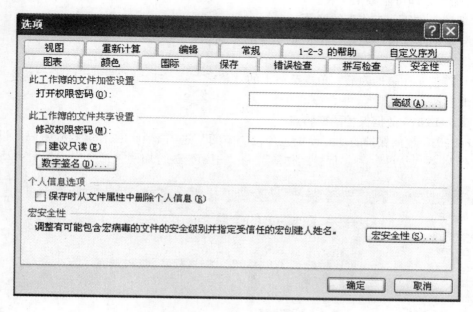

图 4-23　"选项"对话框

② 打开"另存为"对话框，选择"工具"→"常规选项"，设置权限密码。如图 4-24 所示。

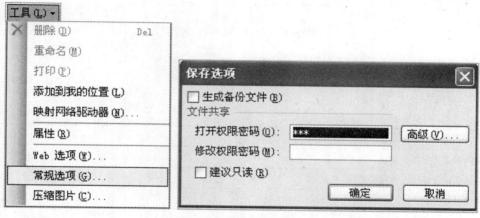

图 4-24　设置权限密码

3）单击菜单中的"工具"→"保护"→"保护工作簿"→"结构"和"窗口"命令，设置确认口令。

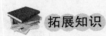 拓展知识

1. 工作簿、工作表的隐藏

（1）工作簿的隐藏　打开要隐藏的工作簿，单击菜单中的"窗口"→"隐藏"命令，即可隐藏工作簿。

（2）工作表的隐藏　打开要隐藏的工作表，单击菜单中的"格式"→"工作表"→"隐藏"命令，即可隐藏工作表。

2. 取消工作簿、工作表的隐藏

（1）取消工作簿的隐藏　单击菜单中的"窗口"→"取消隐藏"命令，单击"确定"按钮，即可取消工作簿的隐藏。

（2）取消工作表的隐藏　单击菜单中的"格式"→"取消隐藏"，单击"确定"按钮，即可取消工作表的隐藏。

3. Excel 2010 数据保护的新特点

Excel 2010 数据保护的功能设置包含在"审阅"选项卡中。工作簿权限密码的设置包含在"文件"→"信息"→"保护工作簿"→"用密码进行加密"命令中，如图 4-25 所示。

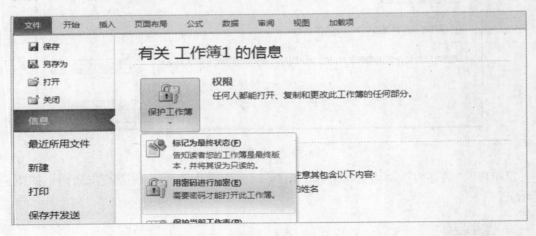

图 4-25　Excel 2010 数据保护

【交流评议】

一、案例评价（满分 30 分）

评 价 项 目	得　分
单元格内容录入完整、正确，速度较快	6 分
单元格格式设置熟练，效果美观	10 分
排序格式设置准确	10 分
工作簿、工作表数据保护设置准确	4 分

二、作品交流

展示作品	制作速度	设计特点	改进建议
作品一			
作品二			
作品三			

注：抽选具有代表性的作品，分组讨论并给出交流结果，最后由教师总结评议。

🔍【案例小结】

　　"员工信息管理表"是一个 Excel 工作簿文件。工作簿由若干工作表组成，每个工作表以"单元格"为基本编辑单位。本案例综合应用了各类数据的输入技巧、数据的计算和数据排序方法。Excel 强大的专业制表特性及数据管理功能，为用户呈现了更加实用的表格数据，经过修饰美化的表格更加赏心悦目。学习者在学习知识的同时要注意对知识的理解。

📖【教你一招】

　　在"员工信息管理表"的单元格区域中需要输入文字、英文和数字，在数据输入过程中需要不断切换输入法，这大大影响了工作效率。通过设置，可以让 Excel 自动选择输入法录入数据，步骤如下：

　　1）确定汉字输入法（如"搜狗"拼音输入法）已打开，按住〈Ctrl〉键不放拖动鼠标依次选取需要输入数字的区域，如 A3：A17、G3：G17、H3：H17。

　　2）单击菜单中的"数据"→"有效性"命令，打开"数据有效性"对话框，从中选择"输入法模式"选项卡，在输入法模式中选择"关闭（英文模式）"后单击"确定"按钮，如图 4-26 所示。

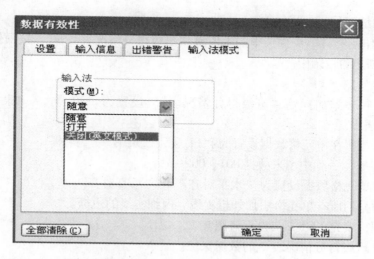

图 4-26 "数据有效性"对话框

　　3）选取输入汉字的单元格区域 B3：F17，单击菜单中的"数据"→"有效性"命令，打开"数据有效性"对话框，从中选取"输入法模式"选项卡，设置输入法模式为"打开",单击"确定"按钮。

【复习思考题】

1. 在 Excel 中,当前录入的内容是存放在(　　　)内。

A. 单元格　　　　　B. 活动单元格　　　　C. 编辑栏　　　　　　D. 状态栏

2. 在 Excel 2003 中,一般工作文件的默认文件类型为(　　　)。

A. . doc　　　　　　B. . xls　　　　　　C. . mdb　　　　　　D. . ppt

3. 选定工作表全部单元格的方法是:单击工作表的(　　　)。

A. 列标

B. 行号

C. 编辑栏中的名称

D. 左上角行号、列号交叉的空白方块

4. 当鼠标指针移到自动填充句柄上时,鼠标指针变为(　　　)。

A. 双键头　　　　　B. 黑十字　　　　　C. 白十字　　　　　D. 黑矩形

5. 在 Excel 2000 工作表中,若未特别设定格式,则文字数据会自动(　　)对齐。

A. 靠左　　　　　　B. 靠右　　　　　　C. 居中　　　　　　D. 随机

6. 将选定单元格(或区域)的内容消除,而单元格依然保留,称为(　　　)。

A. 重写　　　　　　B. 改变　　　　　　C. 清除　　　　　　D. 删除

7. Excel 中用(　　　),使该单元格显示 0.3。

A. 6/20　　　　　　B. ="6/20"　　　　C. =6/20　　　　　D. "6/20"

8. 若要在 Excel 工作簿中同时选择多个不相邻的工作表,则可以在按住(　　　)键的同时依次单击各个工作表的标签。

A. Shift　　　　　　B. Ctrl　　　　　　C. Alt　　　　　　D. CapsLock

【技能训练题】

1. 打开"作业资料"文件夹中的工作簿"班级得分情况表.xls",按操作要求编排格式并保存在自己创建的目录中。

操作要求:

1)在第一行中添加标题"班级得分情况表",设置为"20 号"、"隶书"、"加粗"、"斜体",合并居中。

2)将表头行所在单元格数据设置为"14 号"、"隶书"、"斜体"。

3)在"编号"一列中填入数据 001、002……

4)将所有单元格数据设置为"水平对齐"和"垂直对齐"。

5)为标题行的所有单元格添加外粗实线、内细实线的边框。

6)为标题行填充 12.5% 灰色天蓝图案。

7)设置"班级得分情况表"的数据保护。

2. 根据工作表的"自动套用格式"功能,为"班级得分情况表"设置一个自己喜欢的格式。

案例二 制作消费情况表

【案例描述】

制作水电费消费情况表，包括工作表的创建、公式和函数计算、高级筛选、分类汇总、数据合并和建立数据透视表等操作，综合使用多张数据表进行数据管理。水电费消费情况表如图 4-27 所示。

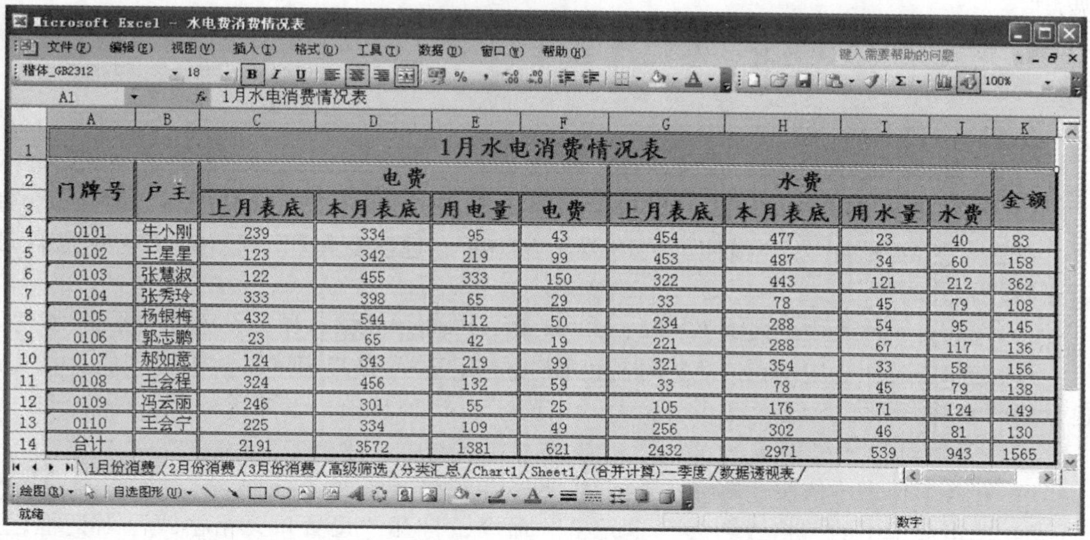

门牌号	户主	电费				水费				金额
		上月表底	本月表底	用电量	电费	上月表底	本月表底	用水量	水费	
0101	牛小刚	239	334	95	43	454	477	23	40	83
0102	王星星	123	342	219	99	453	487	34	60	158
0103	张慧淑	122	455	333	150	322	443	121	212	362
0104	张秀玲	333	398	65	29	33	78	45	79	108
0105	杨银梅	432	544	112	50	234	288	54	95	145
0106	郭志鹏	23	65	42	19	221	288	67	117	136
0107	郝如意	124	343	219	99	321	354	33	58	156
0108	王会程	324	456	132	59	33	78	45	79	138
0109	冯云丽	246	301	55	25	105	176	71	124	149
0110	王会宁	225	334	109	49	256	302	46	81	130
合计		2191	3572	1381	621	2432	2971	539	943	1565

图 4-27 水电费消费情况表

【案例分析】

在工作表中激活单元格并输入数据，将"门牌号"、"户主"、"电费"、"水费"和"金额"合并单元格；计算"电费"、"水费"和"金额"时需使用函数、公式和自动填充功能；各工作表的数据处理通过"数据"菜单实现。

任务一 创建与编辑消费情况表

任务分析

启动 Excel 2003 电子表格，新建"水电费消费情况表"工作簿，建立所需的工作表，依次选定单元格并输入数据，设置单元格中的数据格式、图案格式，保存工作簿的创建和编辑。

相关知识

设置图案的操作为：

（1）设置单元格图案 选取要设置图案的单元格区域，单击菜单中的"格式"→"单元格"命令，在打开的"单元格"对话框中单击"图案"选项卡，从中选取颜色。

193

（2）设置工作表背景　选取工作表，单击菜单中的“格式”→“工作表”→“背景”命令，选取背景图片，单击“插入”按钮。

（3）设置边框　选取要设置边框的单元格区域，单击菜单中的“格式”→“单元格”命令，在打开的“单元格”对话框中单击“边框”选项卡，从中选取线条样式。

任务实施

1. 创建工作簿并输入数据

1）单击菜单中的“文件”→“新建”命令，新建空白工作簿并更名为“水电费消费情况表”。

2）依次双击工作表标签，分别更名为“1 月份消费”、“2 月份消费”和“3 月份消费”并输入数据。

2. 设置单元格格式

（1）“字体”格式设置

1）依次选取“1 月份消费”、“2 月份消费”和“3 月份消费”的标题 A1:K1 单元格区域，设置为“合并居中”、“楷体”、“18 号”“加粗”；选取表头 C2:F2、G2:J2 单元格区域，设置为“合并居中”。

2）选取各工作表中的表头 C2:F2、G2:J2 和 A3:K3 单元格区域，设置为“楷体 16 号”。

3）选取各工作表中的正文 A4:K14 单元格区域，设置为“宋体”、“12 号”，并填充颜色，如图 4-28 所示。

（2）设置对齐方式

1）在各工作表中依次选取标题外的 A2:K14 单元格区域。

2）单击菜单中的“格式”→“单元格”命令，打开“设置单元格格式”对话框，选取“对齐”选项卡，设置文本对齐方式为“水平居中和垂直居中”，效果如图 4-28 所示。

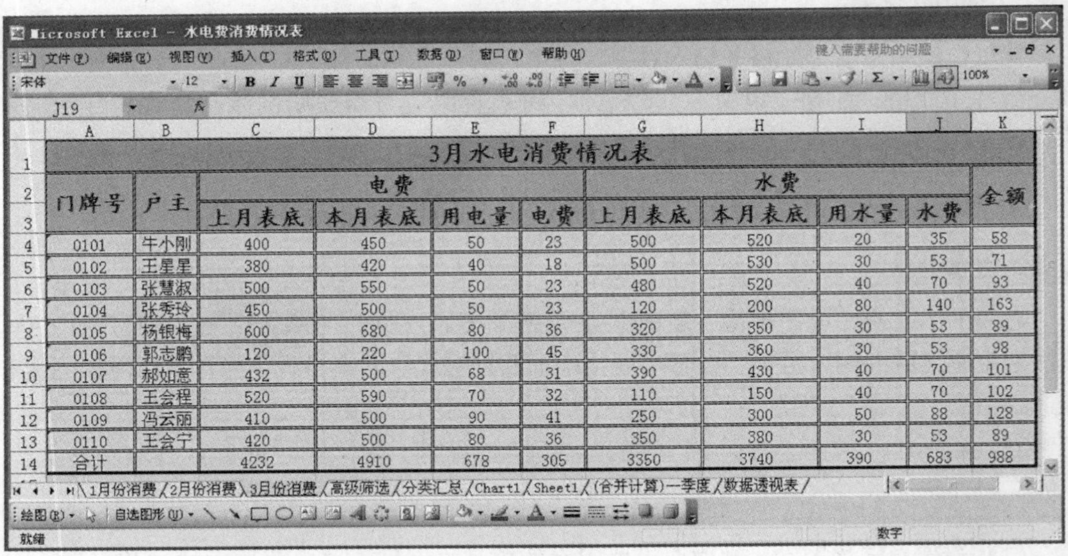

3月水电消费情况表

门牌号	户主	电费				水费				金额
		上月表底	本月表底	用电量	电费	上月表底	本月表底	用水量	水费	
0101	牛小刚	400	450	50	23	500	520	20	35	58
0102	王星星	380	420	40	18	500	530	30	53	71
0103	张慧淑	500	550	50	23	480	520	40	70	93
0104	张秀玲	450	500	50	23	120	200	80	140	163
0105	杨银梅	600	680	80	36	320	350	30	53	89
0106	郭志鹏	120	220	100	45	330	360	30	53	98
0107	郝如意	432	500	68	31	390	430	40	70	101
0108	王会程	520	590	70	32	110	150	40	70	102
0109	冯云丽	410	500	90	41	250	300	50	88	128
0110	王会宁	420	500	80	36	350	380	30	53	89
合计		4232	4910	678	305	3350	3740	390	683	988

图 4-28　单元格格式设置效果

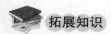

拓展知识

在早期版本的 Excel 中，并不支持所有功能。当用户在兼容模式下工作或希望将 Excel 2010 工作簿保存为 Excel 97-2003 文件格式时，Excel 2010 的兼容性检查器可帮助用户识别可能会在早期版本的 Excel 中导致显著功能损失或轻微保真损失的问题。

任务二 使用公式与函数进行计算

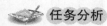

任务分析

在水电费消费情况表中输入数据并修饰后，有时需对工作表中的数据进行各种数值计算和统计分析等，这时可以利用公式和函数的强大功能来完成对数据的计算。本任务是使用公式计算用电量和用水量及总消费。

相关知识

1. 定义公式

选定要输入公式的单元格，输入等号，再输入数据、运算符、单元格数据引用，构成用于计算的等式。

2. 编辑公式

（1）修改公式　选中需要重新编辑公式的单元格，按〈F2〉键即可修改公式。

（2）删除公式　选取需要删除公式的单元格，使用〈Delete〉键（删除键）即可删除公式。

（3）移动公式　选取需要移动公式的单元格，将光标置于边框线上，按左键拖动即可移动公式。

（4）复制公式　选取需要复制公式的单元格，拖动填充柄即可实现公式的复制。

3. 定义函数

定义函数即以一些称为参数的特定数值来按特定的顺序或结构执行简单或复杂的计算。

4. 单元格引用

单元格引用是 Excel 中的术语，是单元格在工作表中坐标位置的标识。Excel 单元格的引用包括绝对引用、相对引用和混合引用三种。

（1）相对引用　相对引用是指当把一个含有单元格地址的公式复制到一个新的位置或者用一个公式填入一个区域时，公式中的单元格地址会随着改变。

例如，将图 4-29 中的 E4 单元格公式"= D4 - C4"复制到 E5:E13 单元格区域，把光标移至 E5 单元格，公式已经变为"= D5 - C5"，因为从 E4 到 E5，列的偏移量没有变，而行作了一行的偏移，所以公式中涉及的列不变而行自动加 1。其他各个单元格也做了相应改变。

（2）绝对引用　如果公式中不必总是引用同一单元格，那么用户可以使用相对引用，但是当公式需要引用某个指定单元格的数值时，就必须使用绝对引用。

绝对引用是指在公式复制到新的位置时，公式中的单元格地址参数保持不变。绝对引用地址的样式是"$ 列号 $ 行号"，即在列字母和行数字前面加上"$"符号。

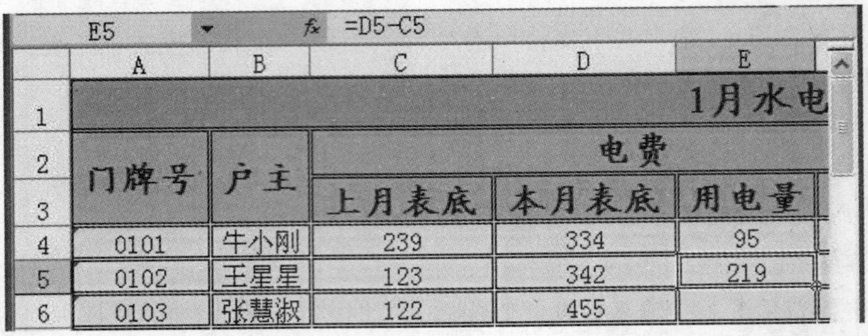

E5 =D5-C5

	A	B	C	D	E
1	1月水电				
2	门牌号	户主	电费		
3			上月表底	本月表底	用电量
4	0101	牛小刚	239	334	95
5	0102	王星星	123	342	219
6	0103	张慧淑	122	455	

图 4-29 相对引用

例如，图 4-30 所示单元格“D1”中输入“ = \$A\$1 + \$C\$1”，把 D1 单元格中的内容复制到 D2、D3、D4 单元格。可以看到，D1 到 D4 单元格的值全一样，都是本工作表的 A1 + C1 的值。

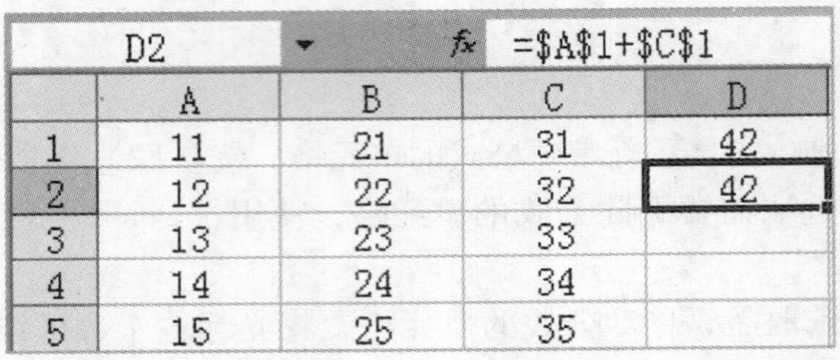

D2 =\$A\$1+\$C\$1

	A	B	C	D
1	11	21	31	42
2	12	22	32	42
3	13	23	33	
4	14	24	34	
5	15	25	35	

图 4-30 绝对引用

（3）混合引用 在复制公式时，有时需要保持行或列的地址不变，这就需要使用混合引用。单元格的混合引用是指公式中相对引用部分随着公式位置的变化而变化，绝对引用部分不随着公式位置的变化而变化。混合引用具有绝对列（\$A1、\$B1）和相对行，或是绝对行（A\$1、B\$1）和相对列。

例如，单元格地址“\$A1”表明保持“列”不发生变化，而“行”随着新的复制位置发生变化。同样道理，单元格地址“A \$1”表明保持“行”不发生变化，而“列”随着新的复制位置发生变化。如果公式所在单元格的位置改变，那么相对引用改变，而绝对引用不变。如果多行或多列地复制公式，那么相对引用自动调整，而绝对引用不作调整。

例如，先选定单元格 A1，输入公式“ =10＊2”；再选定 A2，输入公式“ = A1”，这时 A1 和 A2 的值都为 20；如果把 A1 的公式改为“ =2 +3”，此时 A2 中的值也变为 5。无论何时改变了单元格 A1 的值，单元格 A2 的值都将随之发生变化。

此外，对于同一工作簿中其他工作表的引用，如“ = Sheet2！B3”，其默认的引用类型是相对引用。对于其他工作簿中单元格的引用，如“ = ［Book2］Sheet2！B3”，其默认的引用类型是绝对引用。

（4）相对引用和绝对引用的切换 在 Excel 中输入公式时，正确使用〈F4〉键，就能实现单元格的相对引用和绝对引用的切换。例如，某单元格所输入的公式为“ = SUM

（C4：C13）"，选中整个公式，按〈F4〉键，该公式内容变为" = SUM （ $C$4： $C$13）"，表示对行、列单元格均进行绝对引用；第二次按〈F4〉键，公式内容变为 " = SUM （C$4：C$13）"，表示对行进行绝对引用，对列进行相对引用；第三次按〈F4〉键，公式则变为 " = SUM （ $C4： $C13）"，表示对行进行相对引用，对列进行绝对引用；第四次按〈F4〉键，公式变回到初始状态 " = SUM （C4：C13）"，即对行、列的单元格均进行相对引用。

任务实施

1. 使用公式计算"用电量"和"用水量"

1）计算"用电量"：选定 E4 单元格，输入 " = D4-C4"，使用自动填充功能实现所有"用电量"的计算。

2）计算"用水量"：选定 I4 单元格，输入 " = H4-G4"，使用自动填充功能实现所有"用水量"的计算。

2. 使用公式计算"电费"和"水费"

1）计算"电费"：选定 F4 单元格，输入 " = E4 * 0.45"，使用自动填充功能实现所有"电费"的计算。

2）计算"水费"：选定 J4 单元格，输入 " = I4 * 1.75"，使用自动填充功能实现所有"水费"的计算。

3. 使用函数计算"合计"

1）选取 C14 单元格，单击"插入"→"函数"命令，打开"插入函数"对话框，从中选择→"SUM （ ）"，如图 4-31 所示。

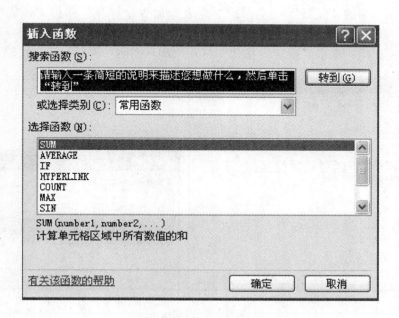

图 4-31 "插入函数"对话框

2）采用"SUM （ ）"函数求和，如图 4-32 所示。

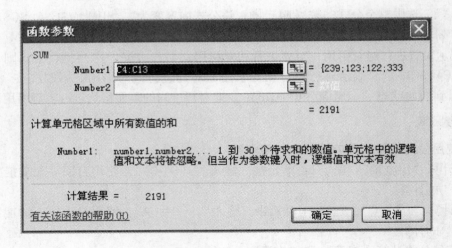

图 4-32 "SUM（ ）"函数选项

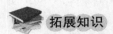 拓展知识

1. 隐藏公式

如果要将工作表中的所有公式都隐藏起来，那么其操作步骤如下：

1）在工作表中，单击行列交叉处的"全选"按钮，选中工作表所有单元格，右击，选择"设置单元格格式"命令。

2）选取"自定义序列"→"保护"→"隐藏"复选框，如图 4-33 所示。

3）单击菜单中的"工具"→"保护工作表"命令，打开"保护工作表"对话框，设置保护密码。

4）设置完成后，单击"确定"按钮，打开"确认密码"对话框，再次输入密码。

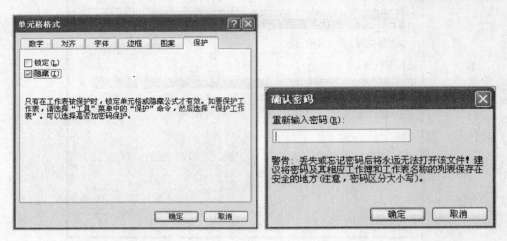

图 4-33 保护公式

2. Excel 2010 公式和函数输入新特点

Excel 2010 的公式菜单中，单击"插入"按钮会跳出自定义设置公式窗口，可使用复杂

数据符号来创建复杂的数学公式。Excel 2010 在函数库中新增了一些函数，如图 4-34 所示。

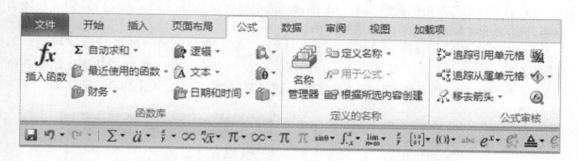

图 4-34　Excel 2010 公式与函数

任务三　筛选数据

任务分析

利用 Excel 提供的强大的公式和函数功能，可方便地统计计算各种数据。若只显示符合用户设置条件的数据信息，而隐藏不符合条件的数据信息，用户可以根据实际情况进行自动筛选和高级筛选。本任务是一次性筛选出"用电量"大于100 或"用水量"大于50 的用户记录。

相关知识

1. 自动筛选

自动筛选用于简单的条件筛选，具体操作如下：

1）选取需要进行筛选的任意单元格，单击菜单中的"数据"→"筛选"→"自动筛选"命令。

2）单击标题行右边的下拉箭头，选取字段名，单击"确定"按钮。

2. 高级筛选

高级筛选用于根据多个条件来筛选数据。

（1）多条件筛选　利用高级筛选查找同时满足多个条件的记录。

1）选取要进行高级筛选的工作表，在"高级筛选"工作表正文下方任意选取一行作为条件区域，同时输入筛选条件。

2）选取要进行高级筛选的数据区域，然后单击菜单中的"数据"→"筛选"，打开"高级筛选"对话框，将"方式"设置为"在原有区域显示筛选结果"。

（2）多选一条件筛选　利用高级筛选查找满足多个条件中一个条件的记录。

1）选取要进行高级筛选的工作表，在"高级筛选"工作表正文下方任意选取一行作为条件区域，同时输入筛选条件。

2）选取要进行高级筛选的数据区域，单击菜单中的"数据"→"筛选"，打开"高级筛选"对话框，将"方式"设置为"将筛选结果复制到其他位置"，设置"列表区域"为默认，设置"条件区域"为输入条件区域的地址，单击"确定"按钮。

任务实施

1）打开"1月水电消费情况表"工作表，选取单元格区域（如 E19：F19）作为高级筛选条件区域并输入筛选条件，如图 4-35 所示。

2）选取要进行高级筛选的数据区域 A3：K11，单击菜单中的"数据"→"筛选"→"高级筛选"命令，打开"高级筛选"对话框，设置"方式"为"将筛选结果复制到其他位置"，然后设置"列表区域"、"条件区域"和"复制到"选项，如图 4-36 所示。

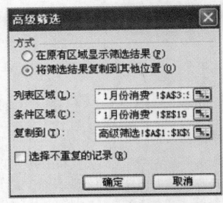

用电量	用水量
>100	
	>50

图 4-35　高级筛选条件区域

图 4-36　"高级筛选"对话框

3）单击"确定"按钮，高级筛选效果如图 4-37 所示。

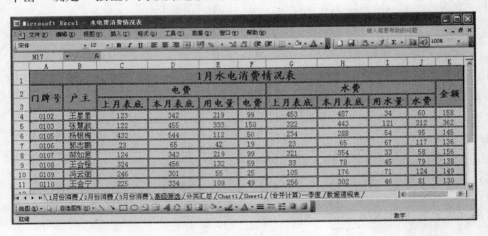

图 4-37　高级筛选效果

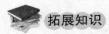

拓展知识

1. 筛选空白数据

对于图 4-38 所示数据，筛选查找没有"用电量"的记录，步骤如下：

1）在数据区域外的任一单元格（如 F16）中输入被筛选字段的名称"用电量"，在紧靠其下方的单元格（F17）中输入筛选条件"＝"后按〈Enter〉键。若要筛选的字段是数值型的，则需要将筛选条件更改为"＝"（直接输入"＝"号后按〈Enter〉键即可）。若要筛选"户主"为非空的记录，则只需将筛选条件改为"＊"即可。若指定的筛选字段是数值型的，则输入筛选条件"〈〉"即可。

	A	B	C	D	E	F	G	H	I	J	K
1						1月水电消费情况表					
2				电费				水费			
3	门牌号	户主	上月表底	本月表底	用电量	电费	上月表底	本月表底	用水量	水费	金额
4	0101	牛小刚	239	334	95	43	454	477	23	40	83
5	0102	王星星	123	342	219	99	453	487	34	60	158
6	0103	张慧淑	122	455	333	150	322	443	121	212	362
7	0104	张秀玲	333	398	65	29		443	121	79	108
8	0105	杨银梅	432				234		45	95	
9	0106	郭志鹏	23	65	42	19	221			117	136
10	0107	郝如意	124	343	219	99	321		58	58	156
11	0108	王会程	324	456	132	59	33			79	138
12	0109	冯云丽	246	301	55	25	105			124	149
13	0110	王会宁	225				256			81	81
14	合计		2191	2694	1160	522	2432			943	1465
15											
16						用电量					
17						=					

（高级筛选对话框）方式：◉在原有区域显示筛选结果(F) ○将筛选结果复制到其他位置(O)　列表区域(L)：$A$3:$K$14　条件区域(C)：'!$F$16:$F$17　复制到(T)：$A$19:$K$27　□选择不重复的记录(R)　确定　取消

图4-38　包含空记录的"1月水电消费情况表"

2）打开"高级筛选"对话框，将"方式"设置为"将筛选结果复制到其他位置"，然后设置"列表区域"、"条件区域"和"复制到"选项，如图4-36所示。单击"确定"按钮，系统自动将符合条件的记录筛选出来并复制到指定的单元格区域中，如图4-39所示。

	A	B	C	D	E	F	G	H	I	J	K
1						1月水电消费情况表					
2				电费				水费			
3	门牌号	户主	上月表底	本月表底	用电量	电费	上月表底	本月表底	用水量	水费	金额
8	0105	杨银梅	432				234	288	54	95	95
13	0110	王会宁	225				256	302	46	81	81

图4-39　包含空记录的高级筛选效果

2. Excel 2010 筛选数据新特点

在Excel 2010中，筛选功能更加完善、强大，增强了以往的旧功能并更加人性化。例如，在筛选中不但可以只选择一个内容，而且引入了勾选的概念，可以一次勾选若干内容并可以对这些内容一起进行筛选。另外，Excel 2010还加入了按颜色排序的功能，可以把工作表中内容相同或相近的单元格标成同一个颜色，如图4-40所示。

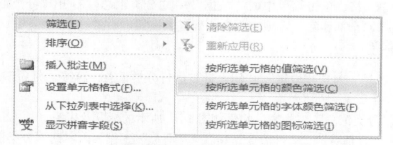

图4-40　Excel 2010 筛选数据

任务四　分类汇总数据

任务分析

对数据进行统计分析时，常常需要根据某个字段按某个分类方式汇总并将汇总结果显示出来。通过分类汇总可对工作表中的数据进行排序或筛选，同时可对同一类型的数据进行统计运算，使工作表中的数据变得更加清晰和直观。本任务是先按"门牌号"对"用电量"、"用水量"进行分类汇总，再按"月份"对金额进行分类汇总。

相关知识

1. 简单分类汇总

1）对数据进行排序，选取数据区域中的某个单元格。

2）单击菜单中的"数据"→"分类汇总"命令，打开"分类汇总"对话框，设置"分类字段"和"汇总方式"，然后单击"确定"按钮。

2. 高级分类汇总

1）对数据进行排序，选取数据区域中的某个单元格。

2）单击菜单"数据"→"分类汇总"命令，打开"分类汇总"对话框，设置"分类字段"和"汇总方式"，然后单击"确定"按钮。

3）再次单击菜单中的"数据"→"分类汇总"命令，打开"分类汇总"对话框，设置"分类字段"和"汇总方式"，取消"替换当前分类汇总"复选框的选中状态，单击"确定"按钮完成设置。

3. 嵌套分类汇总

1）对两列或两列以上的数据排序，选取数据区域中的某个单元格。

2）单击菜单中的"数据"→"分类汇总"命令，打开"分类汇总"对话框，设置"分类字段"和"汇总方式"，然后单击"确定"按钮。

3）再次单击菜单中的"数据"→"分类汇总"命令，打开"分类汇总"对话框，设置"分类字段"和"汇总方式"，取消"替换当前分类汇总"复选框的选中状态，单击"确定"按钮完成设置。

4）如果不需要显示明细数据，那么可以单击左侧的分级显示符号。

4. 取消分类汇总

单击任一单元格，单击菜单中的"数据"→"分类汇总"打开"分类汇总"对话框，从中选择，选择"全部删除"选项，单击"确定"按钮。

任务实施

先按"门牌号"对"用电量"、"用水量"进行分类汇总，再按"月份"对金额进行汇总。

1）新建"分类汇总"工作表，并建立图4-41所示的标题及表头。

2）复制"1月消费"、"2月消费"和"3月消费"工作表内容到"分类汇总"工作表，如图4-42所示。

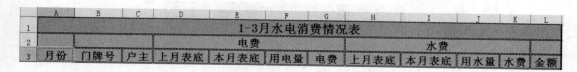

月份	门牌号	户主	电费				水费				金额
			上月表底	本月表底	用电量	电费	上月表底	本月表底	用水量	水费	

图4-41　"分类汇总"工作表标题及表头

月份	门牌号	户主	上月表底	本月表底	用电量	电费	上月表底	本月表底	用水量	水费	金额
1月份	0101	牛小刚	239	334	95	43	454	477	23	40	83
1月份	0102	王星星	123	342	219	99	453	487	34	60	158
1月份	0103	张慧淑	122	455	333	150	322	443	121	212	362
1月份	0104	张秀玲	333	398	65	29	33	78	45	79	108
1月份	0105	杨银梅	432	544	112	50	234	288	54	95	145
1月份	0106	郭志鹏	23	65	42	19	221	288	67	117	136
1月份	0107	郝如意	124	343	219	99	321	354	33	58	156
1月份	0108	王会程	324	456	132	59	33	78	45	79	138
1月份	0109	冯云丽	246	301	55	25	105	176	71	124	149
1月份	0110	王会宁	225	334	109	49	256	302	46	81	130
2月份	0101	牛小刚	334	400	66	30	477	500	23	40	70
2月份	0102	王星星	342	380	38	17	487	500	13	23	40
2月份	0103	张慧淑	455	500	45	20	443	480	37	65	85
2月份	0104	张秀玲	398	450	52	23	78	120	42	74	97
2月份	0105	杨银梅	544	600	56	25	288	320	32	56	81
2月份	0106	郭志鹏	65	120	55	25	288	330	42	74	98
2月份	0107	郝如意	343	432	89	40	354	390	36	63	103
2月份	0108	王会程	456	520	64	29	78	110	32	56	85
2月份	0109	冯云丽	301	410	109	49	176	250	74	130	179
2月份	0110	王会宁	334	420	86	39	302	350	48	84	123

图4-42　复制后的"分类汇总"工作表

3）选取"分类汇总"工作表的数据区域 A3:L33，单击菜单中的"数据"→"排序"，打开"排序"对话框，如图4-43所示。

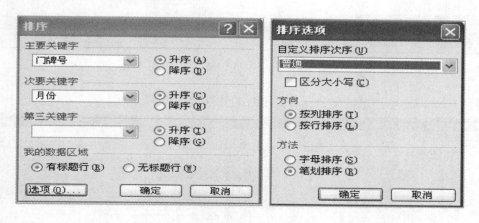

图4-43　"排序"对话框和"排序选项"对话框

4）单击"选项"按钮，打开"排序选项"对话框，选中"笔画排序"单选钮、单击"确定"按钮，打开"排序警告"对话框，选中"分别将数字和以文本形式存储的数字排序"单选钮，单击"确定"按钮，如图4-44所示。

5）选取数据区域 A3:L33，单击菜单中的"数据"→"分类汇总"命令，打开"分类汇总"对话框，将"分类字段"设置为"门牌号"，将"汇总方式"设置为"求和"，将"选定汇总项"设置为"用电量"、"用水量"，单击"确定"按钮，如图4-45所示。

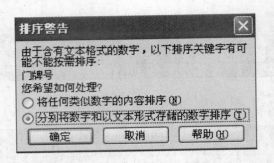

图 4-44 "排序警告"对话框

6）再次选取数据区域 A3：L33，单击菜单中的"数据"→"分类汇总"命令，打开 "分类汇总"对话框，将"分类字段"设置为"月份"，将"汇总方式"设置为"求和"，将"选定汇总项"设置为"金额"，取消"替换当前分类汇总"复选框的选中状态，单击 "确定"按钮，如图 4-46 所示。

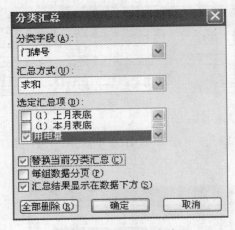

图 4-45 首次分类汇总

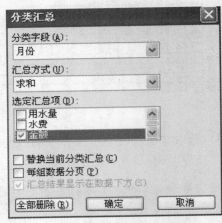

图 4-46 再次分类汇总

7）"1—3 月水电消费情况表"分类汇总的效果如图 4-47 所示。

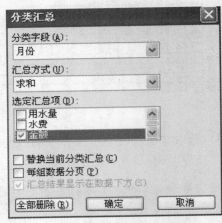

图 4-47 "1—3 月水电消费情况表"分类汇总的效果

拓展知识

Excel 2010 中分类汇总在"数据"选项组中设置，如图 4-48 所示。

图 4-48　Excel 2010 分类汇总

任务五　合并计算数据

任务分析

Excel 2003 中，若要汇总和报告多个单独工作表的结果，则可以将每个单独工作表中的数据合并计算到一个主工作表中。单独工作表与主工作表可以同在一个工作簿中，也可以分列于不同的工作簿中。本任务是合并计算一季度的水电消费情况。

相关知识

1. 合并计算

通过合并计算的方法来汇总一个或多个源区域中的数据。

2. 合并计算的方法

Microsoft Excel 提供了两种合并计算数据的方法：一种是通过位置，即当源区域有相同位置的数据汇总时，常用于处理日常相同表格的合并工作；另一种是通过分类，即当源区域没有相同的布局时，则采用分类方式进行汇总。

（1）通过位置来合并计算数据　如合并计算"一季度水电消费情况表"。

（2）通过分类来合并计算数据　若各工作表中的数据以不同方式组织，但有相同的行标签或列标签，此时可以将它们按分类合并计算到主工作表中。

1）选定存在的目标区域，单击菜单中的"数据"→"合并计算"命令，打开"合并计算"对话框，将"所有引用位置"设定为选定想改变的源区域。

2）单击"添加"按钮，若不想保留原有引用，则选取"删除"命令，单击"确定"按钮。

（3）合并计算的自动更新　单击菜单中的"数据"→"合并计算"命令，打开"合并计算"对话框，选取"创建连至源数据的链接"复选框，单击"确定"按钮。

任务实施

1）在"3 月份水电消费情况表"工作表右侧新建一个与"1 月份水电消费情况表"格式一致的"（合并计算）一季度水电消费情况表"工作表，如图 4-49 所示。

2）在"（合并计算）一季度水电消费情况表"工作表中选取单元格 C4，单击菜单中的

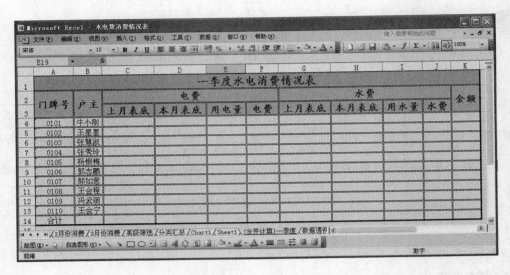

图 4-49 "(合并计算)一季度水电消费情况表"工作表

"数据"→"合并计算"命令，打开"合并计算"对话框。

3）在"引用位置"中选定数据源区域，添加到"所有引用位置"框中，单击"确定"按钮，如图 4-50 所示。

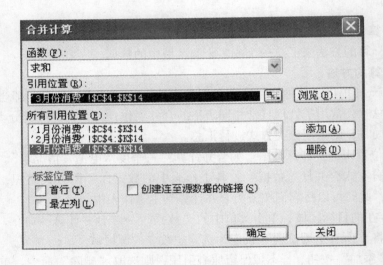

图 4-50 "合并计算"对话框

4）最后合并计算的效果如图 4-51 所示。

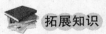 拓展知识

Excel 2010 合并计算新特点：合并计算是指将两个或两个以上的表格中具有相同区域或相同类型的数据运用相关函数进行运算后，再将结果存放到另一个表格中。在 Excel 2010 中可以利用"数据"→"合并计算"功能汇总一个或多个工作表区域中的数据。

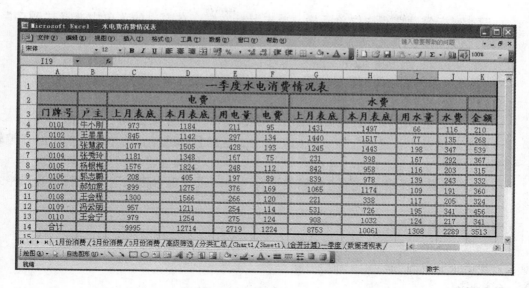

图 4-51　合并计算的效果

任务六　建立数据透视表

任务分析

使用排序和筛选功能虽然能完成数据的分类查询，但是不能对数据进行重新统计。Microsoft Excel 数据透视图表是一种交互的、交叉制表的 Excel 报表，它可以对多种来源的记录数据进行汇总和分析。本任务是建立一季度水电消费情况表的数据透视表。

相关知识

1. 创建数据透视表

利用"布局"对话框创建数据透视表。

2. 编辑数据透视表

（1）显示数据　选取单元格，选择"数据透视表"→"显示明细数据"→"请选取待显示明细数据所在的字段"命令，单击"确定"按钮。

（2）隐藏数据　选取单元格，选择"数据透视表"→"隐藏"命令。

（3）调整数据

1）调整行标签顺序：选取单元格，单击鼠标右键，在弹出的菜单中选择"顺序"命令，在下一级菜单中选择相应命令，如图 4-52 所示。

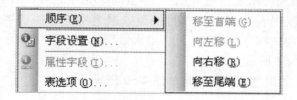

图 4-52　设置顺序

2）调整列标签顺序：选取单元格，单击鼠标右键，在弹出的菜单中选择"顺序"命令，在下一级菜单中选择相应命令。

（4）添加字段 选取单元格，选择"数据透视表"→"显示字段列表"命令。

（5）删除字段 选取要删除的字段，将其拖至数据透视表以外的区域。

（6）移动数据透视表

1）选取单元格，选择"数据透视表"→"选定"→"整张表格"命令。

2）单击菜单中的"编辑"→"剪切"命令，选取目标区域，再单击菜单中的"编辑"→"粘贴"命令。

（7）设置透视表样式 选择"数据透视表"→"设置报告格式"→"自动套用格式"命令。

（8）清除数据透视表

1）选取单元格，选择"数据透视表"→"选定"→"整张表格"命令。

2）单击菜单中的"编辑"→"清除"→"全部"命令。

任务实施

创建数据透视表的步骤如下：

1）打开"（合并计算）一季度水电消费情况表"工作表，单击其中的任一单元格，单击菜单中的"数据"→"数据透视表和数据透视图"命令，如图 4-53 所示。

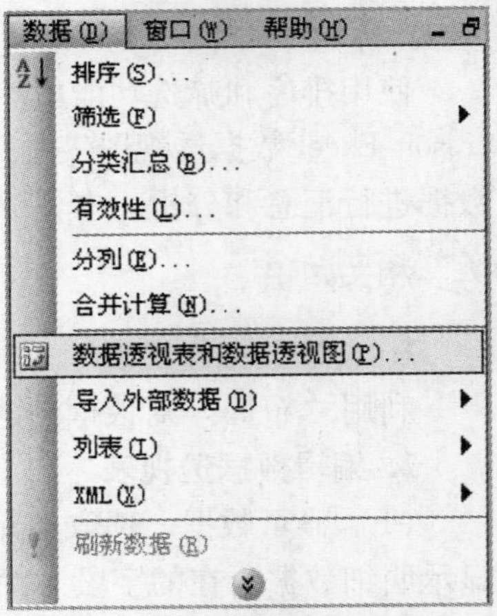

2）选中"数据透视表和数据透视图向导—3 步骤之 1"对话框中的"Microsoft Office Excel 数据列表或数据库"单选钮，将"所需创建的报表类型"设置为"数据透视表"，如图 4-54 所示。

3）将"数据透视表和数据透视图向导—3 步骤之 2"对话框中的"选定区域"设置为"$A$3：$K$13"单击"下一步"按钮，如图 4-55 所示。

4）将"数据透视表和数据透视图向导—3 步骤之 3"对话框中的"数据透视表显示位置"设置为"新建工作表"，如图 4-56 所示。

图 4-53 "数据透视表和
数据透视图"命令

5）右击数据透视表操作区域的字段，在弹出的菜单中选择"数据透视表字段"，打开"数据透视表字段"对话框，在其中的"汇总方式"中选择"求和"选项，如图 4-57 所示。

6）选择"数据透视表和数据透视图向导-布局"选项，拖动在其右侧显示可用字段，选择"数据透视表字段列表"→"将项目拖至数据透视表"→"列区域"→"户主"命令，在"数据区域"中选择"用电量"、"用水量"、"电费"、"水费"和"金额"单击"添加"按钮，如图 4-58 所示。

7）设置完成后，数据透视表的效果如图 4-59 所示。

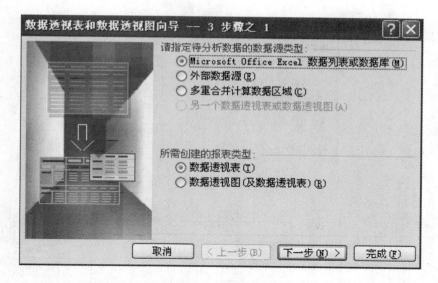

图 4-54　"数据透视表和数据透视图向导—3 步骤之 1"对话框

图 4-55　"数据透视表和数据透视图向导—3 步骤之 2"对话框

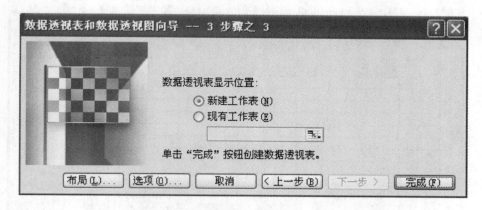

图 4-56　"数据透视表和数据透视图向导—3 步骤之 3"对话框

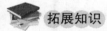 拓展知识

1. 创建数据透视图

选取单元格，单击"数据透视表"工具栏，选择"图表向导"选项，自动生成数据透视图，如图 4-60 所示。

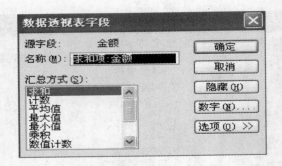

数据透视表字段
源字段：　金额
名称(M)：求和项：金额
汇总方式(S)：
求和
计数
平均值
最大值
最小值
乘积
数值计数
确定
取消
隐藏(H)
数字(N)...
选项(O) >>

图 4-57 “数据透视表字段”对话框

页(P)
户主
列(C)
求和项：用电量
求和项：电费
求和项：用水量
求和项：水费
求和项：金额
行(R)
门牌号
水费
户主
金额
上月表底
本月表底
用电量
电费
上月表底2
本月表底2
用水量

图 4-58 添加数据透视表字段

Microsoft Excel - 水电费消费情况表
1季度水电消费情况表
户主
用电量
电费
用水量
水费
金额
牛小刚 211 95 66 116 210
郭志鹏 197 89 139 243 332
王会宁 275 124 124 217 341
王星星 297 134 77 135 268
冯云丽 254 114 195 341 456
张慧淑 428 193 198 347 539
郝如意 376 169 109 191 360
王会程 266 120 117 205 324
杨银梅 248 112 116 203 315
张秀玲 167 75 167 292 367
总计 2719 1224 1308 2289 3513
数据透视表字段列表
将项目拖至数据透视表
门牌号
户主
上月表底
本月表底
用电量
电费
用水量
添加到
行区域
数据透视表
1月份消费
数据透视表
就绪
数字

图 4-59 数据透视表的效果

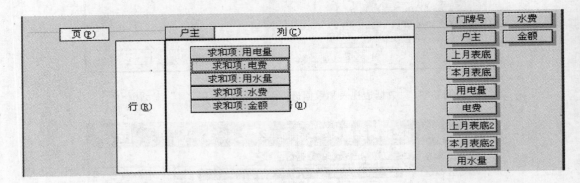

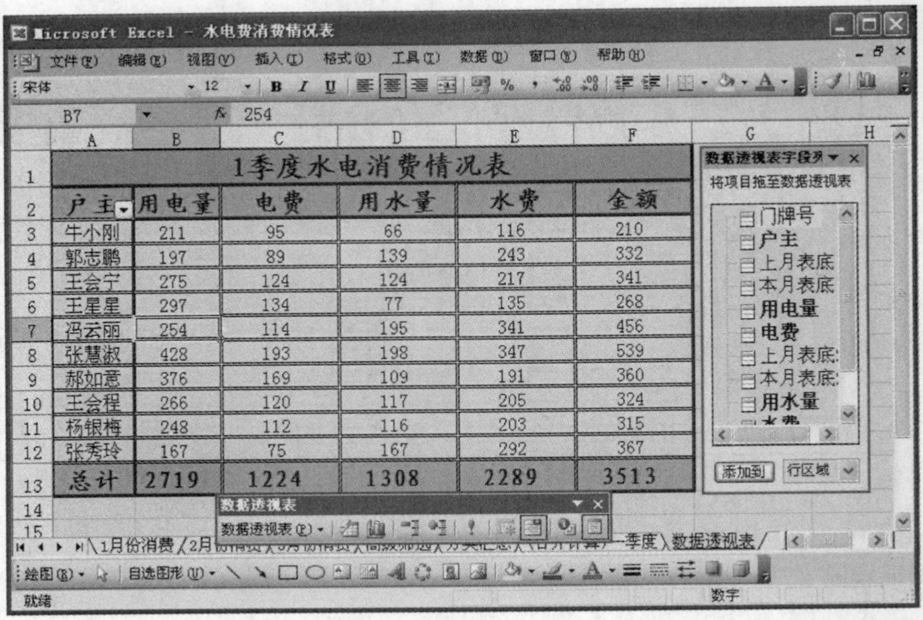

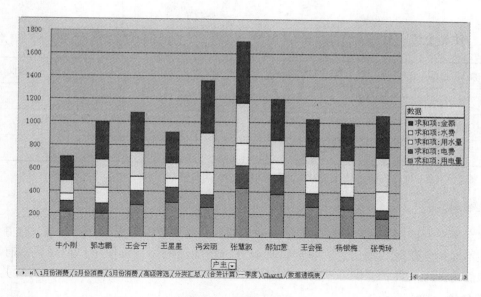

图 4-60　数据透视图

2. Excel 2010 数据透视表新特点

在 Excel 2010 中，用户可以在数据透视表中向下填充标签，因而能够更加轻松地使用数据透视表；还可以在数据透视表中重复标签，在所有的行和列中显示嵌套字段的项目标题。用户可以为各个字段重复标签，但同时也可以打开或关闭数据透视表中所有字段的重复标签选项。多线程有助于提高数据透视表中数据检索、排序和筛选的速度，从而可以提高数据透视表的整体性能。Excel 2010 数据透视表如图 4-61 所示。

图 4-61　Excel 2010 数据透视表

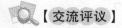 【交流评议】

一、案例评价（满分 40 分）

评价项目	得分
单元格内容及格式设置完整、准确	4 分
熟练使用公式和函数	6 分
准确使用高级筛选	8 分
对数据的分类汇总的使用准确迅速	8 分
对数据的合并计算使用熟练	8 分
数据透视表制作准确迅速，效果美观	6 分

二、作品交流

展 示 作 品	制 作 速 度	设 计 特 点	改 进 建 议
作品一			
作品二			
作品三			

注：抽选具有代表性的作品，分组讨论并给出交流效果，最后由教师总结评议。

【案例小结】

本案例中，运用公式和函数完成数据的运算，并利用数据筛选、分类汇总、合并计算等操作从不同角度获得数据信息。数据管理与分析功能的应用，可使用户把握更多有用的信息，从而为管理决策者提供可靠依据。

【教你一招】

在 Excel 中可以根据条件来计算需要求出的值，如个人所得税的计算需要使用 IF 函数。IF 函数的用法是"＝IF（条件表达式，值1，值2）"。IF 函数的意义是：若条件表达式经过判断是正确的，则返回值1，否则返回值2。例如，个人所得税的计算方法为：

1）当扣税所得额 <500 元时，个人所得税 = 扣税所得额 ×5% 。

2）当 500 元 ≤ 扣税所得额 <2000 元时，个人所得税 = 扣税所得额 ×10% – 25 元。

3）当 2000 元 ≤ 扣税所得额 <5000 元时，个人所得税 = 扣税所得额 ×15% – 125 元。

计算效果如图 4-62 所示。

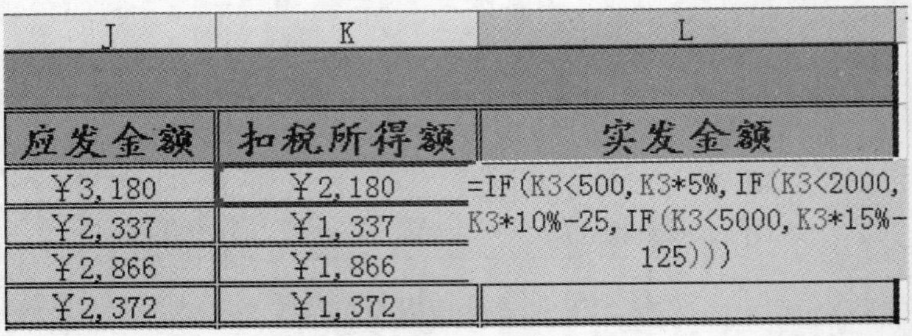

应发金额	扣税所得额	实发金额
￥3,180	￥2,180	=IF(K3<500,K3*5%,IF(K3<2000,
￥2,337	￥1,337	K3*10%-25,IF(K3<5000,K3*15%-
￥2,866	￥1,866	125)))
￥2,372	￥1,372	

图 4-62　IF 函数的计算效果

【复习思考题】

1. 下面关于中文 Excel 2003 中筛选掉的记录的叙述，（　　）是错误的。

A. 不打印　　　　　B. 不显示　　　　　C. 永远丢失　　　　　D. 可以恢复

2. 在 Excel 2003 中，用户最多可以撤销最后（　　）次操作。

A. 100　　　　　B. 60　　　　　C. 16　　　　　D. 4

3. 对于 Excel 2003，下面有关数据库排序的叙述中，（　　）是正确的。

A. 排序的关键字段只能有一个

B. 排序时如果有多个关键字段，那么所有的关键字段必须选用相同的排序趋势（递增/递减）

C. 在"排序"对话框中，用户必须指定有无标题行

D. 在"排序"对话框中，可以指定关键字段按字母排序或按笔画排序

4. 设 A1 单元格中有公式"＝SUM（B2:D5）"，在 C3 单元格处插入一行，再删除一行，则 A1 单元格中的公式变成（　　）。

A. ＝SUM（B2:E4）　　　　　　　B. ＝SUM（B2:E5）

C. ＝SUM（B2:D3）　　　　　　　D. ＝SUM（B2:E3）

5. 设区域"A1:A10"和"B1:B10"中均为数值型数据，为在区域"C1:C10"的单元 C_i（$i=1$，2，…，10）中计算 A、B 两列中同行单元格内的最小值，应在 C1 单元格中输入公式（　　），然后将其复制到区域 C2:C10 中即可。

A. ＝MIN（A1:B1）　　　　　　　B. ＝MIN（\$A\$1:\$B\$1）

C. ＝MIN（A\$1:B\$1）　　　　　　D. ＝SUM（\$A\$1:B1）

6. 在 Excel 2003 中，对数据清单排序可选取下列（　　）操作。

A. 先选取数据清单中的任一单元格，再选取"编辑"菜单中的"排序"命令

B. 先选取数据清单中的任一单元格，再选取"格式"菜单中的"排序"命令

C. 先选取数据清单中的任一单元格，再选取"文件"菜单中的"排序"命令

D. 先选取数据清单中的任一单元格，再选取"数据"菜单中的"排序"命令

7. 对于 Excel 2003，一般在分类汇总前应进行（　　）。

A. 选定数据区域操作　　　　　　B. 分级显示操作

C. 筛选操作　　　　　　　　　　D. 排序操作

8. 在 Excel 中，当某单元格中的数据被显示为充满整个单元格的一串"#"时，说明（　　）。

A. 公式中出现了 0 作除数的情况

B. 数据长度大于该列宽度

C. 公式中所引用的单元格已被删除

D. 公式中含有 Excel 不能识别的函数

9. 在 Excel 中，下面关于分类汇总的叙述错误的是（　　）。

A. 分类汇总前必须按关键字段排序数据库

B. 汇总方式只能是求和

C. 分类汇总的关键字段只能是一个字段

D. 分类汇总可以被删除，但删除汇总后排序操作不能撤销

10. 在工作表的 A1 单元格中输入'80，在 B1 单元格中输入条件函数：＝IF（A1＞＝80，"Good"，IF（A1＞＝60，"Pass"，"Fail"）），则 B1 单元格中显示（　　）。

A. Fail　　　　　　　　　　　　B. Pass

C. Good　　　　　　　　　　　　D. IF（A1＞＝60，"Pass"，"Fail"）

 【技能训练题】

1. 打开"作业资料"文件夹中的"分公司差旅费情况表．xls"工作簿，按以下操作要

求编排格式并保存在自己创建的目录中。操作要求如下：

1）设置标题为楷体、18号、加粗、合并居中、淡紫色底纹，表头为楷体、16号、加粗、玫瑰红色底纹，其余为宋体、12号、浅绿色底纹。

2）设置表格格式外边框为粗实线，内边框为双细实线。

3）分别使用"公式"和"函数"的方法计算各分公司的"总额"。

4）筛选出内容为空的记录。

5）筛选"交通费"高于450或"住宿费"高于350的记录。

6）同时对"出差日期"进行"交通费"、"住宿费"的求和及"总额"的平均值汇总。

7）合并计算"1—5月总公司差旅费情况表"。

8）创建"地点"为行区域，"出差日期"为列区域，对各项费用进行查看的数据透视表。

2. 打开"作业资料"文件夹中的"某超市进货情况表.xls"工作簿，按操作要求编排格式并保存在自己创建的目录中。操作要求如下：

1）设置标题为楷体、18号、加粗、合并居中、淡紫色底纹，表头为楷体、16号、加粗、玫瑰红色底纹，其余为宋体、12号、浅绿色底纹。

2）设置表格格式外边框为粗实线，内边框为双细实线。

3）分别使用"公式"和"函数"的方法计算各分公司"增减幅度"和"实付金额"，其中"增减幅度 =（价格 – 成本）/成本"。

4）筛选"类别"中含有"品"且"增减幅度"不低于40%的记录。

5）同时对"类别"进行"数量"求和汇总。

6）按"类别"进行合并计算。

7）创建按"类别"进行查看的数据透视表。

案例三　制作"电脑公司销售统计表"

【案例描述】

建立"电脑公司销售统计表"工作簿，包含"区域销售统计表"和"销售额统计表"工作表；对工作表数据进行分析管理；通过建立图表使工作表中的数据以更加直观的方式呈现，以便于进行数据的对比分析，预测数据走势变化等；编辑图表，使其具有良好的视觉效果，如图4-63所示。

【案例分析】

激活单元格，输入内容并设置格式。其中，B2：E2、F2：I2和J2：M2合并单元格，"总价"的计算需使用函数、公式和自动填充功能，图表的设置与修改通过"图表"菜单实现。

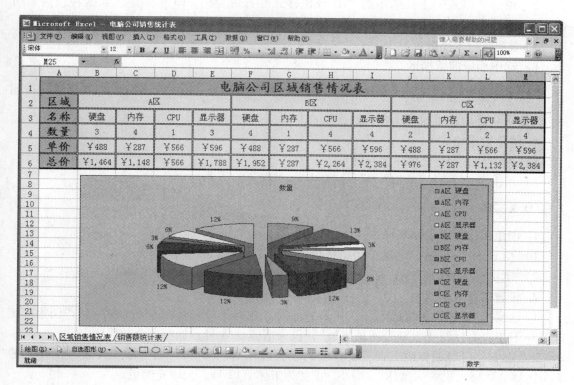

图 4-63　"电脑公司销售统计表"工作簿

任务一　设置数据格式

任务分析

启动 Excel 2003 电子表格，创建"电脑公司销售统计表"工作簿，并建立"区域销售情况表"和"销售额统计表"工作表；选定单元格，输入数据后设置单元格中数据的格式，填充图案后保存工作表。

相关知识

在 Excel 中设置数据格式的方法为：选中需要设置格式的单元格，单击菜单中的"格式"→"单元格"命令，打开"单元格格式"对话框，选择"数字"选项卡，从分类列表中选择数据类型；或利用"格式"工具栏上的快捷按钮，快速为 Excel 表格中的数据设置格式。

1. 设置货币格式

1）选中相应的数据区。

2）单击"格式"工具栏中的"货币样式"按钮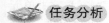，即可为数据添加上货币符号。

2. 设置百分比格式

1）选中相应的数据区。

2）单击"格式"工具栏中的"百分比样式"按钮 %，即可将普通数据转换为百分数。

3. 增加或减少小数位数

1）选中相应的数据区。

2）多次单击"格式"工具栏中的"增加小数位数"按钮 ⬆.00 或"减少小数位数"按钮 .00⬇，即可快速增加或减少小数位数。

4. 清除数据格式

1）选中要清除格式的单元格区域。

2）单击菜单中的"编辑"→"清除"→"格式"命令即可。

任务实施

1. 创建工作簿及工作表

1）在 Excel 中创建"电脑公司销售统计表"工作簿。

2）建立"区域销售情况表"和"销售额统计表"工作表并输入数据。

2. 设置工作表格式

1）选取"区域销售情况表"工作表的标题"电脑公司区域销售情况表"和"销售额统计表"工作表的标题"电脑公司销售额"，设为楷体、18 号、加粗、合并居中。

2）选取"区域销售情况表"工作表的表头区域 A2：A6 和"销售额统计表"工作表的表头区域 A3：A5，设置为楷体、16 号，正文为宋体、12 号、无填充颜色。

3）选取"区域销售情况表"工作表的单元格区域 A1：M1、B2：E2、F2：I2 和 J2：M2，单击菜单中的"格式"→"单元格"命令，打开"单元格格式"对话框，在"对齐"选项卡中选中"合并单元格"复选框，单击"确定"按钮完成设置。

4）在"销售统计表"工作表中选取单元格区域 A1：E1，单击菜单中的"格式→"单元格"命令，打开"单元格格式"对话框，在"对齐"选项卡中选中"合并单元格"复选框，单击"确定"按钮完成设置。

3. 使用公式计算"总价"并设置为货币格式

1）选取"区域销售情况表"工作表中的单元格 B6，输入公式" = B4 * B5"，按"Enter"键后显示结果，利用自动填充功能显示其他数据。

2）选取区域 B5：M6，设置数据格式为货币格式。

4. 使用"合并计算"计算销售总数量

1）选取"销售额统计表"工作表中的 A2 单元格，单击菜单中的"数据"→"合并计算"命令，打开"合并计算"对话框，计算销售总数量，如图 4-64 所示。

2）输入"单价"数据，选取单元格 B5，利用公式" = B3 * B4"计算"总价"。

5. 设置单元格格式的对齐方式

1）选取"区域销售情况表"工作表的单元格区域 A2：M6。

2）单击菜单中的"格式"→"单元格"命令，打开"单元格格式"对话框，选择"对齐"选项卡，将"水平对齐"设置为"居中"，将"垂直对齐"，设置为"居中"。

3）选取"销售额统计表"工作表中的单元格区域 A2：E5。

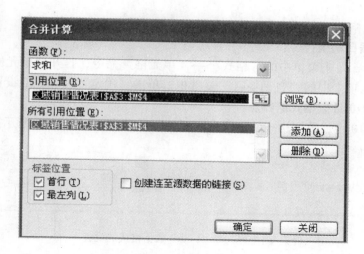

图 4-64　"合并计算"对话框

4）单击菜单中的"格式"→"单元格"命令，打开"单元格格式"对话框，选择"对齐"选项卡，将"水平对齐"设置为"居中"，将"垂直对齐"设置为"居中"，效果如图 4-65 所示。

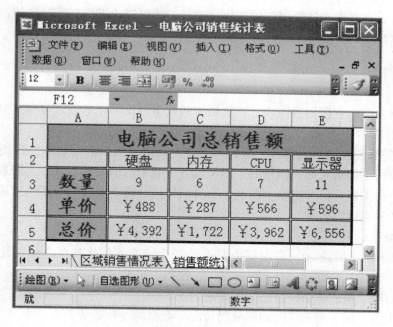

图 4-65　设置单元格格式后的效果

6. 保存

将设置好的"电脑公司销售统计表 .xls"进行保存。

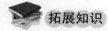 拓展知识

1. 数据格式

当对单元格中的数字设置了小数位数时，便会在单元格中显示"#####"。这是由数字

位数增加后单元格的宽度不够造成的，只需调整单元格的宽度即可。

2. 设置数据自动换行

选取单元格，单击菜单中的"格式"→"单元格"命令，打开"单元格格式"对话框，选中"对齐"选项卡中的"自动换行"复选框，单击"确定"按钮完成设置。

3. Excel 2010 数据格式新特点

在 Excel 2010 中，数据格式的设置在"开始"菜单中，如图 4-66 所示。

图 4-66　Excel 2010 数据格式的设置

任务二　创建修改图表

任务分析

Excel 工作表中的数据繁多，很难显示数据的变化和差异。用户可以利用"插入"菜单创建图表，从而直观地表达数据间的变化和差异，还可以让工作表中抽象的数据直观化，平面的数据立体化。

相关知识

1. 图表

根据工作表中的数据创建图表，将表格中的数据以图形化的方式显示出来。

2. 图表组成

Excel 中每种类型的图表都分为多种子类型，其中包括二维图表和三维图表。图表包括绘图区、图表区、数据系列、网格线、图例、分类轴和数值轴等。其中，图表区和绘图区是最基本的，单击图表区可选中整个图表。当将鼠标指针移至图表的各不同组成部分时，系统会弹出与该部分对应的名称。

3. 图表类型

（1）柱形图　用于显示一段时间内数据的变化情况或描述各项之间的比较结果。柱形图包括二维柱形图、三维柱形图、圆柱图、圆锥图、棱锥图等。

（2）条形图　描述各个项目之间的差别情况。

（3）折线图　用于显示等时间间隔的情况下数据的变化趋势。

（4）XY 散点图　用于显示若干数据系列中各数值之间的关系，或将两组数绘制为 XY 坐标的一个系列。

（5）饼图　用于显示一个数据系列中各项的大小占各项总和的比例。饼图中的数据点显示为整个饼图的百分比。

（6）圆环图　与饼图类似，用于显示数据间的比例关系，不同的是圆环图可以包含多个数据系列。圆环图包括闭合式圆环图和分离型圆环图两种。

（7）面积图　用于显示每个数据的变化量，强调数量随着时间变化的程度。

（8）曲面图 使用不同的颜色和图案来显示同一取值范围内的区域。

（9）气泡图 是一种特殊类型的散点图，默认情况下用气泡的面积来代表数值的大小。气泡图包括二维气泡图和三维气泡图两种。

（10）股价图 用于描绘股票价格走势。

（11）雷达图 用于显示独立数据系列之间以及某个特定系列与其他系列的整体关系。

4. 编辑图表

（1）设置图表区格式 右击图表区，在弹出的快捷菜单中选择"图表区格式项"→"图表区格式"命令，打开"图表区格式"对话框，选择"图案"选项卡中的酸橙色。单击"确定"按钮，如图4-67所示。

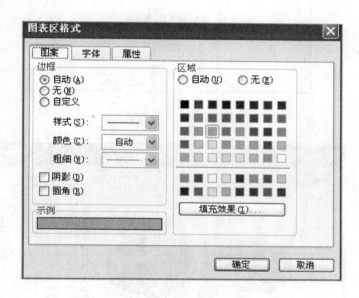

图4-67 "图表区格式"对话框

（2）设置绘图区格式 右击绘图区→在弹出的快捷菜单中选择"绘图区格式"命令。

（3）设置图例项格式 右击图例项→在弹出的快捷菜单中选择"图例格式"命令，打开"图例格式"对话框，选取"图案"选项卡中的玫瑰红色，单击"确定"按钮。

（4）设置坐标轴格式 双击图表中的数值轴，打开"坐标轴格式"对话框，依次设置"图案"、"刻度"、"字体"、"数字"和"对齐"选项卡的内容。

任务实施

1. 制作"分离型三维饼图"图表

1）选取"区域销售情况表"工作表中的单元格区域A2:M6，单击菜单中的"插入"→"图表"命令，打开"图表向导-4步骤之1-图表类型"对话框，在"标准类型"中选择"饼图"→"分离型三维饼图"，单击"下一步"按钮，如图4-68所示。

2）打开"图表向导-4步骤之2-图表源数据"对话框，设置"数据区域"（见图4-69）单击"下一步"按钮。

3）打开"图表向导-4步骤之3-图表选项"对话框，设置"图表标题"（见图4-70）单

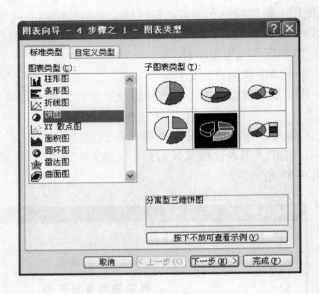

图 4-68　图表类型

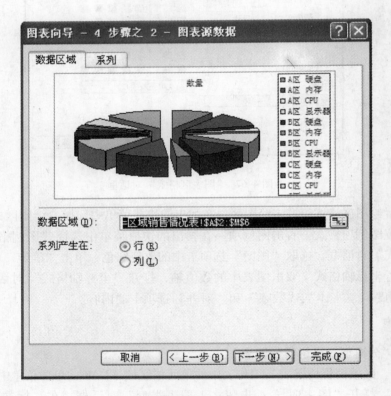

图 4-69　图表源数据

击"下一步"按钮。

　　4）打开"图表向导-4 步骤之 4-图表位置"对话框，将图表作为其中的对象插入。

　　5）返回工作表并插入所设置的图表。

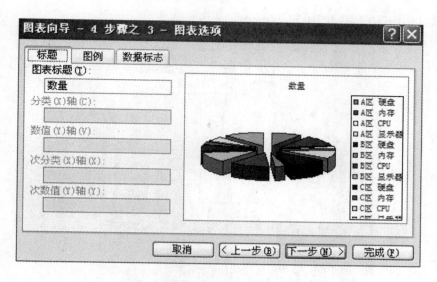

图 4-70　图表选项

2. 制作"三维簇状柱形图"图表

1）选取"销售额统计表"工作表的单元格区域 A2：E5。

2）单击菜单中的"插入"→"图表"命令，打开"图表向导"对话框，选取"三维簇状柱形图"，单击"下一步"按钮，如图 4-71 所示。

图 4-71　选择图表类型

3）右击图表区，打开"图表区格式"对话框，选取"图案"选项卡中的"玫瑰红"颜色。双击绘图区，打开"绘图区格式"对话框，选取"图案"选项卡中的"天蓝"色。

"三维簇状柱形图"图表如图4-72所示。

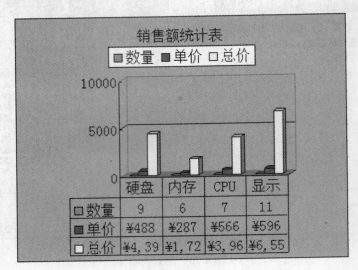

图4-72 "三维簇状柱形图"图表

拓展知识

1. 添加趋势线

在Excel中，为了更明确产品的销售量，用户经常通过添加趋势线来预测数据的变化趋势。趋势线可添加在非堆积二维面积图、条形图、柱形图、折线图、股价图、气泡图和XY散点图中，但不可添加在三维图、堆积图、雷达图、饼图或圆环图中。

1）选取"销售额统计表"工作表，在图表上右击，打开"图表类型"对话框，选择"簇状柱形图"，单击"确定"按钮。

2）在图表上右击→"添加趋势线"→选取趋势线的类型，如多项式→"选项"→"显示公式"。添加的趋势线如图4-73所示。

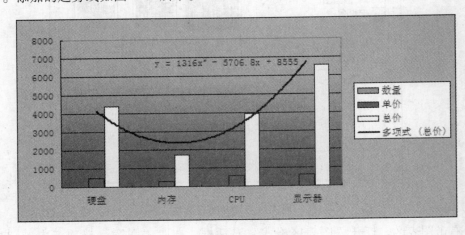

图4-73 趋势线

2. Excel 2010 创建图表新特点

在 Excel 2010 中，用户可以轻松地创建和编辑具有专门外观的图表，如图 4-74 所示。

图 4-74　Excel 2010 创建图表

任务三　打印工作表

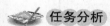 **任务分析**

将工作表制作完成后，有时需要将其打印出来。在打印工作表之前，一般先进行页面设置，并通过打印预览查看效果，按要求打印工作表。本任务是将"区域销售统计表"设置为 A4 纸，添加页眉和页脚后横向打打印。

相关知识

1. 页面设置

（1）设置页面　单击菜单中的"文件"→"页面设置"命令，打开"页面设置"对话框，选择"页面"选项卡进行相应设置。

（2）设置页边距　单击菜单中的"文件"→"页面设置"命令，打开"页面设置"对话框，选择"页边距"选项卡进行相应设置。

（3）设置页眉和页脚　单击菜单中的"文件"→"页面设置"，打开"页面设置"对话框，选择"页眉/页脚"选项卡进行相应设置。

2. 设置打印区域

选取要打印的区域，单击菜单中的"文件"→"打印区域"→"设置打印区域"命令。

任务实施

1. 设置页面

选取"区域销售统计表"工作表，单击菜单中的"文件"→"页面设置"命令，打开"页面设置"对话框，选择"页面"选项卡进行相应设置，如图 4-75 所示。

2. 设置页边距

选取"区域销售统计表"工作表，单击菜单中的"文件"→"页面设置"命令，打开"页面设置"对话框，选择"页边距"选项卡进行相应设置，如图 4-76 所示。

3. 设置页眉和页脚

1）选取"区域销售情况表"工作表，单击菜单中的"文件"→"页面设置"命令，

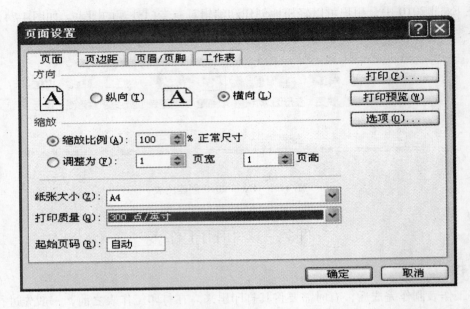

图 4-75 "页面设置"对话框中的"页面"选项卡

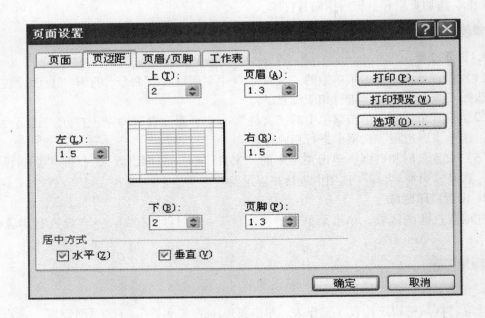

图 4-76 "页面设置"对话框中的"页边距"选项卡

打开"页面设置"对话框，选择"页眉/页脚"选项卡进行相应设置，如图 4-77 所示。

2）单击"自定义页眉"命令，弹出"页眉"对话框，如图 4-78 所示。

① 将插入点移至左侧编辑框，输入"区域销售情况统计表"。

② 将插入点移至右侧的编辑框中，输入"制表日期:"，单击"插入日期"按钮。

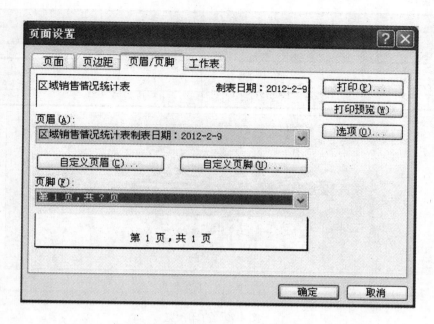

图 4-77 "页面设置"对话框中的"页眉/页脚"选项卡

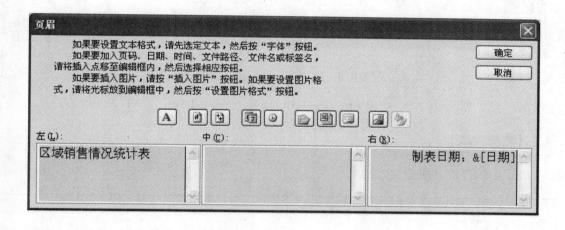

图 4-78 "页眉"对话框

3）单击"自定义页脚"命令，弹出"页脚"对话框，进行相应的设置。

4. 打印预览

单击"打印预览"命令，进行打印预览（见图 4-79），预览无误后打印工作表。

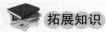 拓展知识

在 Excel 2010 中，有关打印前的设置都是通过"页面布局"来实现的，如图 4-80 所示。

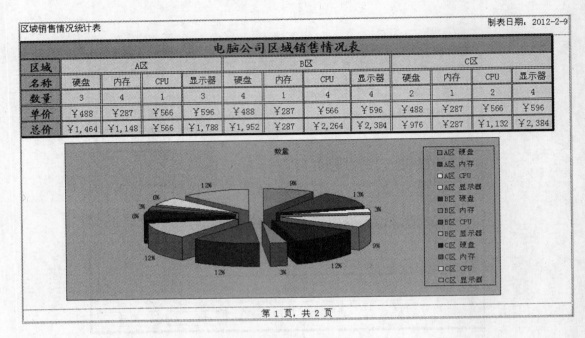

区域销售情况统计表												制表日期：2012-2-9

电脑公司区域销售情况表												
区域	A区				B区				C区			
名称	硬盘	内存	CPU	显示器	硬盘	内存	CPU	显示器	硬盘	内存	CPU	显示器
数量	3	4	1	3	4	1	4	4	2	1	2	4
单价	￥488	￥287	￥566	￥596	￥488	￥287	￥566	￥596	￥488	￥287	￥566	￥596
总价	￥1,464	￥1,148	￥566	￥1,788	￥1,952	￥287	￥2,264	￥2,384	￥976	￥287	￥1,132	￥2,384

第 1 页，共 2 页

图 4-79　打印预览

图 4-80　Excel 2010 中的"页面布局"

【交流评议】

一、案例评价（满分 30 分）

评 价 项 目	得　　分
熟练设置数据格式	8 分
熟练创建图表	8 分
编辑的图表美观实用	8 分
熟练设置页面并打印	6 分

二、作品交流

展 示 作 品	制 作 速 度	设 计 特 点	改 进 建 议
作品一			
作品二			
作品三			

注：抽选具有代表性的作品，分组讨论并给出交流结果，最后由教师总结评议。

🔍【案例小结】

　　本案例中，数据图表直观形象，能一目了然地反映数据的特点和内在规律。学习者应注意，应根据数据的不同特点，选择适当的图表类型，以有效传递数据的差异，预测数据变化趋势。

📓【教你一招】

　　用户创建一个漂亮的图表后，可以将其保存为自定义图表类型，在创建相同或类似图表时可以使用该模板，步骤如下：

　　1）打开要保存为模板的图表，单击菜单中的"图表"→"图表类型"命令，打开"图表类型"对话框，选取"自定义类型"选项卡。

　　2）选取"选自"→"自定义"→"示例"→选取要定义的图表→"添加"命令。

　　3）选取"添加自定义图表类型"→"名称"，输入名字，单击"确定"按钮。

　　4）返回"图表类型"，确认要添加的自定义图表名称。

📖【复习思考题】

　　1. 在 Excel 2003 工作表单元格中，系统默认的数据对齐方式为（　　）。

　　A. 数值数据左对齐，文本数据右对齐

　　B. 数值数据右对齐，文本数据左对齐

　　C. 数值数据、文本数据均左对齐

　　D. 数值数据、文本数据均右对齐

　　2. 在 Excel 2003 中，不符合日期格式的数据是（　　）。

　　A. 11-10-01　　　　　　　　　　B. 11/10/01

　　C. 11--10--01　　　　　　　　　D. 2000-10-01

　　3. Excel 图表的显著特点是：当工作表中的数据发生变化时，图表（　　）。

　　A. 自然消失　　　　　　　　　　B. 随之改变

　　C. 不出现变化　　　　　　　　　D. 生成新图表，保留原图表

　　4. 单元格格式包括数字、字体、（　　）、边框、图案和保护。

　　A. 对齐　　　　　B. 颜色　　　　　C. 字形　　　　　D. 下划线

　　5. 用 Excel 可以创建各类图表，如条形图、柱形图等。为了显示数据系列中每一项占该系列数值总和的比例，应该选择（　　）。

　　A. 折线图　　　　B. 饼图　　　　　C. 柱形图　　　　D. 条形图

　　6. 默认的图表类型是二维的（　　）图。

　　A. 折线　　　　　B. 柱形　　　　　C. 饼　　　　　　D. 条形

　　7. 设 A1 单元格中有公式"=SUM（B2:D5）"，在 C3 单元格处插入一行，再删除一行，则 A1 单元格中的公式变成（　　）。

　　A. =SUM（B2:D3）　　　　　　　B. =SUM（B2:E3）

　　C. =SUM（B2:E4）　　　　　　　D. =SUM（B2:E5）

　　8. 将 C1 单元格中的公式"=A1+B2"复制到 E5 单元格中之后，E5 单元格中的公式是（　　）。

A. = CE + A4   B. = A3 + B4   C. = C3 + D4   D. = C5 + D6

9. 在 Excel 中，当某单元格中的数据显示为充满整个单元的一串"#"时，说明（   ）。

A. 公式中含有 Excel 不能识别的函数

B. 公式中所引用的单元格已被删除

C. 公式中出现了 0 作除数的情况

D. 数据长度大于该列宽度

10. 在 Excel 中，单元格格式包括（   ）。

A. 单元格高度及宽度   B. 字符间距

C. 数值的显示格式   D. 是否显示网格线

11. Excel 图表是动态的，当在图表中修改了数据系列的值时，与图表相关的工作表中的数据（   ）。

A. 出现错误值   B. 不变   C. 自动修改   D. 用特殊颜色显示

12. 在 Excel 中，图表中（   ）会随着工作表中数据的改变而发生相应的变化。

A. 图表位置   B. 列数据的值   C. 图例   D. 图表类型

13. 在 Excel 中，若要使用工作表 Sheet2 中的区域 A1：A2 作为条件区域，在工作表 Sheet1 中进行数据筛选，则指定的条件区域应该是（   ）。

A. A1：B2   B. Sheet2！A1：B2

C. Sheet2# A1：B2   D. Sheet2 A1：B2

14. 右击一个图表对象，（   ）会出现。

A. 一个图例   B. 一个箭头   C. 图表向导   D. 一个快捷菜单

15. 选择（   ）菜单中的"列"选项弹出一个子菜单，在子菜单中选择"列宽"选项，打开"列宽"对话框，只需在"列宽"框中输入一个数值就可以了。

A. 工具   B. 编辑   C. 插入   D. 格式

☞ 【技能训练题】

1. 打开"作业资料"文件夹中的"地区销售图表"工作簿，按以下操作要求编排格式：

1）设置标题为楷体、18 号、加粗、合并居中、淡紫色底纹，表头为楷体、16 号、加粗、玫瑰红色底纹，其余为宋体、12 号、浅绿色底纹。

2）设置表格格式外边框为粗实线，内边框为双细实线。

3）对"区域"和"交易金额"区域制作"柱形圆柱图"。

4）编辑图表，设置图表区为由白到绿的渐变色，绘图区为玫瑰红色。

5）添加趋势线。

2. 打开"作业资料"文件夹中的"学生成绩统计表"工作簿，按以下操作要求编排格式：

1）设置标题为楷体、18 号、加粗、合并居中、淡紫色底纹，表头为楷体、16 号、加粗、玫瑰红色底纹，其余为宋体、12 号、浅绿色底纹。

2）设置表格格式外边框为粗实线，内边框为双细实线。

3）计算每个同学的平均分和总分。

4）按班级分类，统计出各班级的总平均分，并置于另一张工作表上，为该工作表取名为"分类统计"。

5）制作三维簇状条形图，反映总分随着姓名的不同从高到低变化的情况。

3. 打开"作业资料"文件夹中的"工资管理"工作簿，按以下操作要求编排格式：

1）打开"工资管理"工作簿，应用 Excel 中的单元格引用及公式制作出员工工资表，并计算出各部门的工资支出总额。

提示：

① 基本工资、奖金、住房补助、车费补助、保险金和请假扣款等数据分别来源于员工基本工资表、员工出勤统计表、员工福利表和员工奖金表。

② 应发金额 = 基本工资 + 奖金 + 住房补助 + 车费补助 – 保险金 – 请假扣款。

③ 扣税所得额的计算方法为：如应发金额少于 1000 元，则扣税所得额为 0；否则，扣税所得额为应发金额减去 1000 元。

④ 个人所得税的计算方法为：当扣税所得额 < 500 元时，个人所得税 = 扣税所得额 × 5%；当 500 元 ≤ 扣税所得额 < 2000 元时，个人所得税 = 扣税所得额 × 10% – 25 元；2000 元 ≤ 扣税所得额 < 5000 元时，个人所得税 = 扣税所得额 × 15% – 125 元。

⑤ 实发金额 = 应发金额 – 个人所得税。

2）根据员工工资表生成员工工资条。

单元五　PowerPoint 演示文稿的设计

5

知识目标：
◎ 了解演示文稿的组成及应用。
◎ 理解母版及占位符的作用。
◎ 了解模板的应用。

技能目标：
◎ 掌握为幻灯片添加文字、图片、多媒体等内容及美化幻灯片的操作。
◎ 掌握设置超链接和自定义动画的方法。
◎ 掌握利用模板设计、修饰和放映幻灯片的方法。
◎ 学会演示文稿的页面设置、打包和打印方法。
◎ 了解 PowerPoint 2010 的新增功能和操作特点。

　　PowerPoint 是 Microsoft Office 办公套装软件的一个重要组成部分，专门用于设计、制作信息展示领域（如演讲、报告、各种会议、产品演示和商业演示等）的各种电子演示文稿（俗称幻灯片）。制作者只需将演示的内容添加到每张幻灯片中，并设置内容的显示效果、播放动画和放映控制等属性，即可制作出图文并茂的多媒体演示文稿。

案例一　制作"主题班会"演示文稿

【案例描述】

　　为丰富学生们的校园生活，每周举办主题班会。本案例是给以"讲公德"为主题的班会制作演示文稿来配合班会的举行。班会程序有四项，第一项为宣誓，第二项为资料展示，第三项为故事分享，第四项为讨论发言。

【案例分析】

　　幻灯片首页表达班会主题，目录页使用超链接与四项程序内容链接，每项程序内容制作一张标题页，以及幻灯片各项内容页。在制作时，同类型的幻灯片采用一致的风格样式。

任务一　制作幻灯片首页

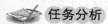任务分析

　　幻灯片首页内容应简洁、彰显主题，具有一定的表现力，可利用艺术字、图形及与主题相关的图片等加以美化。在制作时，可自定义幻灯片首页样式，也可以套用"应用设计模板"库中的模板，并为其添加内容。

相关知识

1. 创建演示文稿

　　创建演示文稿的方法一共有四种。进入 PowerPoint 2003 窗口界面，单击"文件"菜单中的"新建"命令，打开"新建演示文稿"任务窗格，将看到四种新建演示文稿的方法，如图 5-1 所示。

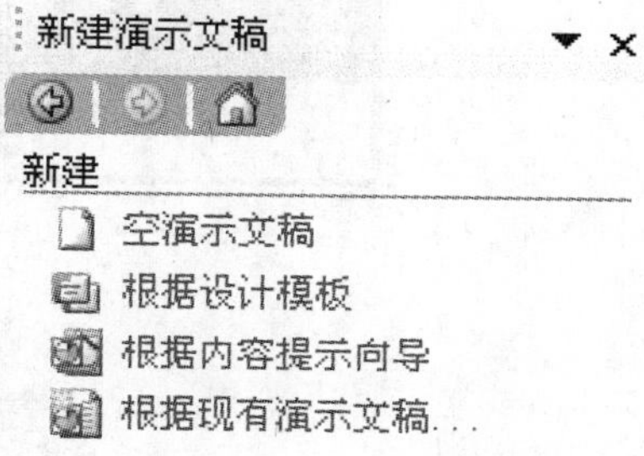

　　（1）空演示文稿　如果想建立具有自己风格和特色的幻灯片，那么可以从空白演示文稿开始设计，其基本步骤是：

　　1）启动 PowerPoint 2003 时，默认以空演示文稿创建，第一张幻灯片为标题版式，添加标题创建幻灯片。

　　2）在"格式"工具栏中单击"新幻灯片"按钮
新幻灯片(N)，添加下一张幻灯片。单击"格式"

图 5-1　"新建演示文稿"任务窗格

菜单中的"幻灯片版式"命令，从"幻灯片版式"任务窗格中选择幻灯片版式，为其添加内容创建另一张幻灯片。依次重复创建幻灯片的操作，直到完成演示文稿的创建。

　　（2）根据设计模板　在"新建演示文稿"任务窗格中，单击"根据设计模板"命令时会出现"幻灯片设计"任务窗格，从中选择设计模板即可开始创建演示文稿。

　　（3）根据内容提示向导　可以按演示文稿的内容和类别引导用户选择一套已创建好的模板，自动生成一系列幻灯片，并提供一个基本大纲，一般将按用户的意愿创建包含 8 ~ 10 张幻灯片的演示文稿。在"新建演示文稿"任务窗格中单击"根据内容提示向导"命令，启动"内容提示向导"，如图 5-2 所示。依次单击"下一步"按钮，选择演示文稿类型、样式及选项，完成演示文稿的制作。

　　（4）根据现有演示文稿新建　如果用户有曾经创建好的演示文稿，那么可以从已有的演示文稿中创建。在任务窗格中单击"根据现有演示文稿新建"命令，打开"根据现有演示文稿新建"对话框，选择已有的演示文稿，单击"创建"按钮，这时会打开原演示文稿的内容，但文件名是未定义的文件名，修改演示文稿后保存即可。

2. 为幻灯片添加内容

　　（1）添加文字　在要添加文字的位置插入一个文本框，在文本框内输入文字，然后单击文本框内部，选中文字编辑其格式，如图 5-3 所示。单击文本框边框，可移动文本框位置，改变文本框大小；双击文本框边框可打开"设置文本框格式"对话框，从中可设置文本框的格式。

　　（2）添加图片　单击菜单中的"插入"→"图片"→"剪贴画"或"来自文件"命

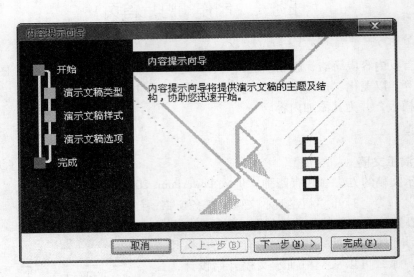

图 5-2 "内容提示向导"

图 5-3 编辑添加文字的格式

令，选择图片插入即可。为配合主题，常选择准备好的素材图片，即选择"来自文件"命令，从指定的路径中查找图片。插入图片后可使用"图片"工具栏中的工具按钮或双击图片打开"设置图片格式"对话框，对图片进行编辑修改。在 PowerPoint 中添加"艺术字"的方法与在 Word 中相同，插入艺术字后可使用"艺术字工具"进一步修改其样式。

（3）添加图形 通常从"绘图"工具栏中，选择自选图形进行添加。选中添加的图形，双击可打开"设置自选图形格式"对话框，选择相应项目的参数可进行格式设置。

任务实施

1）启动 PowerPoint 2003 时，系统会自动新建一个空白演示文稿。单击菜单中的"格式"→"幻灯片设计"命令，打开"幻灯片设计"任务窗格，从应用设计模板列表中选择"Echo"模板。

2）第 1 张幻灯片默认的版式为"标题幻灯片"，选择主、副标题文本框占位符，按〈Delete〉键将其删除。在"绘图"工具栏中单击"竖排文本框"按钮，在幻灯片左下方拖出文本框，添加文字"主题班会"。选择文本框中的文字，设置文字格式为"宋体、72 号"。

3）单击"绘图"工具栏中的"插入艺术字"按钮，插入艺术字"讲公德"，拖动鼠标调整艺术字大小，设置其样式，并使其置于幻灯片上方。

4）单击"绘图"工具栏中的"插入图片"按钮，从 PPT 素材文件夹中插入"草坪"图片，设置图片大小为高"9 厘米"，宽"12 厘米"，调整图片位置于艺术字下方。

5）选中图片，单击"绘图"工具栏中的"阴影样式"按钮，选择"阴影样式 6"。单击下方的"阴影设置"命令，弹出"阴影设置"工具，设置阴影颜色为绿色，使用按钮调整阴影位置，如图 5-4 所示。

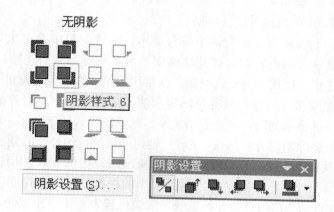

图 5-4　阴影设置

6）从"绘图"工具栏中选择"自选图形"→"基本形状"中的圆角矩形，在页面中绘制一个圆角矩形，选中圆角矩形并双击，打开"设置自选图形格式"对话框，设置无填充色，设置线条颜色为浅绿色，设置线条粗细为"4 磅"等，调整恰当的大小和位置。幻灯片首页效果如图 5-5 所示。

图 5-5　幻灯片首页效果

7）框选图片和自选图形，右击，在快捷菜单中执行"组合"命令。单击菜单中的"幻灯片放映"→"自定义动画"命令，打开"自定义动画"任务窗格，设置进入动画"渐变"，开始方式为"之后"，速度为"中速"。

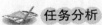 拓展知识

1. 幻灯片视图方式

为方便建立、编辑、浏览、放映幻灯片，PowerPoint 2003 提供了四种不同的视图模式，即普通视图、幻灯片浏览视图、幻灯片放映视图和备注页视图。通过"视图"菜单中的命令或窗口左下角的 ▯ ▯ ▯ 按钮可进行切换。

（1）普通视图　普通视图以左右两个窗口显示，左边窗口中有"大纲"和"幻灯片"两个选项卡，分别显示大纲内容和幻灯片缩略图并有数字标号；右边窗口上方是当前幻灯片，下方是幻灯片备注。此视图为默认视图，通常用于幻灯片内容的编辑。

（2）幻灯片浏览视图　幻灯片浏览视图显示演示文稿中所有幻灯片的缩略图，通过更改显示比例可调整一屏显示的幻灯片张数和大小。此视图模式便于总体了解演示文稿，调整幻灯片顺序，插入、删除幻灯片，按住〈Ctrl〉键拖动可进行幻灯片的复制。

（3）幻灯片放映视图　幻灯片放映视图将按照预先设定的方式一幅幅动态地显示演示文稿的幻灯片，直到幻灯片演示结束后再返回原来的视图。单击窗口左下角的按钮 ▯ 或按〈Shift〉＋〈F5〉键将从当前幻灯片开始放映，放映过程中若要中止放映，则返回原来的视图按〈Esc〉键即可。

（4）备注页视图　单击"视图"菜单中的"备注页"命令，可进入备注页视图。此视图将在幻灯片下方显示备注页，可在该处为幻灯片添加注释。

2. PowerPoint 2010 的功能特点

（1）完善的视频处理功能　PowerPoint 2010 支持插入更多流行的视频格式，并对插入的视频提供了媒体播放进度条与播放按钮，解决了以往版本中无法拖动定位播放的问题。另外，用户还可以对影片进行调整颜色、亮度与对比度等编辑操作。

（2）更加丰富的动画动作选项　通过此功能，用户可以设计出更加动感的演示文稿。此外，利用"动画刷"工具，可以将用户设计好的动画设置多次应用在其他对象中，避免了重复操作带来的麻烦。

（3）幻灯片管理功能　在左侧的幻灯片预览栏中新增了分节功能，可通过建立节来管理幻灯片，整理自己的思路，还可以重新排序或归类各幻灯片章节。

（4）广播幻灯片功能　在"保存并发送"栏中新增了"广播幻灯片"功能。该功能将演示文稿信息上传到微软服务器中，并自动生成在线查看链接，其他用户通过此链接即可在浏览器中查看用户分享的演示文稿。

任务二　制作目录幻灯片

　　任务分析

通过目录幻灯片可把握整体性内容。目录幻灯片中的项目可通过添加各种对象来制作；通过超链接技术将目录和内容链接起来；目录幻灯片中的项目应呈现规则排列。

相关知识

1. 幻灯片版式

　　幻灯片版式是指幻灯片上显示内容的格式、位置和占位符。单击"格式"菜单中的"幻灯片版式"命令，打开"幻灯片版式"任务窗格，其中包含"文字版式"、"内容版式"、"文字和内容版式"及"其他版式"，如图 5-6 所示。通常第 1 张幻灯片默认应用"标题幻灯片"版式，其余幻灯片默认应用"标题和文本"版式。用户可根据需要，通过单击来选择应用某种版式。幻灯片版式可帮助用户快速添加内容。选择"空白"版式，用户可自定义幻灯片上的内容。

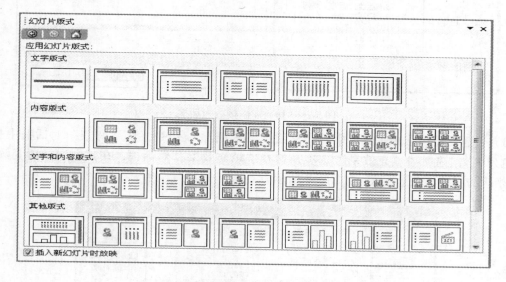

图 5-6　"幻灯片版式"任务窗格

2. 创建超链接

　　超链接必须依附于一定的对象，如文字、图片或按钮等。超链接可链接至本演示文稿的任一张幻灯片，也可链接至演示文稿外部的位置（如原有文件或网页、新建文档或电子邮件地址等）。创建超链接的步骤如下：

　　1）选中超链接要依附的对象右击，从快捷菜单中选择"超链接"命令，打开"插入超链接"对话框，设置要链接到的位置和要显示的提示文字信息，单击"确定"按钮，如图5-7 所示。

　　2）建立超链接后，选中链接依附的对象右击，从快捷菜单中执行"编辑超链接"命令，可重新修改链接，也可从快捷菜单中执行"删除超链接"命令，删除超链接。

 任务实施

　　1）单击菜单中的"格式"→"幻灯片版式"命令，打开"幻灯片版式"任务窗格，单击"只有标题"版式右侧的下箭头，从列表中单击"插入新幻灯片"命令。在标题占位符中单击，输入文字"主题班会"。

　　2）使用文本框逐项添加项目内容，以便于创建独立链接。为规则排列项目内容，可单击"常用"工具栏上的"显示/隐藏网络"按钮▦，显示网络，以便于整齐排列项目。

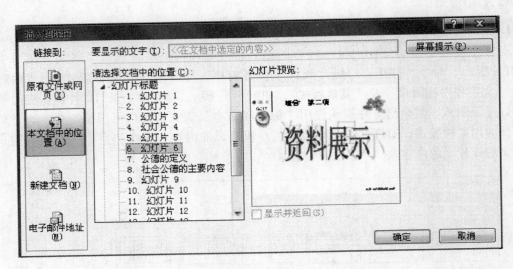

图 5-7 "插入超链接"对话框

3）设置背景色。单击菜单中的"格式"→"背景"命令，从"背景"对话框中打开"颜色列表"，选择"填充效果"选项，打开"填充效果"对话框，在其中选择渐变颜色，设置相应的底纹和变形样式，如图 5-8 所示。

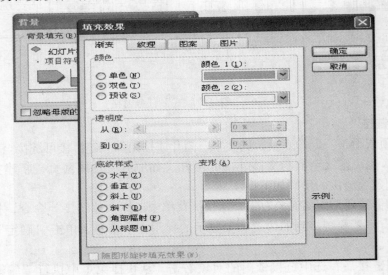

图 5-8 设置背景色

4）在幻灯片中插入图片以丰富内容，完成幻灯片目录页的制作，如图 5-9 所示。

5）添加图片的进入效果动画，设置动画的开始方式、进入方向和速度属性。

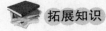 拓展知识

1. 幻灯片中的占位符

插入新幻灯片时，从"幻灯片版式"任务窗格中，选择除空白版式外的某一幻灯片版

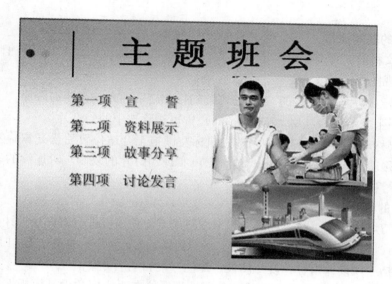

图 5-9　目录幻灯片效果

式，在幻灯片上显示的虚线框即为占位符。占位符表示在此有待确定的对象，如标题、文本、表格、图片等。利用占位符可以高效地规划幻灯片内容布局，在占位符中单击或双击对象图标，可以很方便地插入相应的对象。单击占位符的虚线框，选中占位符双击，打开"设置占位符格式"对话框，可设置占位符格式。

2. PowerPoint 2010 操作文本新功能

（1）在文本框中进行分栏设置　选择文本框中的文字，单击"开始"选项卡，在"段落"组中单击"分栏"按钮，在列表中执行"更多栏"命令，打开"分栏"对话框，设置栏数和间距即可完成分栏，如图 5-10 所示。

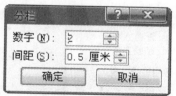

图 5-10　分栏设置

（2）设置文字效果　选择文本框或文本框中的文字，单击"格式"选项卡，在"艺术字样式"组中，可通过单击按钮或启动对话框来设置文字效果。

任务三　制作标题幻灯片

任务分析

主题班会有四项内容，为每项内容的开始制作标题幻灯片，使四张标题幻灯片具有一致的外观样式，可通过复制修改标题内容的方法完成。

相关知识

1. 幻灯片的基本操作

制作演示文稿时，可对幻灯片进行插入、删除、复制和移动等操作。有时为便于操作，需切换恰当的视图模式。

1）单击新幻灯片（N）按钮 ，在当前幻灯片之后插入一张新幻灯片。

2）选择一张或多张幻灯片，按〈Delete〉键可删除选中的幻灯片。

3）选择要移动或复制的幻灯片，按住鼠标左键拖至合适位置后松开鼠标左键，即可实现移动。若在移动的同时按住〈Ctrl〉键，则可实现幻灯片的复制。对连续的多张幻灯片可一次选中，进行移动或复制。

2. 幻灯片的设计

模板可为幻灯片套用一些外观样式和预设格式。使用模板进行幻灯片设计是一种高效的幻灯片设计方式。单击"格式"菜单中的"幻灯片设计"命令，打开"幻灯片设计"任务窗格，其中包括三项设计内容：设计模板、配色方案和动画方案。

1）打开"幻灯片设计"任务窗格，使鼠标指针停在要应用的设计模板上，单击右侧箭头，打开下拉列表，选择"应用于所有幻灯片"或"应用于选定幻灯片"选项；单击最下方的"浏览"按钮，可从外部选择 PPT 文件来设计模板，如图 5-11 所示。

2）单击"幻灯片设计"任务窗格中的"配色方案"选项，可从"应用配色方案"列表中选择应用配色方案，还可单击其下方的"编辑配色方案"进行配色编辑。

3）单击"幻灯片设计"任务窗格中的"动画方案"选项，列出可供选择的动画方案。需要说明的是：不同的动画方案包含不同的幻灯片切换、标题和正文的动画，当鼠标指针停在动画方案上时会出现其包含的具体动画。动画方案首先应用于所选幻灯片，也可在下方选择"应用于所有幻灯片"，如图 5-12 所示。

图 5-11 "幻灯片设计"任务窗格

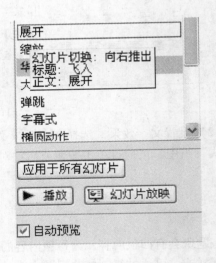

图 5-12 动画方案

任务实施

1）插入新幻灯片，选择"只有标题"版式，单击标题文本框，输入"班会　第一项"内容。

2）在幻灯片中间插入艺术字"宣誓"并设置其格式，单击"绘图"工具栏中的"插入图片"按钮，从 PPT 素材中选择 flower. jpg 图片，插入在幻灯片的右上角，设置图片的高度为"3.5 厘米"，宽为"4 厘米"。标题幻灯片的效果如图 5-13 所示。

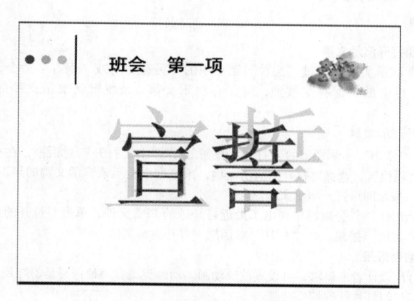

图 5-13　标题幻灯片的效果

3）在普通视图下选择"幻灯片"选项卡，单击选中第 3 张标题幻灯片右击，从快捷菜单中执行"复制"命令，执行三次"粘贴"命令，复制出三张幻灯片。选择第 4 张幻灯片中的艺术字双击，打开"编辑'艺术字'文字"对话框，在文本框中输入"资料展示"，单击"确定"按钮完成第 2 张标题幻灯片的制作，同理可完成其余标题幻灯片的制作。

拓展知识

母版用于设置每张幻灯片的预设格式，包括标题及正文文字的位置和大小、项目符号的样式、背景图案等。母版有幻灯片母版、讲义母版、备注母版。

1）单击菜单中的"视图"→"母版"命令，从子菜单中选择母版类型，进入相应的母版视图。母版由一些"占位符"构成，体现了幻灯片的内容布局。

2）更改幻灯片母版，可用于成批设计幻灯片样式。在幻灯片母版中插入对象，可使除标题幻灯片外的每张幻灯片自动包含该对象。

3）讲义母版用于控制幻灯片以讲义形式打印时的格式，有 4 个占位符可设置格式，幻灯片或大纲区只通过工具栏设置打印样式。备注母版提供了一些幻灯片的备注信息。

任务四　制作内容幻灯片

任务分析

内容幻灯片是演示文稿的主体部分。用户可根据具体内容选择不同的幻灯片版式，或选择空白幻灯片自行设计版式。设计的幻灯片主要有誓言内容、讲公德相关资料、有关事例故事和讨论话题等。主体内容完成后，可设置幻灯片中各对象的自定义动画以配合幻灯片放映，并将内容与目录页链接。

相关知识

1. 保存和打开演示文稿

（1）保存演示文稿　通过"文件"菜单中的"另存为"或"保存"命令，或者单击"常用"工具栏中的"保存"按钮，可保存演示文稿。系统默认演示文稿的扩展名为". ppt"。

（2）打开演示文稿

1）单击"常用"工具栏中的"打开"按钮 ，弹出"打开"对话框，在查找范围框内指定演示文稿位置，选择要打开的演示文稿，预览框中显示该演示文稿的第 1 张幻灯片，单击"打开"按钮即可打开演示文稿。

2）"开始工作"任务窗格中列出了最近打开过的 PPT 文件，单击要打开的演示文稿即可，或单击"其他"按钮，从"打开"对话框中打开演示文稿。

2. 设置动画效果

根据幻灯片设计者的需求，可设置放映动画。动画类型有两种：一是幻灯片内各对象的放映动画，二是幻灯片间的切换动画。

1）自定义动画可对幻灯片内任何独立对象设置动画。其方法是：单击"幻灯片放映"菜单中的"自定义动画"命令，打开"自定义动画"任务窗格，选择要设置动画的对象，单击"添加效果"选项，从菜单中选择动画类型，在下一级动画列表中选择动画效果，单击"其他效果"选项，将列出更多的动画效果，如图 5-14 所示。

2）动画效果有"开始"、"属性"、"速度"三个选项，可打开列表设置这三个选项。设置好动画后，"自定义动画"任务窗格中会出现顺序排列的各对象动画列表，选中某对象单击"更改"按钮，可重新更改动画设置，或单击"删除"按钮，删除动画设置，也可以用鼠标拖动来改变动画放映的顺序。自定义动画设置如图 5-15 所示。

3）片间动画是幻灯片放映时幻灯片之间的切换动画。其设置方法是：选定一张或多张幻灯片，单击"幻灯片放映"菜单中的"幻灯片切换"命令，打开"幻灯片切换"任务窗格，在"应用于所选幻灯片"列表中选择切换动画效果，还可根据需要设置"速度"、"声音"和"切换方式"选项。若单击下方的"应用于所有幻灯片"按钮，切换动画效果将应用于演示文稿中的所有幻灯片。

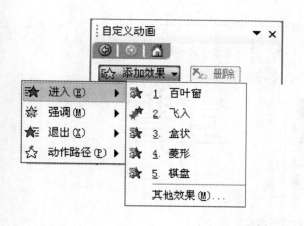

图 5-14　"自定义动画"任务窗格　　　　　　　图 5-15　自定义动画设置

1）选择第三张幻灯片，单击新幻灯片（N）按钮，插入一张新幻灯片。选择上方的标题文本占位符，按〈Delete〉键删除，单击下方的文本框占位符，输入誓言文字。设置文本框占位符的大小为高度"16.5 厘米"，宽度"19.5 厘米"；设置位置为水平"5 厘米"，垂直"1.5 厘米"；设置文字为宋体、40 号、加粗。再插入一张新幻灯片，添加另一段誓言文字。誓言内容幻灯片如图 5-16 所示。

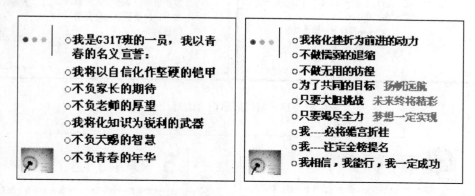

图 5-16　誓言内容幻灯片

2）进入幻灯片母版视图，在左侧加入一个班级图标，在右下角加入学校名称。关闭母版视图，这两项内容就应用在除"自动标题版式幻灯片"之外的所有幻灯片上。使用幻灯片母版修改后的幻灯片如图 5-17 所示。加入的内容若有不合适，则可再次打开幻灯片母版视图进行修改。

3）选择第 6 张标题幻灯片，单击新幻灯片（N）按钮，插入一张新幻灯片。在新幻灯片上添加标题文字和内容文字，插入与主题相关的图片，如图 5-18 所示。

4）选择第 9 张标题幻灯片，单击新幻灯片（N）按钮，插入一张新幻灯片，在其文本框中以 24 号、宋体、加粗的字体格式输入事例 1 和事例 2。故事分享内容幻灯片如图5-19所示。

主 题 班 会
G317
第一项 宣 誓
第二项 资料展示
第三项 故事分享
第四项 讨论发言
山西电子高级学校
班会 第一项
G317
宣誓
山西电子高级学校

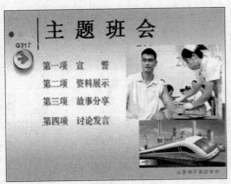

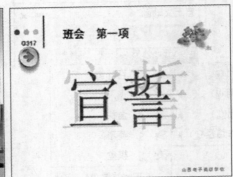

图 5-17 使用幻灯片母版修改后的幻灯片

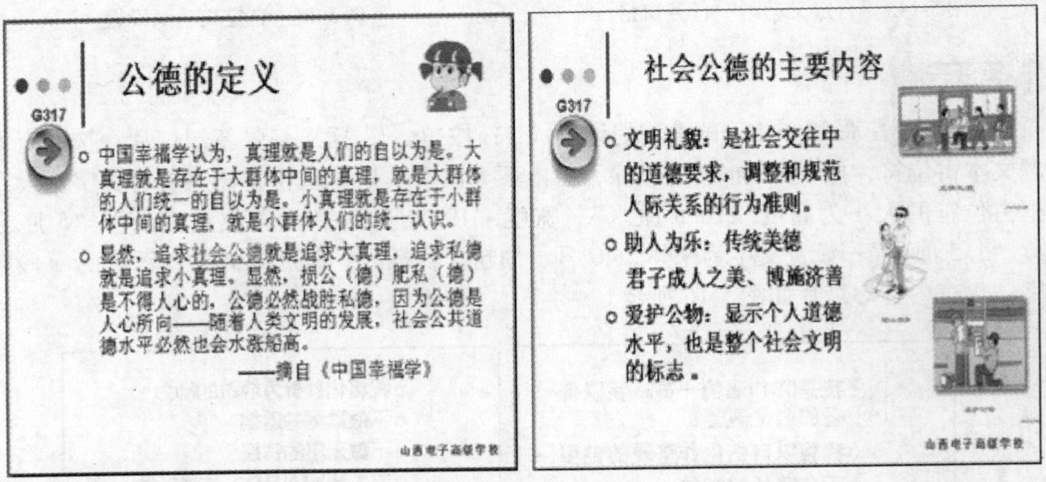

公德的定义
G317
中国幸福学认为，真理就是人们的自以为是。大真理就是存在于大群体中间的真理，就是大群体的人们统一的自以为是。小真理就是存在于小群体中间的真理，就是小群体人们的统一认识。
显然，追求社会公德就是追求大真理，追求私德就是追求小真理。显然，损公（德）肥私（德）是不得人心的，公德必然战胜私德，因为公德是人心所向——随着人类文明的发展，社会公共道德水平必然也会水涨船高。
——摘自《中国幸福学》
山西电子高级学校
社会公德的主要内容
G317
文明礼貌：是社会交往中的道德要求，调整和规范人际关系的行为准则。
助人为乐：传统美德
君子成人之美、博施济善
爱护公物：显示个人道德水平，也是整个社会文明的标志。
山西电子高级学校

图 5-18 资料展示内容幻灯片

事例 1
G317
那是一个炎热的夏天，我上完课外补习班，背着沉甸甸的书包急急忙忙往车站走，希望早点到家。真是天遂人愿，很快就来了一辆车，我赶忙上了车，一看还有一个空座，高兴地坐下了，心想：太好了，这下可以歇歇了，否则，这么热的天，背着个大书包，站在这摇摆不定的车厢里，真是活受罪呀。往前看，在我前面坐着一个大概读高中的大哥哥，只见他把自己的大书包放在另一个空座位上，戴上耳机逍遥自在地听音乐呢。车很快到了下一站，一下子上来了好多人，我顿时感到一股热气往身上涌。只见一位白发苍苍的老奶奶拄着拐杖，艰难地走在人群中。这时，车上的座位都已经被坐满了。老奶奶好不容易挪到那个大哥哥面前，看见还有一个没坐人的座位，说："同学，能把你的书包拿开吗？"
山西电子高级学校
事例 2
G317
在汉堡定居的一个中国人，对我讲了他的一次亲身感受——
他刚到汉堡时，跟几个德国青年驾车到郊外游玩。他在车里吃香蕉，看车窗外没人，就顺手把香蕉皮扔了出去。驾车的德国青年马上"吱"地来了个急刹车，下去拾起香蕉皮塞到一个废纸兜里，放进车中。对他说："这样别人会滑倒的。"
在欧美的快餐店里，有个不成文的规定，吃完东西要把用过的纸盘纸杯扔进店内设置的大塑料箱内，以保持环境的整洁。为了使别人舒适，不妨碍别人，这叫公德。
在美国碰到过两件小事，我记得非常深。
山西电子高级学校

图 5-19 故事分享内容幻灯片

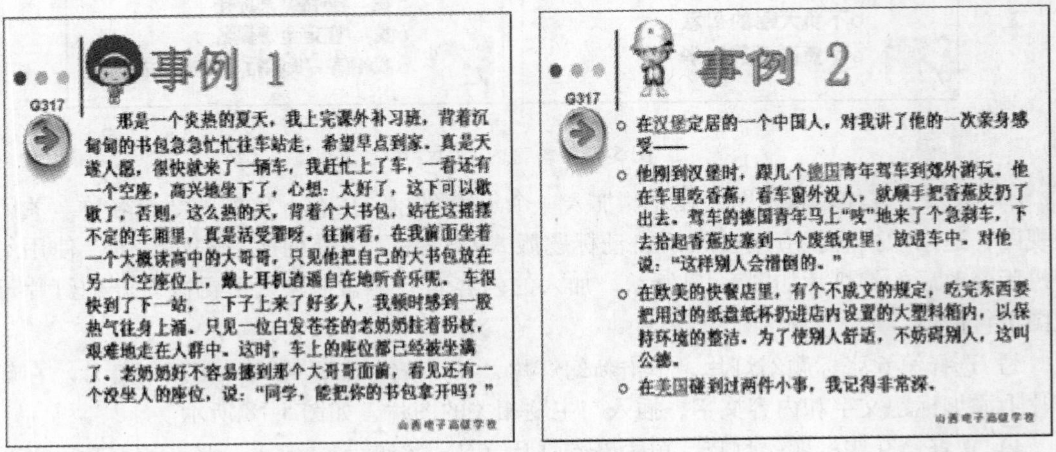

5）选择第 15 张标题幻灯片，单击"新建幻灯片"按钮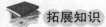，插入一张新幻灯片，在其中插入图片或文字引出讨论话题。讨论发言内容幻灯片如图 5-20 所示。

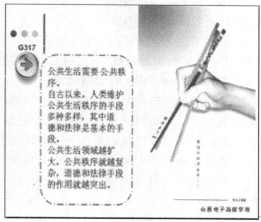

图 5-20　讨论发言内容幻灯片

6）编排内容时，应注意幻灯片的美化设计。幻灯片内容设置完成后，设置放映动画，然后选择目录页设置超链接，链接至本演示文稿的相应内容页。

拓展知识

1. 创建动作按钮

在幻灯片中创建动作按钮，在放映演示文稿时，可通过鼠标移动或单击该按钮，来完成某个动作。其中，动作包括链接到某个幻灯片、执行某个命令或启动一个应用程序。

（1）超链接　单击"幻灯片放映"菜单，选择"动作按钮"命令，从列表中选择一种动作按钮，这时鼠标指针变为十字状，然后在放置按钮的位置拖出按钮，系统自动弹出"动作设置"对话框，如图 5-21 所示。从"动作设置"对话框中可以看出，动作触发方式有"单击鼠标"和"鼠标移过"，选择超链接到"单选钮"，打开列表选择链接，单击"确定"按钮。

（2）运行程序　当选中"运行程序"单选钮时，单击"浏览"按钮则可以在打开的对话框中为对象选择要运行的程序。

（3）运行宏　当演示文稿中存在宏时，"运行宏"单选钮才变为可用状态，此时，单击其下拉按钮，选择一个要运行

图 5-21　"动作设置"对话框

的宏即可。

（4）动作对象　当选择的对象是通过单击"对象"按钮添加的对象时，"动作设置"对话框中的"对象动作"单选钮才为可用状态。选中该单选钮，单击其下拉按钮，即可为对象设置打开、编辑等动作。

另外，当启用"播放声音"复选框时，单击下拉按钮可设置一种播放声音；当启用"单击时突出显示"复选框时，在播放演示文稿时单击该按钮，则该按钮会突出显示。

2. PowerPoint 2010 的动画设置

选择要添加动态效果的对象，在"动画"选项卡中进行设置。PowerPoint 2010 的动画效果更加丰富，"动画"选项卡中有动画组、高级动画组和计时组，其操作非常方便、快捷，当鼠标指针停在动画效果按钮上时即可自动预览效果。使用高级动画组中的"动画刷"工具，可以复制一个对象的动画，将其应用到另一个或多个对象上。选择一个已应用动画的对象，单击或双击"动画刷"工具，在另一个或多个对象上单击，则该动画就被复制到新对象上。

【交流评议】

一、案例评价（满分 30 分）

评价项目及标准	得　分
信息内容主题突出且有条理，整体结构流畅	10 分
幻灯片外观具有美感，内容布局合理	10 分
链接设计流畅，放映效果较好	10 分

二、作品交流

展示作品	作品得分	设计特点	改进建议
作品一			
作品二			
作品三			

注：抽选具有代表性的作品，分组讨论并给出交流结果，最后由教师总结评议。

【案例小结】

本案例介绍了较典型幻灯片的制作方法，学生可以此为基础不断学习更具专业水准的演示文稿的制作方法。制作幻灯片时通常采用的是普通视图，可根据需要切换到其他视图。观看某张幻灯片的效果时，可切换到幻灯片放映视图，按〈Esc〉键可结束放映。

【教你一招】

幻灯片常通过一些线条、图形等内容表达出独特的布局来吸引观众视线。教大家制作一张以图像为中心的幻灯片首页，以有效传递要表达的内容。其操作步骤是：

1）单击菜单中的"格式"→"背景"命令，打开"背景"对话框，选择"填充效果"来填充图片。

2）叠放大小不同的圆或椭圆，为中间的圆填充图片效果。对图形进行恰当排列，填充色彩，调整透明度，以形成柔和的朦胧效果。

3）绘制一个圆角矩形，设置三维效果样式，然后复制三个圆角矩形并排列好它们的位置，在上面插入与主题内容相关的图片，并调整图片位置、大小及排列顺序，最后添加并设置主题文字。设置好的幻灯片首页效果如图 5-22 所示。

图 5-22　幻灯片首页效果

【复习思考题】

一、填空题

1. PowerPoint 2003 的视图包括_____、_____、_____、_____。

2. PowerPoint 2003 的母版可分为_____、_____、_____。

3. 片间动画是指_____。

4. 创建超链接的方法是_____。

5. 讲义母版的作用是_____。

二、选择题

1. PowerPoint 2003 演示文稿的扩展名是_____。

A. . ppt　　　　　B. . pot　　　　　C. . doc　　　　　D. . xls

2. 在 PowerPoint 2003 中，演示文稿与幻灯片的关系是_____。

A. 在演示文稿中包含若干张幻灯片

B. 在幻灯片中包含若干张演示文稿

C. 演示文稿和幻灯片是 PowerPoint 2003 中的两个用户文件

D. 演示文稿又可以叫做幻灯片

3. 在 PowerPoint 2003 中，能够看到演示文稿大纲的视图是_____。

A. 普通视图　　B. 大纲视图　　C. 幻灯片视图　D. 幻灯片浏览视图

4. 让一张幻灯片"切出"到下一张幻灯片，应使用_____功能来设置。

A. 动作设置　　B. 自定义动画　C. 幻灯片切换　D. 预设动画

5. 用于成批设计幻灯片格式的母版是_____。

A. 幻灯片母版　B. 标题母版　　C. 讲义母版　　D. 备注母版

6. 在当前幻灯片中添加动作按钮是为了_____。

A. 让幻灯片中出现真正的画

B. 增加幻灯片的转换功能

C. 让幻灯片以一定方式放映

D. 设置交互式的幻灯片，使得放映者可以控制幻灯片的放映

7. 在 PowerPoint 2003 中，幻灯片母版是_____。

A. 演示文稿的第 1 张幻灯片

B. 用于控制幻灯片尺寸的特殊幻灯片

C. 用于设置动画的特殊幻灯片

D. 用于统一演示文稿中各种特殊格式的幻灯片

8. 要退出正在播放的幻灯片,可通过按_____键完成。

A. 〈Esc〉　　　　B. 〈Ctrl〉　　　　C. 〈Alt〉　　　　D. 〈Shift〉

【技能训练题】

制作古诗欣赏的语文课件,主要内容有作者简介、诗句欣赏、诗句拓展等。

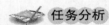 制作"美丽的家乡"演示文稿

【案例描述】

制作介绍家乡的演示文稿。此演示文稿主要包括家乡的风景名胜、饮食文化、民俗风情等内容。要求演示文稿的内容丰富,具有较强的观赏性。

【案例分析】

根据本案例内容的特点,建议设计一张独具吸引力的幻灯片首页,并在首页上体现出要介绍的主要内容。针对所介绍内容的风格特点,设计自定义模板进行套用。

任务一　美化幻灯片

任务分析

制作独具风格的模板,巧妙应用动画效果来增加观赏性;应用线条、图形组合、填充效果以及画面分割等技巧来规划内容,体现内容的关联性。美化幻灯片的方法很多,较能体现特色风格的是利用线条和图形来美化幻灯片。

相关知识

1)利用任意图形,以曲线分割画面,通过色彩柔和过渡来传递画面内容,从而美化幻灯片。

① 选择"自选图形"→"线条"→"任意多边形"命令,通过单击和移动鼠标来绘制图形,最后单击起点完成图形的绘制,如图 5-23 所示。

② 选择创建好的图形,右击,从快捷菜单中选择"编辑顶点"选项,将图形转换为编辑状态。选择要编辑的顶点,右击,从快捷菜单中选择相应的命令,如图 5-24 所示。调整各顶点,直至形成满意的图形,调整好后选择"退出节点编辑"命令,完成图形的设计。

③ 可复制多个图形进行编辑调整,最后填充颜色或调整透明度,形成需要的图形样式,如图 5-25 所示。

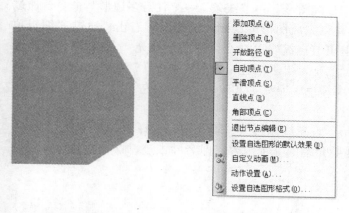

图 5-23　绘制图形　　　　图 5-24　编辑图形　　　　　　图 5-25　组合图形

2）应用线条、填充效果和各种图形的叠加及组合功能等，达到强调相关内容或排列内容的效果，如图 5-26 所示。

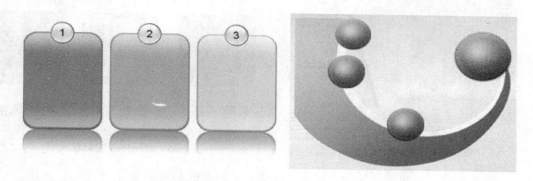

图 5-26　图形效果

3）图形的绘制。使用"自选图形"，复制相同或相近的图形，通过编辑、叠加、组合和填充效果等操作，使图形达到一定效果。选择图形时，可使用鼠标拖动框选；移动图形时，可按住〈Ctrl〉键使用光标键进行精确移动。

4）自定义设计方案的幻灯片母版。单击菜单中的"视图"→"母版"→"幻灯片母版"命令，进入幻灯片母版视图，单击"常用"工具栏上的"新幻灯片母版"按钮🗐，插入自定义设计的幻灯片母版。通过设置背景色彩效果或图片效果、设置文本格式、添加图形或图片对象等方法设计幻灯片，设计完成后关闭幻灯片母版视图，这张"自定义方案的幻灯片"就会出现在应用设计模板列表中，制作演示文稿时，可从"幻灯片设计"任务窗格中选择应用。

🔺 **任务实施**

1. 设计一张符合主题的幻灯片

1）新建空白演示文稿，选择空白版式。进入幻灯片母版视图，在"幻灯片母版视图"工具栏中，单击"插入新幻灯片母版"按钮🗐，插入自定义设计的幻灯片母版。删除母版版式的所有占位符，从 PPT 素材文件夹中插入"车站"图片，调整大小，放置于右侧。

2）关闭幻灯片母版视图，选择"自选图形"→"线条"→"任意多边形"命令，通过鼠标移动和单击绘制图形，最后单击起点完成图形的绘制。选择图形右击，通过"编辑顶点"调整图形，调整满意后选择"退出节点编辑"命令。为图形填充"灰-40%，透明度60%"；复制一个相同的图形并粘贴，填充为"水绿色，透明度40%"，水平向左缩小；再复制并粘贴一个相同的图形，填充"海绿色，透明度20%"，水平向左缩小，完成图形的制作，如图5-27所示。

3）绘制3个大小相等的圆角矩形，设置线条样式，填充效果选择"图片填充"，圆角矩形下方使用文本框添加文字，体现要介绍的三项内容，即名胜古迹、饮食文化、民俗风情，如图5-28所示。

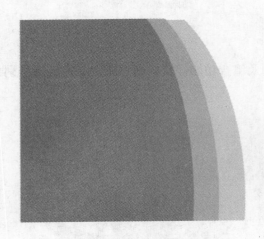

名胜古迹　　　饮食文化　　　民俗风情

图5-27　编辑图形的效果　　　　　　　　图5-28　介绍内容的设置效果

4）将文本框与对应的图片进行组合，设置为"向左的路径动画"。

5）添加并设置主题文字，适当赋以横线修饰，完成首页的制作，如图5-29所示。

图5-29　幻灯片首页效果

2. 根据内容的不同特点，设计自定义风格的幻灯片母版

1）进入幻灯片母版视图，单击"插入新幻灯片母版"按钮 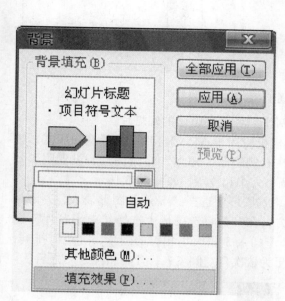，插入自定义设计的幻灯片母版。单击菜单中的"格式"→"背景"命令，打开"背景"对话框，选择"填充效果"命令，打开"填充效果"对话框，颜色选择为从白色渐变到浅蓝，底纹样式选择为斜上（见图5-30），单击"确定"按钮，最后单击"应用"按钮。

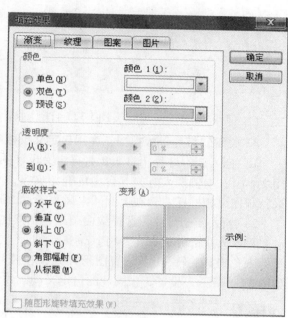

图5-30　背景效果设置

2）删除母版的标题区和对象区的占位符，在母版左侧插入风景图片，设置图片宽度为"19.1 厘米"，高度为"4 厘米"，在右上角插入艺术字"山西名胜古迹"，如图5-31 所示。

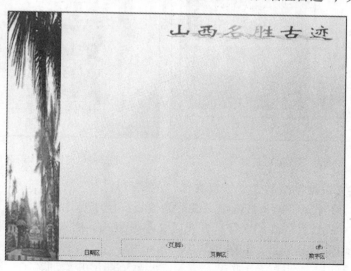

图5-31　自定义母版

3）插入自定义设计的幻灯片母版，以同样的方法设置背景填充效果、插入图片和设置艺术字效果。根据内容设计几张相同风格的幻灯片母版样式，如图 5-32 所示。

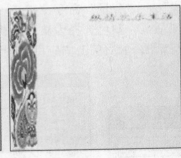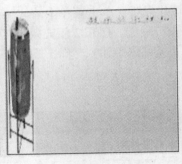

图 5-32　自定义设计方案的幻灯片母版

3. 关闭幻灯片母版视图，套用自定义模板制作"名胜古迹"的幻灯片

1）插入新幻灯片，将第 2 张自定义设计的模板应用于选定幻灯片。选择空白版式，使用文本框在左侧插入有关五台山的介绍文字，在右侧绘制"矩形"自选图形，设置阴影效果，制作出相框样式，在上面插入风景图片，调整大小和位置，如图 5-33 所示。

2）插入新幻灯片，选择空白版式，在其他自选图形中选择"云朵"图形插入，并添加有关乔家大院的介绍文字，将其位置调整于上方；在其他自选图形中选择"电影胶片"图形插入，将其旋转 90°并设置图形样式，在胶片上插入 3 张大小相等的图片，等距离排列，如图 5-34 所示。设置 3 张图片的自定义动画效果为依次自左侧飞入，开始属性为"之后"。

图 5-33　"五台山名胜"幻灯片　　　　　　　图 5-34　"乔家大院名胜"幻灯片

4. 套用自定义设计模板制作"饮食文化"的幻灯片

1）插入新幻灯片，将第 3 张自定义设计的模板应用于选定幻灯片。选择空白版式，绘制文本框并添加有关饮食的介绍文字，并设置文本框格式；插入与主题相关的图片，适当调整图片大小并合理排列其位置，如图 5-35 所示。

2）插入新幻灯片，选择空白版式，插入"云朵"图形并添加文字，然后从 PPT 素材文件夹中插入 4 张面塑图片。选择最上面的图片，设置自定义动画为退出扇形展开动画中速，将开始属性设置为"单击";依次选择第 2 和第 3 张图片,设置相同的动画效果,将开始属性均设置为"之后";最后一张图片不设置动画效果。将 4 张图片全部选中,设置高度为"7 厘米",宽度为"16 厘米";设置图片位置为水平"5 厘米",垂直"9.5 厘米"。幻灯片效果如图 5-36 所示。

图 5-35　"山西面食"幻灯片

图 5-36　"面塑"幻灯片

3)插入新幻灯片,选择空白版式,绘制直线,设置线条颜色、样式、粗细等格式,并将线条组合成表格样式;使用文本框添加并设置文字格式;插入剪纸图片并恰当调整其位置及大小。剪纸幻灯片效果如图 5-37 所示。

图 5-37　"剪纸"幻灯片效果

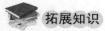 拓展知识

1. 利用模板制作幻灯片

利用 PowerPoint 提供的模板可以快速、轻松地制作出具有专业水平的演示文稿。PowerPoint 提供了两种模板:一种是演示文稿模板,另一种是设计模板。

（1）利用演示文稿模板制作幻灯片　其方法是：在"新建演示文稿"任务窗格中，单击模板组下面的"从本机上的模板"命令，打开"新建演示文稿"对话框（见图5-38），选择"演示文稿"选项卡，从列表中选择需要的演示文稿模板，单击"确定"按钮，将自动创建一份示范演示文稿。演示文稿模板由一组预先设计好的带有背景图案、文字格式和提示文字的若干幻灯片组成，用户只需要根据提示添加所需内容即可创建演示文稿。

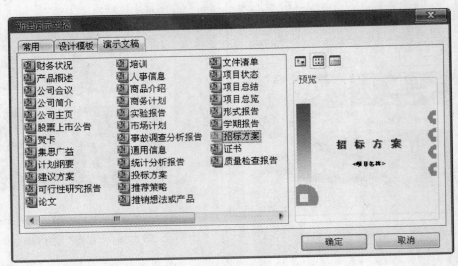

图 5-38　"新建演示文稿"对话框

（2）利用设计模板制作幻灯片　其方法是：在"新建演示文稿"对话框中选择"设计模板"选项卡，从列表中选择一种模板，单击"确定"按钮。设计模板是仅有背景图案的空演示文稿，只含有格式的颜色，不含文字内容。依次插入幻灯片，选择幻灯片版式，为其添加内容，即完成演示文稿的创建。

2. PowerPoint 2010 的幻灯片设计

PowerPoint 2010 中包含样本模板和主题，供用户创建演示文稿时使用。利用模板可以快速创建示范演示文稿，主题样式可以帮助用户指定幻灯片的样式、颜色、效果等内容。

在设计幻灯片样式时，应选择"设计"选项卡，其中包含页面设置、主题和背景三个设置组，选择内置主题，单击右键可选择应用于所选定的幻灯片或应用于所有幻灯片。应用主题后，可单击"颜色"、"文字"、"效果"、"背景样式"等按钮，更改主题效果，以满足个性需求。PowerPoint 2010 主题效果应用如图5-39 所示。

图 5-39　PowerPoint 2010 主题效果应用

任务二 插入多媒体对象

任务分析

插入音乐、影片、动画等多媒体对象，可提高幻灯片的说服力，使演示文稿更加生动并且更具观赏性。为幻灯片插入影片和声音，可通过插入菜单下的"影片和声音"命令来完成，若插入 Flash 动画，则要使用其他控件中的命令。

相关知识

1. 插入音乐和声音

插入音乐和声音常用的方法是将本地计算机的声音文件或自己录制的声音文件添加到演示文稿中。

（1）插入本地计算机的声音和音乐文件 单击菜单中的"插入"→"影片和声音"→"文件中的声音"命令，打开"插入声音"对话框，从指定的路径中选择声音或音乐文件插入即可。系统自动弹出如何开始播放声音的信息框（自动或在单击时），选择音乐播放方式后幻灯片上会出现"小喇叭"图标 ，选中该图标右击，从快捷菜单中执行"编辑声音对象"命令，打开"声音选项"对话框，设置播放和显示选项，如图5-40所示。

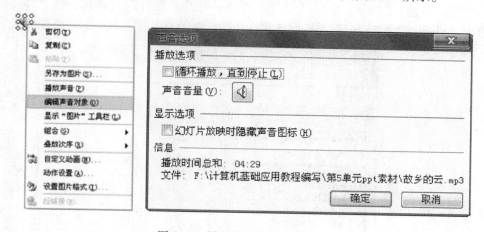

图 5-40 设置播放和显示选项

（2）录制声音 将耳麦连接到计算机，单击菜单中的"插入"→"影片和声音"→"录制声音"命令，打开"录音"对话框，单击"录音"按钮 开始录制声音，单击"停止"按钮 完成声音的录制，单击"确定"按钮，幻灯片上会出现"小喇叭"图标，通过编辑声音对象来设置播放和显示选项。

2. 插入影片

影片的格式一般为 . avi、. mov、qt、. mpg、和 . mpeg 等。插入影片的方法是：

1）选中要插入影片的幻灯片，单击菜单中的"插入"→"影片和声音"→"文件中的影片"命令，打开"插入影片"对话框，从指定的路径中选择要插入的影片。

2）插入影片画面后，可调整画面的大小和位置。选中影片单击右键，从快捷菜单中选择"播放影片"，可观看其效果；选择"编辑影片对象"，可设置播放选项和显示选项。

3. 插入 Flash 动画

若插入 Flash 动画，则要使用其他工具，并将 Flash 播放文件与演示文稿放在同一路径下。选择菜单中的"视图"→"工具栏"→"控件工具箱"命令，打开"控件工具箱"工具栏。

1）在"控件工具箱"工具栏中单击"其他控件"按钮后，选择"Shockwave Flash Object"选项（见图 5-41），就会使鼠标指针变成十字形状，然后，在幻灯片中需要插入 Flash 文件的位置上拖动鼠标指针，从而确定要插入 Flash 的区域。

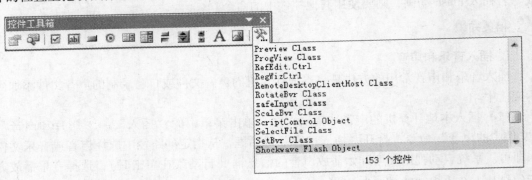

图 5-41 选择 "Shockwave Flash Object" 选项

2）单击"控件工具箱"中的"属性"按钮，打开"属性"对话框，在"Movie"属性值中输入"Flash 文件名 . swf"（见图 5-42），即可在幻灯片中插入 Flash 动画，按〈Shift〉

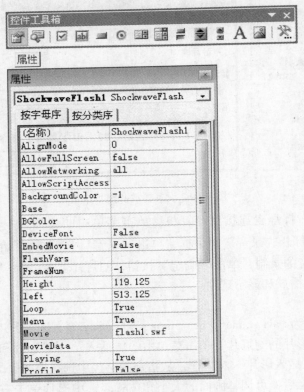

图 5-42 Flash 动画属性设置

+〈F5〉键可观看效果。

 任务实施

1）插入新幻灯片，将第 5 张自定义设计的模板应用于选定幻灯片。使用文本框添加有威风锣鼓的介绍文字，在幻灯片中间绘制一个矩形，设置为无填充色及"三维样式 1"效果。单击菜单中的"插入"→"影片和声音"→"文件中的影片"命令，从 PPT 素材文件夹中插入视频文件"锣鼓.mpg"，并适当调整到绘制矩形上，设置为单击时播放。威风锣鼓幻灯片效果如图 5-43 所示。

2）插入新幻灯片，选择空白版式，使用文本框添加文字并设置格式；插入锣鼓文化图片并适当调整其位置及大小。锣鼓文化幻灯片效果如图 5-44 所示。

图 5-43　"威风锣鼓"幻灯片效果　　　　　图 5-44　"锣鼓文化"幻灯片效果

3）插入新幻灯片，将第 4 张自定义设计的模板应用于选定幻灯片。绘制直线，设置线条颜色、样式、粗细等格式，并将线条组合成表格样式；使用文本框添加文字并设置格式；插入民间习俗图片并适当调整其位置及大小。民间习俗幻灯片效果如图 5-45 所示。

4）制作幻灯片尾页。进入幻灯片母版视图，选择第 5 张幻灯片，单击插入新幻灯片母版按钮，插入新幻灯片母版。从 PPT 素材中插入"晋商文化博物馆"图片，将其调整为幻灯片背景，将图片颜色设为"冲蚀"，关闭幻灯片母版视图。插入新幻灯片，将第 6 张自定义设计的模板应用于选定的幻灯片。在幻灯片上方插入艺术字"家乡美景，文化传承"，然后插入 3 张图片，设置图片线条颜色及粗细，并调整线条大小及位置。幻灯片尾页效果如图 5-46 所示。

5）选择幻灯片首页，分别选中"名胜古迹"、"饮食文化"、"民俗风情"文本框，设置超链接，将其链接至本演示文稿中的相应位置。

6）单击菜单中的"幻灯片放映"→"动作按钮"命令，插入一组按钮并将其组合（见图 5-47），然后设置超链接并将按钮复制到除首页外的所有幻灯片中。

7）选择幻灯片首页，单击菜单中的"插入"→"影片和声音"→"文件中的声音"命令，打开"插入声音"对话框，从 PPT 素材文件夹中插入"故乡的云"声音文件，设置

图 5-45　"民间习俗"幻灯片效果

图 5-46　幻灯片尾页效果

图 5-47　超链接按钮

自动播放。选中"小喇叭"图标，单击右键，从快捷菜单中选择"编辑声音对象"命令，设置放映幻灯片时隐藏图标。打开"自定义动画"任务窗格，选择声音文件，单击右键，从快捷菜单中选择"效果选项"命令，打开"播放声音"对话框，在"效果"选项卡中设置停止播放选项为"⊙在(F)：□12□张幻灯片后"，如图 5-48 所示。

8）切换至幻灯片母版视图，选择在数字区的占位符，插入幻灯片编号并设置格式。

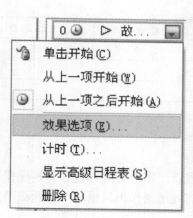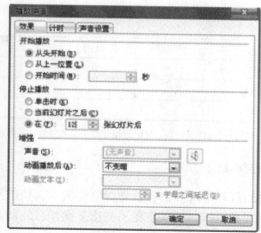

图 5-48　添加设置声音对象

拓展知识

1. 插入幻灯片编号

单击"插入"菜单中的"幻灯片编号"命令，打开"页眉和页脚"对话框，勾选"幻灯片编号"选项，幻灯片编号将默认插入在右下角的数字区，切换至幻灯片母版视图可对其进行编辑修改。幻灯片编号的起始值可通过"页面设置"对话框进行设置。

2. PowerPoint 2010 的视频编辑功能

在 PowerPoint 2010 中插入视频剪辑时会更加方便且自动加入了播放控制条，同时在视频工具中包含了"格式"和

图 5-49　设置视频样式后的效果

"播放"两组选项卡。"格式"选项卡用于设置视频样式和调整视频；"播放"选项卡用于剪辑视频和播放设置，如插入、裁剪视频。设置视频样式后的效果如图 5-49 所示。

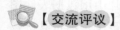【交流评议】

一、案例评价（满分 40 分）

评价项目及标准	得　分
主题鲜明，模板与内容搭配协调	10 分
多媒体对象独具表现力	10 分
美化效果突出，达到衬托内容的作用	10 分
链接设置正确，内容播放流畅且完整	10 分

二、作品交流

展示作品	作品得分	设计特点	改进建议
作品一			
作品二			
作品三			

注：抽选具有代表性的作品，分组讨论并给出交流结果，最后由教师总结评议。

【案例小结】

美化幻灯片外观和内容设计是制作演示文稿的重点。图形的应用包含各种操作技巧。合理使用母版和模板，可以避免一些重复操作，并能高效地制作出风格统一、画面精美的幻灯片样式，设计者可以在制作中慢慢体会。

【教你一招】

在演示文稿中插入了声音后，到其他计算机上就不能正常播放了，这是由于插入的声音对象含有盘符和路径，而在其他计算机上路径不一致，所以不能播放。为了避免这种现象出现，可以在建立 PowerPoint 文件时，将声音文件与演示文稿放在同一文件夹下，然后将文件打包即可。

【复习思考题】

1. PowerPoint 2003 演示文稿中插入的声音或视频的播放方式有_____和_____。
2. PowerPoint 2003 提供的两种模板是_____和_____。
3. 设置幻灯片编号后，将编号调整到页面底部中间位置的方法是_____。

【技能训练题】

制作"电工基础实验"演示文稿，将素材中的"Flash 动画"插入到幻灯片中。

 案例三 制作"公司年度业绩报告"演示文稿

【案例描述】

制作演示文稿进行年度业绩汇报，分季度说明产品销售情况；在幻灯片中用数据表、图表等数据信息分析公司全年的销售业绩情况；插入总体内容目录，使用超链接技术将其链接至各部分，使演示文稿放映流畅，具有较好的观看效果。

【案例分析】

在幻灯片中插入各类对象，可以使幻灯片更具表现力。在 PowerPoint 中，插入的对象主要有表格、图表、图形、图片、剪贴画和媒体剪辑等。常用的插入对象方法是：根据布局设计需求选择适当的幻灯片版式，单击或双击版式中的占位符插入所需对象；或选用空白版式，通过"插入"菜单中的命令选择相应的对象插入。

任务一　插入对象

任务分析

常用表格和图表来呈现数据，这样会使问题分析更有说服力。将 Excel 表格对象插入到幻灯片中，便于数据计算。嵌入或链接外部对象，可借助源程序的功能来修改内容。除此之外，也可以在幻灯片中直接插入表格，并添加有关数据。

相关知识

当需要在 PowerPoint 中插入表格时，可以在幻灯片中直接创建表格，也可以添加其他程序中的表格。若以嵌入或链接对象的方式插入其他程序创建的表格，则在编辑和处理时，会出现源程序的菜单和按钮，它们可以与 PowerPoint 的菜单结合在一起使用。

1. 使用标题和表格版式创建表格

1）单击菜单中的"格式"→"幻灯片版式"命令，打开"幻灯片版式"任务窗格，选择"标题和表格"版式，将其应用于选定的幻灯片。在标题栏中输入标题文字，双击，添加表格占位符，打开"插入表格"对话框，在"列数"和"行数"文本框中分别输入行数和列数值，单击"确定"按钮，即可创建出指定行数和列数的表格。

2）创建表格后，可首先调整表格的大小和位置；用鼠标拖动，可调整其行高和列宽；单击表格内部，可输入内容；在表格外边框线处双击，会打开"设置表格格式"对话框，可设置边框、填充等表格属性。

2. 插入 Excel 表格对象

选择要插入 Excel 表格对象的幻灯片，单击菜单中的"插入"→"对象"命令，打开"插入对象"对话框，如图 5-50 所示。

图 5-50　"插入对象"对话框

1）选择"新建"单选钮，从"对象类型"列表中选择"Microsoft Excel 工作表"选项，单击"确定"按钮。将源程序的菜单和按钮与 PowerPoint 的菜单结合在一起进行编辑，编辑完成后，单击表格以外的区域退出源程序。对于插入的对象，可设置对象格式，双击表格对象可再次调入源程序进行编辑。

2）如果 Excel 工作表已经创建并保存，那么可在对话框中选择"由文件创建"选项，单击"浏览"按钮，从指定的路径中找到数据表后，单击"确定"按钮即可插入 Excel 工作表。

任务实施

1）新建空白演示文稿，切换至幻灯片母版，删除默认设计母版的标题区和对象区，然后从 PPT 素材中插入"背景 1"图片，将其置于底层并调整为背景，插入图片、文字、图形等内容，设计幻灯片母版。

2）关闭幻灯片母版视图，选择空白版式，插入 Excel 表格对象。具体操作为：单击菜单中的"插入"→"对象"命令，打开"插入对象"对话框，选择"由文件创建"选项，单击"浏览"按钮，从 PPT 素材文件夹中选择"销售业绩表 1"文件，单击"确定"按钮，即将 Excel 表格对象插入到幻灯片中，然后选中对象，调整其大小和位置。业绩表幻灯片效果如图 5-51 所示。其他季度销售业绩表的插入方法与此相同。

图 5-51　业绩表幻灯片效果

3）在幻灯片中插入图表对象

① 插入新幻灯片，在"幻灯片版式"任务窗格中选择"标题和图表"版式，将其应用于选定幻灯片，在标题栏中输入"硬件部 2009 年第一季度销售情况图表"。

② 在占位符处双击添加图表，单击菜单中的"编辑"→"导入文件"命令，打开"导入文件"对话框，从查找路径中找到数据表文件，单击"打开"按钮。从"导入数据选项"中，选择工作表如"sheet1"，选择导入整张工作表，勾选"覆盖现有单元格"复选框，单击"确定"按钮，即可更改系统默认工作表。

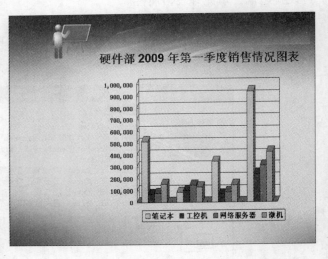

图 5-52　图表幻灯片效果

③ 根据需要调整数据选项，单击"图表"→"图表选项"命令，打开对话框，设置选项参数；选择"设置三维视图格式"命令，打开对话框，适当调整参数，单击图表以外的区域完成图表的插入。图表幻灯片效果如图 5-52 所示。

4）切换至幻灯片母版视图，绘制两个大小相近的圆角矩形，一个填充淡蓝色，另一个填充白色透明到白色的双色渐变色，将透明色的矩形置于上层并将两个图形叠加，制作出按钮样式。绘制文本框，输入文字"业绩报告"，将其移动至按钮上并与按钮组合。单击菜单中的"插入"→"表格"命令，插入一个 1 列 5 行的表格，输入文字并设置格式。按钮表格样式如图 5-53 所示。

5）为表格设置自定义动画，以自顶部、快速"切入"的方式进入，以自顶部、快速"切出"的方式退出。对这两种动画设置效果，以绘制的按钮触发启动，如图 5-54 所示。设置超链接，选中表格中的文字，将其链接到本演示文稿的相应业绩报告幻灯片处。

图 5-53　按钮表格样式

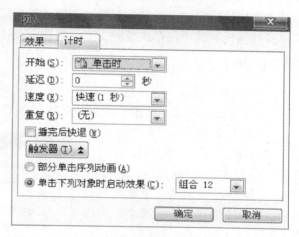

图 5-54　设置触发器

拓展知识

单击对象启用动画效果是指单击某个对象时显示自定义动画效果。其操作方法是：

选择幻灯片上的某个对象，设置自定义动画效果。在"自定义动画"任务窗格中选择该动画对象，单击右侧的下箭头打开下拉列表菜单，执行"效果选项"命令（见图 5-55）。弹出对应动画的对话框，选择"计时"选项卡，单击"触发器"按钮，选择"单击下列选项时启动效果"单选钮，从右侧的下拉列表框中选择对象，单击"确定"按钮完成设置，

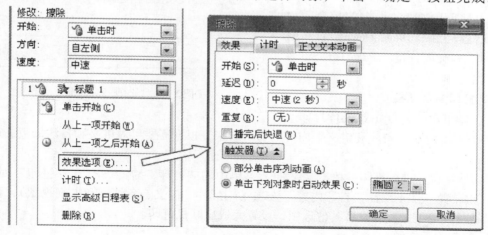

图 5-55　动画效果选项

如图 5-55 所示。

任务二 设置幻灯片放映方式

任务分析

创建完演示文稿后，可以根据需要设置不同的放映方式。自动放映是一种不需要人工干预的放映方式，可按预先设定好的时间和顺序播放。自动放映对演讲者来说有时会是一个不错的选择，设置完成后还需进行放映测试。根据需要可将演示文稿打印存档，若需要将幻灯片移到其他计算机中保存或放映，建议将演示文稿进行打包处理。

相关知识

1. 幻灯片的演示

1）设置放映方式：单击"幻灯片放映"菜单中的"设置放映方式"命令，打开"设置放映方式"对话框，对"放映类型"、"放映选项"、"放映幻灯片"和"切换方式"等项目进行设置。

2）调整放映视图：在放映时可以对放映视图进行一些调整，单击菜单中的"工具"→"选项"命令，打开"选项"对话框，选择"视图"选项卡，勾选所需选项进行设置，如图 5-56 所示。

3）幻灯片的放映：单击"幻灯片放映"菜单中的"观看放映"命令，或按〈F5〉键从头开始放映。在放映过程中，按〈Enter〉键或左击，可切换到幻灯片的下一画面；右击，可打开放映过程中的控制菜单。在键盘上按〈Page Down〉键可切换到下一画面，按〈Page Up〉键可回到上一画面。

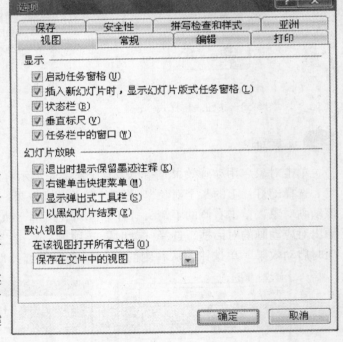

图 5-56 "选项"对话框

2. 打印演示文稿

1）打印之前，首先要进行打印预览，查看幻灯片、备注和讲义等内容的显示效果，根据需要可对讲义和备注母版进行预先设置。

2）预览后，进行打印。单击"文件"菜单中的"打印"命令，打开"打印"对话框，进行打印设置。首先设置"打印内容"选项（幻灯片、讲义、备注页和大纲视图），再设置"打印范围"选项，最后设置其他选项，设置完成后联机打印。

3. 打包演示文稿

当需要移动制作完的演示文稿时，建议将其打包，以确保幻灯片可在其他计算机上正常运行。打包是指将演示文稿和所涉及的有关文件一起进行打包。打包的方法是：单击"文件"菜单中的"打包成 CD…"命令，在"打包成 CD"对话框中，打开"添加文件"对话框，将演示文稿所涉及的文件全部选择添加，再打开"选项"对话框，进行设置，最后打开"复制到文件夹"对话框，给出文件夹名称及保存位置，单击"确定"按钮即可完成打包。

▲ 任务实施

1. 制作演示文稿首页和尾页

1）切换至幻灯片母版视图，插入新幻灯片母版，删除母版上的所有占位符，从 PPT 素材中插入"背景 2"图片，将其置于底层并调整为背景，插入文字、图形等内容来设计幻灯片母版。

2）关闭母版视图，在第 1 张幻灯片之前插入新幻灯片，从 PPT 素材中插入 3 张图片，设置图片高均为"13 厘米"，宽均为"6 厘米"，设置颜色模式为"灰度"，然后将 3 张图片依次排列在幻灯片中央位置。再插入 3 张同样的图片与前 3 张灰度图片叠加，将自定义动画均设置为"渐变进入"，将开始方式均设置为"之后"，将进入顺序均设置为"自左向右"。

3）绘制同心椭圆并组合，设置"向外盒状动画"，将开始方式设置为"之后"，添加在第 1 张和第 3 张图片上。在其他自选图形中选择音乐符号，设置样式大小并添加在第 2 张图片上，依次设置以向外盒状自定义的动画，并适当调整动画播放顺序。首页幻灯片效果如图 5-57 所示。

4）在最后一张幻灯片之后插入一张新幻灯片，应用与首页相同的模板，然后选择空白版式，添加文字、艺术字并设置格式。尾页幻灯片效果如图 5-58 所示。

图 5-57 首页幻灯片效果

图 5-58 尾页幻灯片效果

2. 设置自定义动画的自动播放

将幻灯片中各对象的自定义动画都设为以"之后"开始，并设置相应的播放"速度"。

3. 设置幻灯片切换定时

打开"幻灯片切换"任务窗格，选择切换动画方式，勾选"每隔"复选框，在文本框中设置时间数值，并应用于所有幻灯片，最后进行放映测试。

 拓展知识

排练计时功能是指预演演示文稿中的每张幻灯片，并记录其播放时间，制订播放框架以与实际的放映演讲时间配合，使幻灯片在正式播放时可以根据该时间进行播放。其操作方法是：

1）单击"幻灯片放映"菜单中的"排练计时"命令，进入幻灯片放映视图，并弹出"预演"工具栏 ➡ ❙❙ 0:00:11 ↩ 0:00:11 。该工具栏上从左到右的按钮功能分别是：切换至下一项播放内容，暂停排练计时，当前幻灯片的放映时间，重新对当前幻灯片进行排练计时，整个演示文稿总的放映时间。

2）使用工具栏上的按钮，对演示文稿中的幻灯片进行排练计时。放映完毕后，系统会弹出一个提示是否保存幻灯片排练时间的信息框，单击"是"按钮，进行保存，这时会返回到幻灯片浏览视图，在每张幻灯片的下方将显示排练时间。

【交流评议】

一、案例评价（满分30分）

评价项目及标准	得　分
对象效果应用有较强的表现力	10分
外观及效果设置恰当	10分
放映效果流畅，能与实际情况相配合	10分

二、作品交流

展示作品	作品得分	设计特点	改进建议
作品一			
作品二			
作品三			

注：抽选具有代表性的作品，分组讨论并给出交流结果，最后由教师总结评议。

【案例小结】

本案例主要使用数据表和图表来直观呈现数据信息。插入能阐述问题的对象，可以产生强有力的说服力。设计者可以通过加入一些销售情况变化的原因分析和市场情况分析等内容来完善演示文稿设计。

【教你一招】

巧妙应用自定义动画

1）路径动画包含有较丰富的动作路径，沿指定的路径设计动画，能表现出画面对象之间的相互关系和一定的运动规律。设计路径动画的重点是如何定义路径，可选择级联菜单中的动作路径类型，也可以通过绘制自定义路径自行绘制。绘制好路径后，还可以从路径下拉列表中选择"编辑顶点"进行进一步修改，从而得到恰当的动画路径。

2）进入和退出动画的巧妙结合。例如，一个对象以"擦除"动画方式退出，之后另一个对象以某一动画进入，这样的巧妙结合会达到一定的需求效果，从而表现出内容的变化。

【复习思考题】

1. 能看到幻灯片排练时间的视图是_____。

2. 设置手动放映的方法是_____。

3. 一个对象设置了两种动画，其放映的结果是_____。

【技能训练题】

以手机营销策略为主题制作演示文稿。

单元六　计算机网络与Internet的应用

6

知识目标：
◎ 了解计算机网络的功能和分类。
◎ 了解 Internet 的几种常见浏览器。
◎ 了解搜索引擎的概念与搜索原理。
◎ 掌握电子邮件的定义与构成格式。
◎ 熟悉常规下载模式。
◎ 了解网络安全常识及网上道德规范。

技能目标：
◎ 学会简单局域网的组建与应用。
◎ 学会使用相关工具实现网络资源的搜索与下载。
◎ 熟悉电子邮件的收发与管理。
◎ 学会创建与管理个人微博。
◎ 熟悉网上购物流程。

　　计算机网络的主要功能是实现资源共享。对于一般家庭或小型办公场所来说，可以通过若干台计算机互联组建简单的局域网，以实现软、硬件资源的共享。如今，Internet 已成为我们生活中不可或缺的部分。在 Internet 上，可以发布并访问各类信息资源（包括新闻、图片、音乐、视频等），同时用户之间也可以利用网络展开实时通信，可以通过邮件、博客、微博等信息平台在国家法律允许的范围内发表言论、展示个性、分享心情等。电子商务的出现，为用户提供了快捷购物的流程模式。在享受网络带给我们便利的同时，应特别注意保护自己的信息安全，了解计算机防护知识和网络道德规范，使网络更好地为我们服务。

案例一　组建局域网

【案例描述】

　　组建家庭或办公场所的对等网，实现资源共享，如共享存储设备、打印机等硬件资源，在局域网内互相传递文件，共享软件资源等。

【案例分析】

对等网是一种较简单的局域网，常用于家庭及办公室等场合。本案例以实现两台计算机组网为例，在组建的对等网上添加网络打印机等硬件设备，设置软件资源共享，从操作实践中介绍真正意义上的资源共享。

任务一 组建对等网

任务分析

组网前先准备好所需硬件并保证硬件设备完好，能正常使用。双绞线是对等网的主要传输介质，制作时需要有一定的经验和技巧。组网时，应在连接好硬件之后，再进行协议配置，最后进行网络连通性测试，测试通过后一个简单的局域网就组建好了。

相关知识

计算机网络按工作模式一般可分为对等网和基于服务器的网络，其功能和特性见表6-1。

表 6-1 对等网和基于服务器的网络的功能和特性

对 等 网	基于服务器的网络
对等网通常是由很少几台计算机组成的工作组。采用分散管理的方式，网络中每台计算机的关系都是平等的，每台计算机既可作为客户机又可作为服务器 优点：易于组建与维护；无须专用服务器，投资较少，适合组建小型网络 缺点：资源分散，缺乏统一管理，不适合于对数据保密性要求较高的应用场合	基于服务器的网络是指计算机网络中存在服务器，专门为网络中其他计算机提供服务 优点：资源统一管理，便于数据备份，能够适用于对数据保密性要求高的应用场合 缺点：需要一台较高配置的计算机作为专门的服务器，增加了网络投资，更需要高级的服务器操作系统

任务实施

1. 组建对等网前的准备

1）准备好两台计算机，都安装 Windows XP 操作系统，保证网卡正常工作。

2）准备一台交换机。

3）制作两根直通双绞线。

2. 安装网络适配器，连接网线

在机箱电源关闭的状态下，将网卡插入主板上某个空闲的扩展槽中，然后把机箱盖合上。由于 Windows XP 操作系统中内置了各种常见硬件的驱动程序，因此进入 Windows XP 之后，系统会自动安装其驱动程序，无须用户手动配置。

接下来进行网线的物理连接。交换机与网卡的 RJ-45 插槽有点像一座山峰，将 RJ-45 接头的卡栓对准 RJ-45 插槽突起的峰顶，即可轻松插入。

3. 配置网络协议

1）单击"开始"按钮，选择"控制面板"命令，打开"控制面板"对话框。

2）双击"网络连接"，打开"网络连接"对话框，如图 6-1 所示。

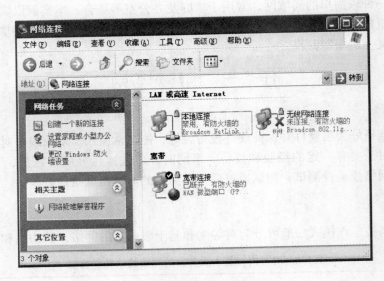

图 6-1 "网络连接"对话框

3）右击"本地连接"，在弹出的快捷菜单中选择"属性"命令，打开"本地连接 属性"对话框，选择"常规"选项卡，如图 6-2 所示。这时我们看到了已经安装好的 Internet 协议（TCP/IP），查看它的属性，如图 6-3 所示。

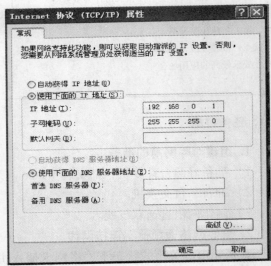

图 6-2 "本地连接 属性"对话框　　　　图 6-3 "Internet 协议（TCP/IP）属性"对话框

4）接下来再给本机绑定一个局域网中固定的 IP 地址。建议两台计算机的 IP 地址连续，如第一台计算机的 IP 地址为 192.168.0.1，第二台计算机 IP 地址为 192.168.0.2。

注意：对等网中每台机器的 IP 地址不能相同，子网掩码应为"255.255.255.0"。

4. 标志名称

为了能够让对等网的两台计算机方便地查找对方，必须为它们各自取一个名字，具体的方法如下：

1）右击"我的电脑"，选择"属性"命令，弹出"系统属性"对话框（见图6-4），选择"计算机名"选项卡，单击"更改"按钮。

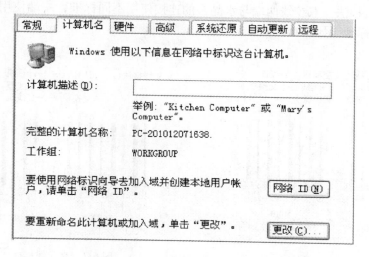

图 6-4 "系统属性"对话框

2）在弹出的"计算机名称更改"对话框中给两台计算机分别输入计算机名和工作组名，单击"确定"按钮，如图6-5所示。需要注意的是，两台计算机的名称不能相同而工作组名必须相同，才能成功地把它们组成对等网。完成这些步骤后，可以看到网卡的指示灯变亮，说明在 Windows XP 操作系统下对等网的组建就完成了。

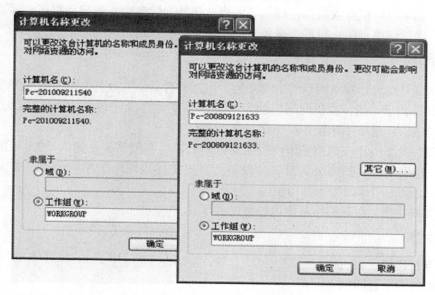

图 6-5 输入计算机名和工作组名

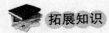**拓展知识**

双绞线的两种常用连接方法如下：

（1）直连线接法　双绞线两端与水晶头的连接使用相同标准，均为 568A 标准或均为 568B 标准，如图 6-6 所示。

（2）交叉线接法　双绞线两端与水晶头的连接使用不同标准，一端使用 568A 标准，另一端使用 568B 标准，如图 6-7 所示。

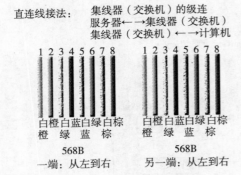

图 6-6　直连线接法

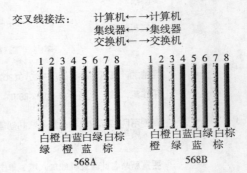

图 6-7　交叉线接法

任务二　共享对等网资源

任务分析

在组建的局域网中共享打印机和资料文件夹。首先，添加网络打印机，选择打印机制造商和型号，如果打印机有安装盘，那么还需要选择从安装盘中安装驱动程序；其次，设置打印机共享，实现网络打印；最后，设置文件夹共享，实现网络文件共享。

相关知识

资源共享是现代计算机网络的主要功能，包括软件共享、硬件共享及数据共享。

（1）软件共享　指计算机网络内的用户可以共享计算机网络中的软件资源，包括各种语言处理程序、应用程序和服务程序等。

（2）硬件共享　指在网络范围内提供对处理资源、存储资源、输入/输出资源等硬件资源的共享，特别是对一些高级和昂贵的设备共享更能体现网络的实用价值，如大容量存储器、绘图仪、高分辨率的激光打印机等。

（3）数据共享　指对网络范围内的数据共享。

任务实施

1. 共享打印机

（1）添加网络打印机

1）打开控制面板，双击"打印机和传真"图标，弹出"打印机和传真"窗口，如图 6-8 所示。

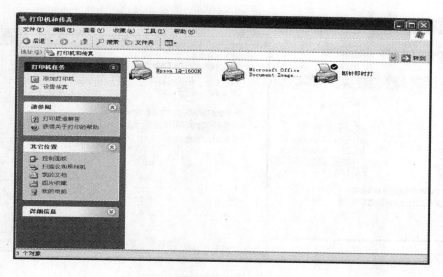

图6-8 "打印机和传真"窗口

2）在空白处右击，从弹出的快捷菜单中选择"添加打印机"选项，打开"添加打印机向导"对话框，单击"下一步"按钮，选择"连接到此计算机的本地打印机"单选钮（见图6-9），单击"下一步"按钮，选择打印机端口，如图6-10 所示。

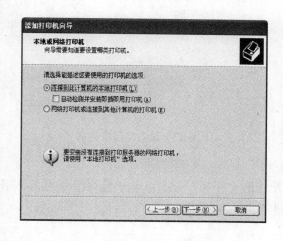

图6-9 选择本地或网络打印机

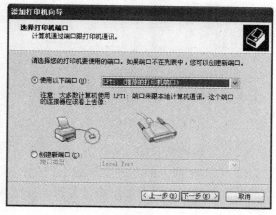

图6-10 选择打印机端口

3）单击"下一步"按钮，选择安装打印机软件，如图6-11 所示。若打印机已经安装了打印驱动程序，则会提示使用现有驱动程序。

4）单击"下一步"按钮，接下来为打印机命名，如图6-12 所示。

5）单击"下一步"按钮，设置打印机共享，如图6-13 所示。

6）接下来，提供这台打印机的位置和描述，若要确认打印机安装是否正确，则可以打印一张测试页。至此，网络打印机添加完成。

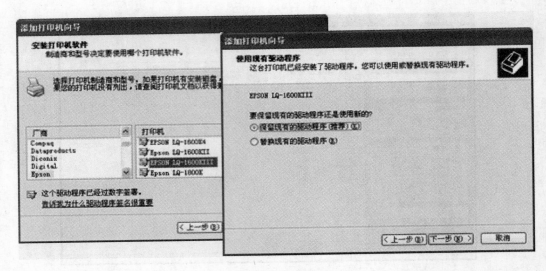

图 6-11　选择安装打印机软件

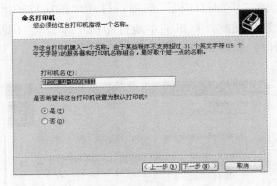

图 6-12　为打印机命名

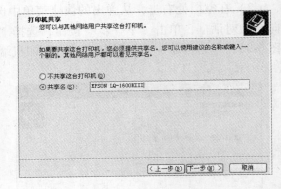

图 6-13　设置打印机共享

（2）实现网络打印

1）双击桌面上的"网上邻居"图标，打开"网上邻居"窗口，从中选择"查看工作组计算机"选项，可以看到网络计算机，如图 6-14 所示。

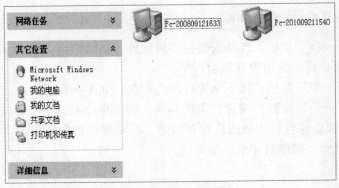

图 6-14　查看网络计算机

2）选择窗口左下角"打印机和传真"选项，将网络打印机创建为共享方式，如图 6-15 所示。现在可以利用这台打印机进行打印了。

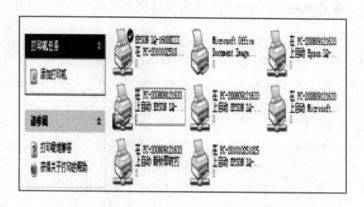

图 6-15　共享的网络打印机

2. 共享文件夹

1）双击"我的电脑"图标，打开"我的电脑"窗口。

2）打开文件夹所在盘符，右击要设置共享的文件夹，在弹出的快捷菜单中选择"共享和安全"命令，如图 6-16 所示。

3）选择"我的文件　属性"对话框中的"共享"选项卡，在"网络共享和安全"选项组中选中"在网络上共享这个文件夹"复选框，此时"共享名"文本框和"允许网络用户更改我的文件"复选框均变为可用状态，如图 6-17 所示。

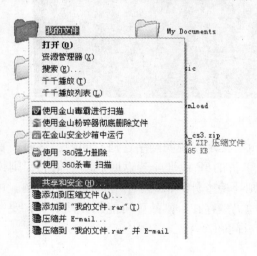
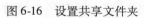

图 6-16　设置共享文件夹

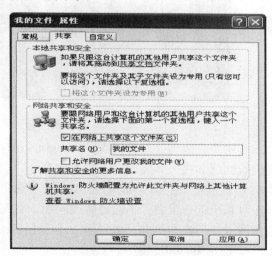

图 6-17　"我的文件　属性"对话框

注意：若选中"允许网络用户更改我的文件"复选框，则设置该共享文件夹为/控制属性，任何访问该文件夹的用户都可以对其进行编辑修改；若清除该复选框的态，则设置该共享文件夹为只读属性，用户只可访问该共享文件夹，而无法对其进修改。

4）在"共享名"文本框中输入该共享文件夹在网络上显示的共享名称，也可以使用其原来的文件夹名称，单击"确定"按钮，完成文件夹共享设置。

注意：设置共享文件夹后，在该文件夹的图标中会出现一个托起的小手，表示该文件夹为共享文件夹。

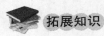 拓展知识

网络在使用中可能会出现不同的故障，影响正常的工作，下面介绍两个简单而实用的网络工具。

1. 使用 Ping 命令

Ping 是个使用频率较高的实用程序，它可以很方便地确认本地主机与另一台主机之间的网络是否通畅。其命令格式为：Ping 目的主机 IP 地址。

例如：选择"开始"→"程序"→"附件"→"命令提示符"命令，在打开的 DOS 窗口中，输入"Ping 192.168.1.50"，按〈Enter〉键，若网络工作正常，连通无问题，则会显示图 6-18 所示的信息。

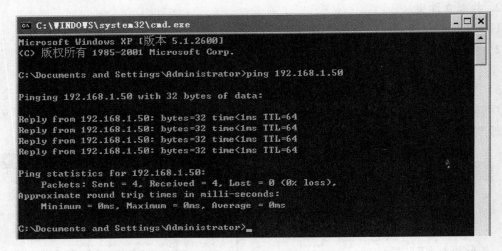

图 6-18　使用 Ping 命令

若网络有故障，则会出现"Request time out"提示，说明网络连通有问题。这时，首先要检查网线和接头有无问题，其次要 Ping 一下本机的 IP 地址。若返回成功的信息，则说明本机 IP 配置正确；若 Ping 同组机的 IP 不通，则要检查计算机的操作系统是否有问题。可以考虑对系统进行重装，一般可解决问题，若问题仍然存在，则故障可能出在网卡上，要考虑更换网卡；若连本机都 Ping 不通，则说明网卡有问题。

2. 使用 Ipconfig 命令

Ipconfig 实用程序可用于显示当前 TCP/IP 配置的设置值，这些信息用来检验人工配置的 TCP/IP 设置是否正确。选择"开始"→"程序"→"附件"→"命令提示符"命令，在打开的 DOS 窗口中输入"Ipconfig"后按〈Enter〉键，则会显示图 6-19 所示信息。

第一行"IP Address"后显示的是本机的 IP 地址，第二行"Subnet Mask"后显示的是子网掩码，第三行"Default Gateway"后显示的是默认网关。

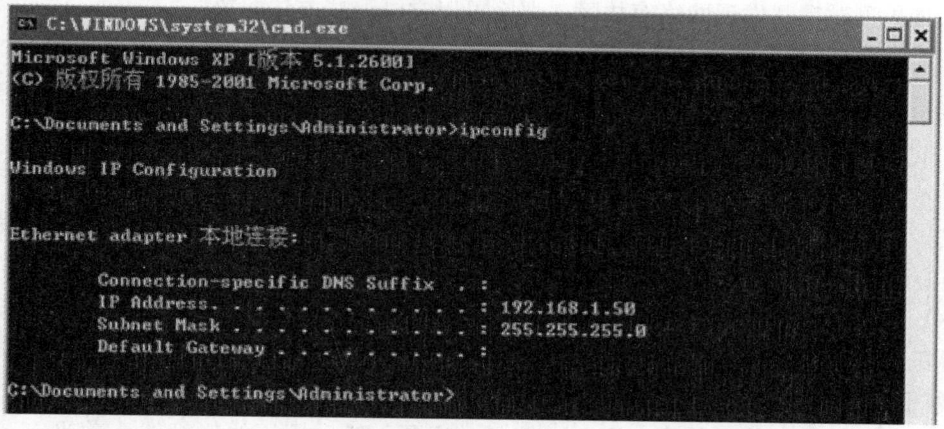

图 6-19　使用 Ipconfig 命令

【问题建议】

常 见 问 题	交 流 建 议
怎样能不通过"网络邻居"直接查看"网络用户"	这里有两种方法： （1）选择"开始"→"搜索"→"文件或文件夹"→"计算机或人"→"网络上的计算机"命令，在"计算机名"文本框中输入对方的计算机名 （2）直接在 Windows 的地址栏中输入"＼＼用户名"
安装网络打印机后，打印出现异常	试着重新安装该打印机的驱动程序，然后再连接网络打印机。因为对于某种打印机来说，其驱动程序若在安装网络打印机时是从用户的计算机上复制到自己的计算机上的，则会出现错误

【案例小结】

　　组建对等网是网络技术中较为实用的基本技能。学习组建对等网时应以小组的形式开展。大家在动手操作的过程中应相互协作，进一步体会组网的一些经验和细节。

【教你一招】

实现同机用户间的文件共享

　　这种共享是针对单机多用户的情况而设计的。如果只是在本机的用户间共享文件夹，那么将本地磁盘中的文件拖至共享文档即可。Windows XP 操作系统会将该文件夹中的内容都复制到"共享文档"中。这种同机用户间的共享文档具有的优点是：即使用户破坏了"共享文档"中的文件，也不会影响源文件，从而提高了数据的安全性。

【复习思考题】

1. 对等网和基于服务器的网络各有什么特点？
2. 请叙述组建对等网的硬件需求和主要步骤。
3. Ping 命令的格式是什么？

4. 如果测试后，发现网络有故障，那么可以尝试哪些方法解决？

【技能训练题】

1. 由教师指导完成双绞线的制作

制作双绞线的关键步骤如下：

（1）剪断　利用压线钳的剪线刀口剪取适当长度的网线。

（2）剥皮　用压线钳的剪线刀口将线头剪齐，再将线头放入剥线刀口，稍微握紧压线钳慢慢旋转，让刀口划开双绞线的保护胶皮，拔下胶皮。

（3）排序　每对线都是相互缠绕在一起的，制作网线时必须将 4 个线对的 8 条细导线一一拆开、理顺、捋直，然后按照规定的线序排列整齐。目前，最常使用的标准有两个，即 568A 标准和 568B 标准，参见图 6-7。

（4）剪齐　把线尽量抻直、压平、挤紧、理顺，然后用压线钳把线头剪平齐。保留的部分去掉外层绝缘皮的长度约为 14mm，这个长度正好能将导线插入到各自的线槽中。

（5）插入　用一只手的拇指和中指捏住水晶头，使有塑料弹片的一侧向下，针脚一方朝向远离自己的方向，并用食指抵住；用另一只手捏住双绞线外面的胶皮，缓缓用力将 8 条导线同时沿 RJ-45 头内的 8 个线槽插入，一直插到线槽的顶端。

（6）压制　确认所有导线都到位，并透过水晶头检查一遍线序无误后，就可以用压线钳制作 RJ-45 头了。将 RJ-45 头从无牙的一侧推入压线钳夹槽后，用力握紧压线钳，将突出在外面的针脚全部压入水晶头内。

（7）制作双绞线的另一端　重复以上步骤，制作好双绞线的另一端，这样一条双绞线就制作好了。

2. 由教师指导完成双绞线的测试

将网线两端分别插入测线仪的主机和子机的接口内，打开主机的电源开关，观察指示灯，如果 8 盏指示灯依次闪亮，那么说明网线制作成功。

3. 由教师指导完成几台计算机的组网操作

4. 完成文件的共享

教师机上现有一个文件"班级学生调查表"，要求学生通过局域网将其复制到个人机上并完成文件的填写。

案例二　漫游 Internet

【案例描述】

连接到 Internet 之后，就可以享受各种网络服务了。要想通过 Internet 获取、交流信息，体验网络的精彩世界，需要使用 Windows 附带的常用软件或专门的工具软件来实现。

【案例分析】

Internet 的应用包括：使用 Internet Explorer 浏览器（简称为 IE 浏览器）浏览网络资源（包括新闻、图片、音乐、视频等），使用搜索引擎搜索网络资源，使用专业下载工具下载网络资源，通过邮箱完成邮件的收发，开通网上微博和进行网上购物等。

任务一　使用 Internet Explorer 浏览器

 任务分析

使用 IE 浏览器访问网页的方法很多，如通过地址栏浏览网页，使用超链接浏览网页，通过收藏夹浏览网页以及通过历史记录浏览网页，在实际使用时应视当前的状态灵活使用。本任务是利用多种方法浏览网页。

相关知识

几种常见浏览器的特点见表6-2。

表6-2　几种常见浏览器的特点

序　号	名　　称	特　　点
1	Internet Explorer	是 Windows 系统自带的浏览器，其主要特点为：内置了一些应用程序，具有浏览网页、收发邮件、下载软件等多种网络功能
2	360 安全浏览器	是 360 安全中心推出的一款基于 IE 内核的浏览器，和 360 安全卫士、360 杀毒软件一同成为 360 安全中心的系列产品。其主要特点是：采用恶意网址拦截技术，可自动拦截挂马、欺诈、网银仿冒等恶意网址
3	Maxthon	即傲游浏览器，是一款基于 IE 内核的多功能、个性化浏览器。其主要特点是：具有多标签浏览界面、超级拖拽、隐私保护、广告猎手、RSS 阅读器、IE 扩展插件支持、外部工具栏等功能
4	Mozilla Firefox	即火狐浏览器，是一款非常优秀的浏览器。其主要特点是：使用标签式浏览，可以禁止弹出式窗口，可定制工具栏，有扩展管理功能，具有更好的搜索特性和快速而方便的侧栏等

 任务实施

1. 启动 IE 8.0

连接到 Internet 后，双击桌面上的 IE 图标，即可启动 IE 浏览器。

2. 访问 Internet 站点

（1）通过地址栏浏览网页　启动 IE 浏览器后，打开 IE 浏览器窗口并显示 IE 浏览器的默认主页，在地址栏中输入想要浏览的网址，如 http：//www. sina. com（见图6-20），然后单击转到按钮 ，或直接按〈Enter〉键，可以进入"新浪"首页。

图6-20　通过地址栏浏览网页

（2）通过超链接浏览网页

1）进入"新浪"首页后，单击"读书"链接，打开"新浪读书"网页，然后单击

"新书"链接,打开"图书连载"网页。

2)要想回到"新浪"首页,可单击页面中的"新浪首页"链接,或连续单击"后退"按钮。

(3)通过收藏夹浏览网页 收藏夹里可以存放一些常用站点的地址,单击这些地址就可以快速地访问相应的站点。

1)将"新浪读书"网站添加到收藏夹。选择"收藏夹"菜单中的"添加到收藏夹"命令,弹出"添加收藏"对话框(见图6-21),确定当前网页的名称后,单击"添加"按钮,即可收藏该网页。

2)访问收藏夹中的网址。收藏了网址之后,可以随时打开这个网址访问网页。

(4)通过历史记录浏览网页 IE浏览器中提供的"历史记录"功能记录了近一段时间内访问过的网站,并且把每一个网站中的网页收集在不同的文件夹中。

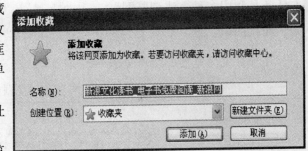

图6-21 "添加收藏"对话框

单击菜单中的"查看"→"浏览器栏"→"历史记录"命令,打开历史记录浏览栏窗口,选择浏览过的网页后,浏览器会自动连接到该网页。

拓展知识

在浏览网页的过程中,经常会看到一些有价值的网页和信息,若想把它们保存到计算机上,供以后欣赏或使用,则可以利用IE浏览器本身的保存功能。

1. 保存页面信息

保存"新浪读书"网页:选择菜单中的"文件"→"另存为"命令,弹出"保存网页"对话框(见图6-22),输入文件名,指定存储文件的目标文件夹,将文件的"保存类

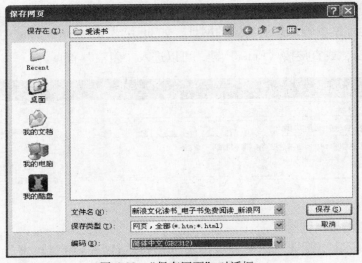

图6-22 "保存网页"对话框

型"设置为"＊.html",单击"保存"按钮即可。

2. 保存图片

在"新浪读书"网页中选择一张喜欢的图片,将鼠标指针移动到该图片上右击,在弹出的快捷菜单中选择"图片另存为"命令,会弹出"保存图片"对话框(见图 6-23),选择保存路径,输入文件名后单击"保存"按钮即可。

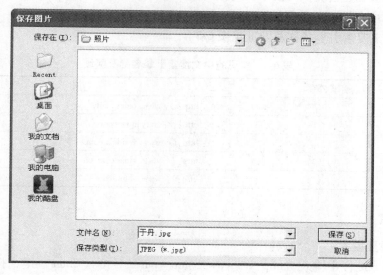

图 6-23 "保存图片"对话框

任务二　使用搜索引擎搜索网络资源

 任务分析

在使用百度搜索引擎搜索网络资源时,只要将要搜索的关键词输入到搜索文本框中,单击"百度一下"按钮或按〈Enter〉键就可以得到包含该关键词的所有网页链接了,如一本书、MP3 歌曲、新闻图片、地图导航等,然后再根据与搜索关键词的相关度确定最终的网页链接,打开网页浏览搜集到的信息。

相关知识

1. 搜索引擎的概念

搜索引擎指的是收集了 Internet 上大量网页并对网页中的每一个关键词进行索引,建立索引数据库的全文搜索引擎。当用户查找某个关键词的时候,所有在页面内容中包含了该关键词的网页都将作为搜索结果被搜索出来。在经过复杂的算法进行排序后,这些搜索结果将按照与搜索关键词的相关度高低依次排列。

2. 搜索引擎的工作原理

(1)从 Internet 上抓取网页　每个独立的搜索引擎都有自己的网页抓取程序。抓取程序可顺着网页中的超链接,连续地抓取网页。被抓取的网页称为网页快照。由于 Internet 中超链接的应用很普遍,理论上,从一定范围的网页出发,就能搜集到绝大多数的网页。

(2)处理网页(建立索引数据库)　搜索引擎抓到网页后,还要做大量的预处理工作,才能提供检索服务。其中，最重要的就是提取关键词，建立索引文件。其他工作还包括去除重复网页、判断网页类型、分析超链接、计算网页的重要度等。

（3）提供检索服务（在索引数据库中搜索排序）　用户在输入关键词进行检索时，搜索引擎会从索引数据库中找到匹配该关键词的网页。为了便于用户判断，除了网页标题和URL外，搜索引擎还会提供一段来自网页的摘要以及其他信息。

3. 常见的中文搜索引擎网站

常见的中文搜索引擎名称及网址见表6-3。

表6-3　常见的中文搜索引擎名称及网址

搜索引擎名称	网　　　址
百度搜索引擎	http：//www. baidu. com
中国雅虎	http：//cn. yahoo. com
有道	http：//www. youdao. com
新浪	http：//www. sina. com. cn
搜狐	http：//www. sohu. com

任务实施

1. 百度网页搜索

在浏览器地址栏中输入"http：//www. baidu. com"后按〈Enter〉键，打开百度搜索首页，如图6-24所示。现在想找一本叫《行者无疆》的书，可以直接在搜索文本框中输入关键字"行者无疆"，然后按〈Enter〉键，或单击"百度一下"按钮，百度搜索引擎将搜索有关该关键字的网页链接，从图6-25所示页面中找到需要的信息将其打开即可。

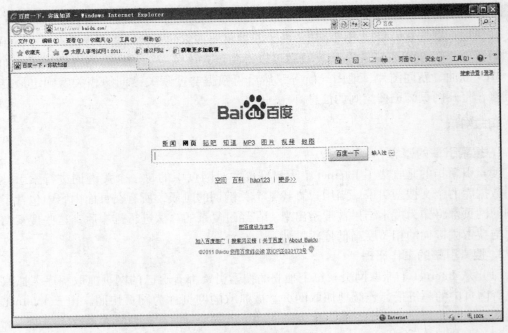

图6-24　百度搜索首页

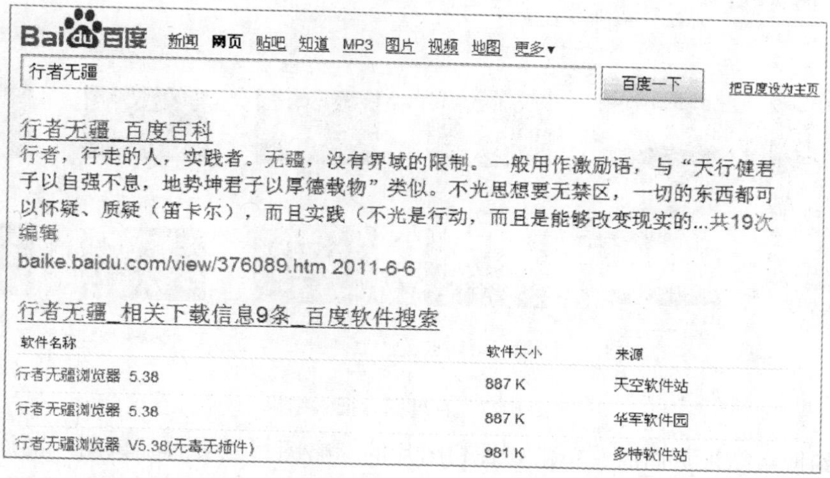

图 6-25　百度搜索结果

2. 百度 MP3 搜索

1）在百度搜索首页中单击"MP3"链接，切换到 MP3 搜索页面，然后在搜索文本框中输入查找关键字，例如"天边"，单击"百度一下"按钮，即可搜索到相关网页链接，如图 6-26 所示。现在，想搜索张韶涵的歌曲"天边"，若只用该关键词搜索，则会把其他歌手的歌曲"天边"也搜索出来，此时，可以用"张韶涵 天边"关键词来搜索，这样就可快速、准确地找到这首歌。

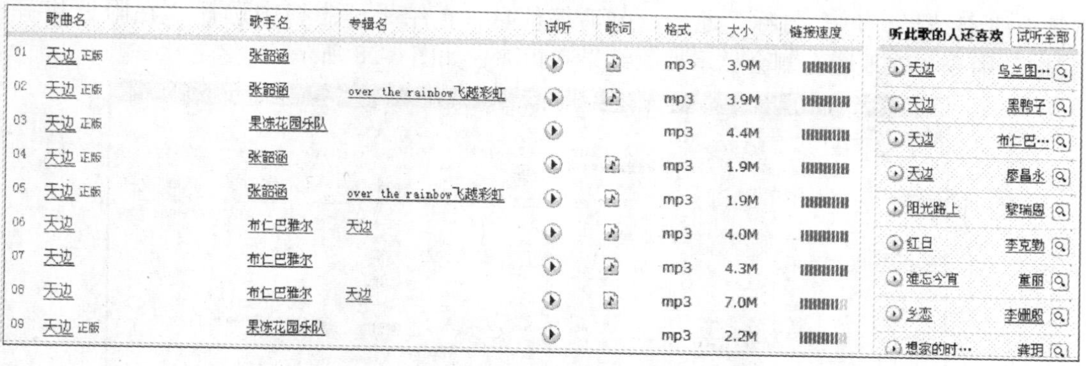

图 6-26　百度 MP3 搜索结果

2）在搜索结果中，单击需要的一个链接，即可打开对应歌曲的链接地址，单击该链接可以试听或下载（或启用专用下载工具进行下载）。

3. 百度图片搜索

1）在百度搜索首页中单击"图片"链接，切换到图片搜索页面。如果不指定图片所属类型，就默认使用"全部图片"进行搜索。这里，我们指定搜索新闻图片，然后在搜索文本框中输入关键字"建党九十周年"，单击"百度一下"按钮，即可搜索到相关网页链接，如图 6-27 所示。

图 6-27　百度图片搜索结果

2）看到搜索结果页面后，单击要查看图片的缩略图，就会看到该图片的原始图片。如果单击图片下方的"查看源网页"链接，那么可以查看原始图片所在的网页。

4. 百度地图

百度地图是百度公司提供的一项网络地图搜索服务，在这里，用户可以查询街道、商场、楼盘的地理位置，也可以找到最近的餐馆、学校、银行、公园等。

（1）使用地图

1）地点搜索。在百度搜索首页中单击"地图"链接，切换到地图搜索页面，在搜索文本框中输入要查询地点的名称或地址，例如在太原搜索迎泽公园，则输入"迎泽公园"，单击"百度一下"按钮，在打开的搜索页面中，左侧为地图，显示搜索结果所处的地理位置；右侧为搜索结果，包含名称、地址、电话等信息。在结果标志栏中选择"在附近找"→"宾馆"命令，在地图右侧会显示搜索结果和距离，如图 6-28 所示。

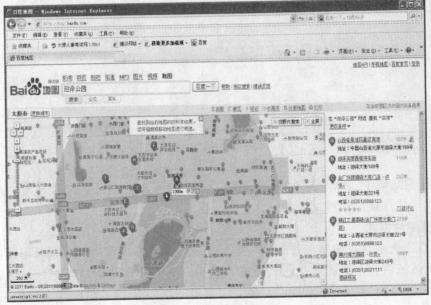

图 6-28　百度地点搜索

2）公交搜索。在百度地图中单击"公交"搜索项，输入起点与终点，如起点为"下元"，终点为"太原市中心医院"，单击"百度一下"按钮，得到图6-29所示的结果。搜索结果页面的左侧为地图，显示搜索结果所处的地理位置；右侧为搜索结果，有"较快捷"、"少换乘"和"少步行"等路线选择方案，包含所乘公交车、时长、下车地点和距离等信息。

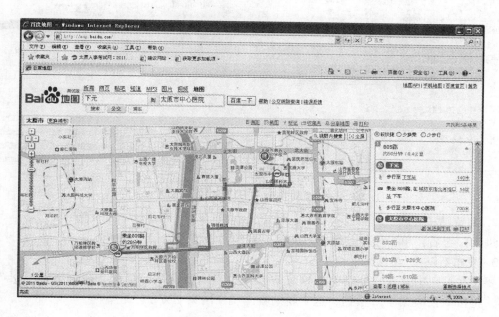

图6-29　百度公交搜索

3）驾车搜索。在百度地图中单击"驾车"搜索项，输入起点与终点，单击"百度一下"按钮，右侧搜索结果会显示精确计算出的驾车方案，同时还有"最少时间"、"最短路程"和"不走高速"三种路线选择方案。左侧地图则会标明该方案具体的行车路线。

（2）三维地图　百度三维地图可以将原来简单显示的平面地图变成有立体感的三维地图。其优点是很直观。打开百度地图，选择相应城市，在地图的右上方会出现"三维"和"地图"两个选项，单击"三维"后，可将平面地图转化成"三维模式"的地图。

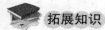　拓展知识

百度贴吧是一种基于关键词的主题交流社区。它与搜索紧密结合，能够准确把握用户需求，通过用户输入的关键词，自动生成讨论区，使用户能立即参与交流，发布自己所感兴趣的话题和想法。

1. 进入贴吧

在百度搜索首页中单击"贴吧"链接，切换到百度贴吧首页，在搜索文本框内输入关键字"太原大学教育学院"，单击"百度一下"按钮，就直接进入到太原大学教育学院贴吧了，如图6-30所示。

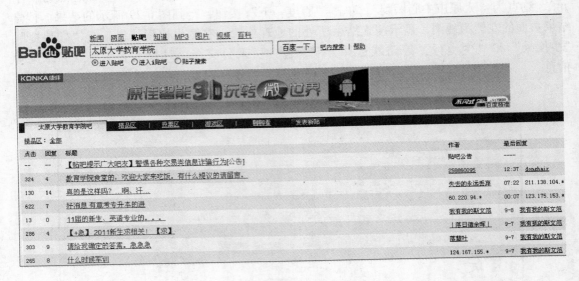

图 6-30　进入百度贴吧

2. 浏览贴子

进入贴吧后，单击任何一个题目就可以看到贴子了。

3. 发布新贴

要想在贴吧中发言，可以单击导航条上方的"发表新贴"链接，在编辑框里填写相应内容，再按"发表帖子"按钮，这个新贴就出现在网页上方了。

4. 搜索贴子

在搜索文本框中输入贴子关键词，选择贴子搜索，单击"百度一下"按钮。如果想要在贴吧内搜索，那么可以单击搜索文本框右边的"吧内搜索"，按照页面提示进行操作即可。

任务三　下载网络资源

任务分析

从网上下载资源的方法有多种，每种下载方式各有其特点和优势，哪一种下载模式速度更快，需要根据实际情况检验。这里我们用浏览器直接下载方式和使用专业下载工具下载网络资源。

相关知识

下载是通过网络进行文件传输，把互联网或其他电子计算机上的信息保存到本地计算机上的一种网络活动。下载可以显式或隐式地进行，只要是获得本地计算机上没有的信息的活动，都可以认为是下载。

1. 下载原理分析

下载模式经历了从原始的 IE 浏览器下载，到后来的下载工具下载，下载速度也越来越快。现在网上有多种下载工具，但它们使用的下载原理不同，使用起来效果也各不相同。现在网上流行的下载方式主要有 WEB、BT、P2SP 三种下载方式。这三种下载方式都有其自己的下载工具。

（1）WEB 下载方式　WEB 下载方式分为 HTTP（超文本传输协议）与 FTP（文件传输协议）两种类型。它们是计算机之间交换数据的方式，也是两种最经典的下载方式。WEB 下载方式的工作原理非常简单，就是用户按照一定的规则（协议）和提供文件的服务器取得联系并将文件搬到自己的计算机中来，从而实现下载。WEB 下载方式的工作原理如图 6-31 所示。

（2）BT 下载方式　BT 下载方式实际上就是 P2P 下载方式。该下载方式与 WEB 下载方式正好相反，不需要服务器，而是在用户机与用户机之间进行传播，也可以说每台用户机都是服务器，每台用户机在自己下载其他用户机上文件的同时，也供其他用户机下载，所以使用这种下载方式的用户越多，其下载速度就会越快。BT 下载方式的工作原理如图 6-32 所示。

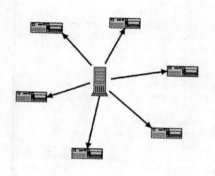

图 6-31　WEB 下载方式的工作原理

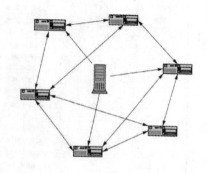

图 6-32　BT 下载方式的工作原理

（3）P2SP 下载方式　P2SP 下载方式实际上是对 P2P 技术的进一步延伸。它不但支持 P2P 技术，同时还通过多媒体检索数据库这个桥梁把原本孤立的服务器资源和 P2P 资源整合到一起，这样下载速度更快，下载资源更丰富，下载稳定性更强。

2. 软件下载站点

在这里为大家提供几个常见的下载网站及地址，见表 6-4。

表 6-4　常见的下载网站及地址

站 点 名 称	网 站 地 址
太平洋电脑网下载中心	http：//dl. pconline. com. cn
华军软件园	http：//www. onlinedown. net
天空下载	http：//www. skycn. com
新浪下载首页	http：//tech. sina. com. cn/down

任务实施

1. 用浏览器直接下载

1）在 IE 浏览器地址栏中输入"http://www.skycn.com"，按〈Enter〉键，打开天空下载网站。

2）在"软件搜索"文本框中输入"FlashGet"，单击"软件搜索"按钮，开始搜索软件。在结果窗口中单击"网际快车（FlashGet）3.7.0.1170"链接，打开下载窗口，如图6-33所示。

图 6-33　网际快车下载窗口

3）选择一种下载链接单击，在弹出的"文件下载"窗口中单击"保存"按钮，为目标选择合适的保存路径并单击"确定"按钮，开始下载软件，如图6-34所示。

注意：这种下载方式虽然简单，但是也有它的弱点，就是功能较少，不能限制速度，不支持断点续传，对拨号上网的朋友来说下载速度很慢。

4）解压缩下载后的压缩包，找到"setup.exe"安装程序，双击该程序，开始安装软件。

5）使用默认的安装选项，依次单击"下一步"按钮，完成网际快车的安装。

2. 使用专业软件下载

使用 FlashGet 下载歌曲"天边"：打开"搜狗音乐"网页，在其中搜索张韶涵的歌曲"天边"，添加下载文件后，为目标选择合适的保存路径，单击"立即下载"按钮（见图6-35），即可启动下载过程。

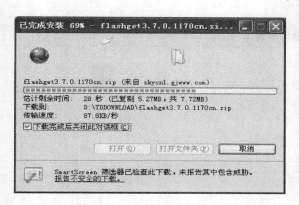

图6-34　下载软件

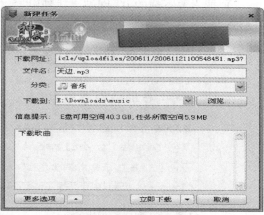

图6-35　新建下载任务

注意：如果因为网络不稳定或其他原因没有下载完文件，那么当下次启动FlashGet时，用鼠标右击文件名称，在弹出的快捷菜单中选择"开始"命令可继续下载。

拓展知识

BT下载是一个最新概念的P2P下载方式，它采用了多点对多点的原理，即上传者把文件分成多个部分（制作成BT种子），供网友们下载。在以前，BT下载必须安装BT下载工具，才能顺利地完成下载任务，而现在，许多下载工具都支持BT下载。现在使用迅雷BT功能下载电影《功夫熊猫2》。

1）打开迅雷7，在主界面中选择"配置中心"→"我的下载"→"BT设置"选项，分别勾选"下载种子文件后自动打开新建面板"、"关联BT种子文件（.torrent文件）"复选框，如图6-36所示。

2）单击"监视设置"选项，选中"监视浏览器"复选框（见图6-37），单击"应用"→"关闭"按钮。

图6-36　BT设置

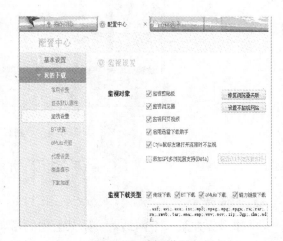

图6-37　监视设置

OK

3）搜索要下载的 BT 网站，找到电影《功夫熊猫 2》种子文件链接，单击该链接，如图 6-38 所示。

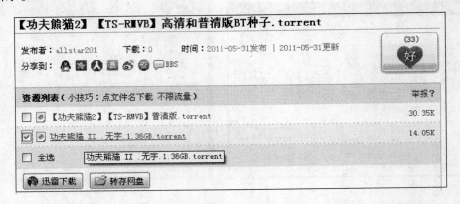

图 6-38　找到电影种子文件

4）打开"新建任务"对话框，单击"立即下载"按钮，开始下载 BT 种子，下载任务完成后，自动打开"新建 BT 任务"对话框（见图 6-39），单击"立即下载"按钮，开始下载文件。

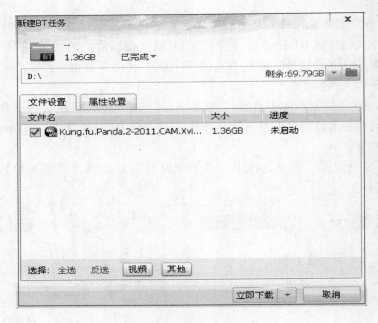

图 6-39　"新建 BT 任务"对话框

任务四　收发电子邮件

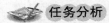 任务分析

如果你在某一个网站对一则某公司的招聘启事感兴趣，想将自己的个人简历与照片在短时间内发送给该公司，然后等待对方的回复消息，那么这一系列操作可以通过电子邮件的形

式来完成。

信件主题：姓名＋简历

信件内容：个人简历

应聘单位邮箱地址：dzjxwyx@163.com

 相关知识

1. 电子邮件的定义

电子邮件（简称为 E-mail）又称电子信箱、电子邮政，是一种用电子手段提供信息交换的通信方式，是 Internet 应用最广的服务。通过网络的电子邮件系统，用户可以以非常快速的方式与世界上任何一个角落的网络用户联系。电子邮件可以是文字、图像、声音等多种方式。

2. 电子邮件的组成

E-mail 像普通的邮件一样，也需要地址，只不过它的地址是电子地址。所有在 Internet 上有信箱的用户都有自己的邮箱地址，并且这个邮箱地址是唯一的。

一个完整的电子邮件地址格式为：登录名@ 主机名 . 域名。中间用一个符号"@"分开，符号的左边是登录名，右边是完整的主机名，由主机名与域名组成。其中，域名由几部分组成，每一部分称为一个子域，各子域之间用圆点"."隔开。每个子域都会告诉用户一些有关这台邮件服务器的信息。

图 6-40　新浪邮箱注册页面

 任务实施

1. 申请电子邮箱

1）进入"新浪"首页，单击"邮箱"链接，在打开的新浪邮箱页面单击"注册免费邮箱"按钮，开始注册新邮箱，如图 6-40 所示。

2）为自己的邮箱取一个名字。经过几次尝试后，发现用户名"wyxzrszf"可用，再根据提示填写其他信息，如图 6-41 所示。

3）如果上面的信息输入都正确，那么会出现注册成功的界面。至此，整个邮箱注册过程结束。

2. 发送邮件

1）在新浪邮箱页面输入自己的邮箱地址和密码，然后单击"登录"按钮进入新浪免费邮箱。

2）进入邮箱后，单击窗口左边"写信"选择，然后在右侧的收件人一栏中输入应聘公司的邮箱地址，即"dzjxwyx@163.com"，在主题一栏中输入自己的姓名和简历二字，在下面的信件内容编辑区输入个人简历。

3）单击"上传附件"选项，选择要添加的附件，单击"打开"按钮，可以上传照片及其他附件，然后单击"发送"按钮，如图 6-42 所示。

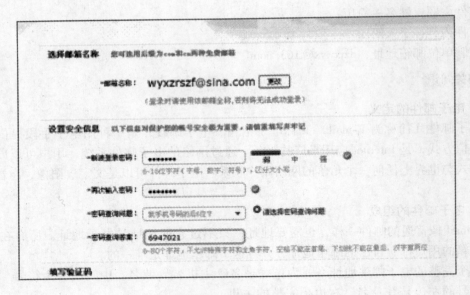

图 6-41　注册新邮箱

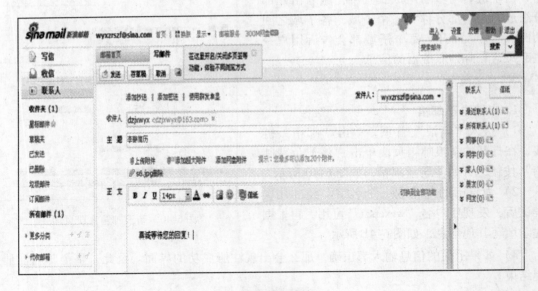

图 6-42　编辑邮件

3. 接收、回复邮件

1）打开新浪邮箱页面，输入用户名和密码，登录邮箱。

2）进入邮箱，单击窗口左侧的"收件夹"选项，在窗口右侧将显示所有的新邮件。

3）单击应聘公司发来的邮件链接，将看到邮件的具体内容，可以单击"下载"按钮将附件下载到用户的本地硬盘，如图 6-43 所示。

4）单击"回复"按钮，打开回复窗口，可以给对方写回信。

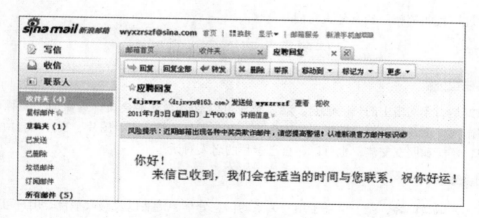

图 6-43　接收、回复邮件

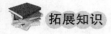 拓展知识

"代收邮箱"的使用

你可能不止有一个邮箱，有时需要登录不同的邮箱来收取邮件。"代收邮箱"可以让你只通过一个邮箱，就能轻松收取、管理其他邮箱的邮件。

1）打开新浪邮箱页面，单击页面左边的"代收邮箱"按钮，进入代收邮箱设置页面，根据提示填写要收取的其他邮箱的地址和密码，例如 dzjxwyx@163.com。

2）单击"确认添加"按钮，检测输入邮箱的正确性，如果显示成功添加了"dzjxwyx@163.com"，并提示"导入 dzjxwyx@163.com 的联系人"，那么说明代收邮箱添加成功，单击"开始收取邮件"选项，就可以看到"代收邮箱"中的邮件了，如图 6-44 所示。另外，也

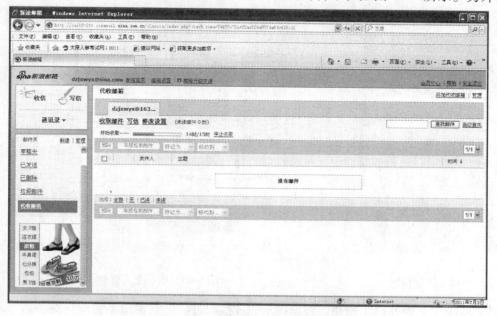

图 6-44　"代收邮箱"功能

可以通过"代收邮箱"给其他人写信。

任务五　开通个人微博

任务分析

微博是当今网络中的热门话题。新浪微博可以通过"新浪会员开通微博"页面注册完成。在微博首页，可以修改模板、上传头像，可以用合法的文字、图片、视频等自由表达个人思想，还能和朋友交流，也可以和自己崇拜的名人对话。

相关知识

微博，即微博客，是一个基于用户关系的信息分享、传播以及获取平台。用户可以通过大多数能够上网的设备登录个人微博账户，以简短的文字更新信息，并即时分享其他用户的微博。微博的用户有普通民众、名人、公司、媒体等。

博客，即网络日志，是一种通常由个人管理、不定期张贴新文章的网站，是社会媒体网络的一部分。一个典型的博客结合了文字、图像、其他博客或网站的链接及其他与主题相关的媒体。许多博客专注在特定的课题上提供评论或新闻，有一些博客专注于艺术、摄影、视频和音乐等主题。

任务实施

1）如果已经申请了一个新浪电子邮箱，那么进入"新浪"首页，单击"进入微博"按钮，也可在地址栏中输入网址"http：//weibo.com"后按〈Enter〉键，打开新浪微博首页，分别输入邮箱名和密码，单击"登录微博"按钮即可，如图 6-45 所示。

2）打开"新浪会员开通微博"页面，填写个人资料，如图 6-46 所示。

图 6-45　注册微博

图 6-46　填写个人资料

3）单击"立即开通"按钮，根据提示完成注册过程。当弹出注册成功页面后，就可以进入微博首页了，如图 6-47 所示。在这里，你可以尽情装饰微博页面，比如修改模板、上传头像，可以随便写点什么，与大家共同分享你的心情。

图 6-47　进入新浪微博首页

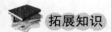

新浪微群是新浪乐居公司推出的服务。它能够聚合有相同爱好的朋友们，将所有与之相应的话题全部聚拢在微群里面，让志趣相投的朋友以微博的形式更加方便地交流。只有成为新浪微博用户，才能访问新浪微群。

1. 创建微群的条件

目前，用户只有满足以下条件才能创建微群：

1）上传头像。

2）粉丝达到 100 人。

3）微博超过 50 条。

4）已创建微群不超过 3 个。

2. 加入微群

对于新浪微博用户来说，可以加入多个自己感兴趣的微群，方法如下：

1）进入新浪微博首页，单击页面上方的"微群"选项，打开新浪微群首页。在左上角"搜索框"中输入要搜索的群"一些事一些情"（见图 6-48），按〈Enter〉键。

2）在打开的搜索结果中选择一个喜欢的分类，单击"去看看"按钮，打开的页面如图 6-49 所示。

3）单击"加入该群"按钮，输入验证码，通过验证后进入"加入该群成功"页面，如图 6-50 所示。

图 6-48　搜索新浪微群

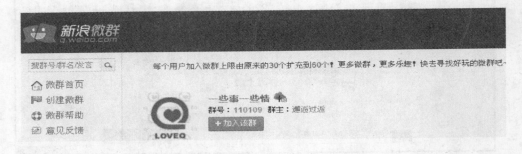

图 6-49　打开"一些事一些情"微群网页

图 6-50　"加入该群成功"页面

任务六　网上购物

任务分析

在淘宝网进行网上购物，首先应注册账号，之后用自己注册的用户名登录淘宝网选择商品，确认所选商品后，选择支付方式，进行收货流程，完成整个交易过程。

相关知识

网上购物就是通过 Internet 检索商品信息，并通过电子订购单发出购物请求，然后选择一种方便的支付方式，厂商通过邮购的方式发货，或是通过快递公司送货上门。网上购物的一般付款方式是款到发货（直接银行转账，在线汇款）、担保交易（淘宝支付宝、百度百付宝、腾讯财付通等的担保交易）、货到付款等。比较常见的支付平台见表 6-5。

表 6-5 比较常见的支付平台

序 号	名 称	说 明
1	支付宝	支付宝是我国先进的网上支付平台，由阿里巴巴公司创办，致力于为网络交易用户提供优质的安全支付服务
2	财付通	财付通是腾讯公司推出的专业在线支付平台，致力于为互联网用户和企业提供安全、便捷、专业的在线支付及清算服务
3	百付宝	百付宝由百度公司创办，提供卓越的网上支付和清算服务，具有在线充值、交易管理、在线支付、提现和账户提醒等丰富的功能，特有的双重密码设置和安全中心的实时监控功能更是给百付宝账户的安全提供了双重保障

任务实施

1. 准备工作

1）到银行柜台申请开通网银。

2）注册一个雅虎或网易电子邮箱。

2. 注册账号

1）打开淘宝网首页，单击"免费注册"链接，根据要求填写会员名、登录密码、确认密码和验证码等（见图 6-51），阅读服务协议，然后单击"同意以下协议并注册"按钮。

2）选择"使用邮箱验证"来验证账户信息，输入邮箱地址，单击"提交"按钮，如图 6-52 所示。

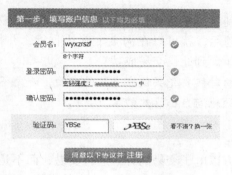

图 6-51 填写账户信息

图 6-52 验证账户信息

3）进入邮箱，在收件箱里打开"新用户确认通知信"，单击"完成注册"按钮激活链接。淘宝会员注册成功后，会自动生成一个支付宝的账号，如图 6-53 所示。

图 6-53　淘宝会员注册成功

3. 网上购物

1）打开淘宝网主页，在搜索栏中输入"笔袋"，单击"搜索"按钮，然后在所有的商品中选择自己比较中意的，单击缩略图，可查看到更加详细的商品信息，如图 6-54 所示。

图 6-54　查看商品的详细信息

2）单击"立刻购买"按钮，打开"确认订单信息"页面，添加并确认收货地址、确认购买信息以及确认提交订单等，然后单击"确认无误，购买"按钮。

3）在弹出的"支付宝收银台"页面中，可根据个人的实际情况，选择一种付款方式，然后支付宝提示你选择网银卡，输入卡号、密码等。将款打到支付宝，完成付款，如图 6-55 所示。

4）发货、收货和付款。商家看到你已打款到支付宝后，根据你填写的资料开始发货。收到货后，你用 1、2 天的时间确认没有质量问题后，就可以在淘宝上确认收货，并付款。这时，你打到支付宝上的款就转到商家的账户上了。到此，交易成功！

注意：网上商品种类混杂，刚开始网上购物的时候要先买便宜点儿的东西，避免不必要的麻烦，等到完全熟悉网购流程后就可以随心所欲地淘自己喜欢的宝贝。

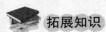　拓展知识

电子商务是指电子化的贸易活动，即交易双方以电子交易的方式进行交易，而不是面对面地交易。只要进行电子交易就离不开网上银行。网上银行是在 Internet 上的虚拟银行柜台。一个完整的交易过程可以分为以下三个阶段：

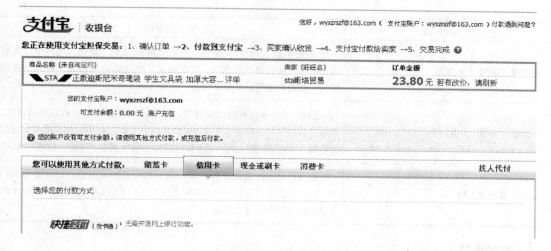

图 6-55　付款到支付宝

1. 信息交流阶段

对于商家来说，此阶段为发布信息的阶段，主要是选择优质商品，精心组织自己的商品信息，建立自己的网页，然后上传至影响力较强、点击率较高的网站中，让尽可能多的人们了解自己的商品。对于买方来说，此阶段是去网上寻找商品以及查询商品信息的阶段，主要是根据自己的需要，上网查找商品和信息，并选择信誉好、服务好的商家。

2. 签订商品合同阶段

对于 B2B（商家对商家）来说，这一阶段是签订合同，完成必需的商贸票据的交换过程，需要注意：数据的准确性、可靠性、不可更改性等复杂的问题。对于 B2C（商家对个人客户）来说，这一阶段是订单签订过程，顾客要将选好的商品、自己的联系信息、送货方式、付款方法等在网上签好后提交给商家。

3. 商品交接、资金结算阶段

这一阶段在整个商品交易中很关键，不仅要涉及资金在网上的正确、安全到位，而且要涉及商品配送的准确、按时到位。这其中有银行、配送系统的介入，在技术、法律、标准等方面有更高的要求。网上交易的成功与否就取决于这个阶段。

【问题建议】

常见问题	交流建议
有时浏览网页时会碰到网页中的某个图片没有成功下载的情况，影响浏览网页的速度	这时可在该图片上单击右键，选择"显示图片"，就可重新下载该图片，而不必重新输入 URL 将整个网页再下载一次
邮件发送失败	（1）收件人地址有错误 （2）发件服务器出故障 （3）邮件过大
在浏览网站时，IE 浏览器会存储有关访问网站的个人信息，如果不想在该计算机上留下某些个人信息，那么需要怎样操作	方法是：选择菜单的"工具"→"删除浏览的历史记录"命令，然后选中要删除的每个信息类别旁边的复选框。如果有大量的文件和历史记录，那么可以使用其他的清理工具（如 360 安全卫士、Windows 优化大师等）

（续）

常见问题	交流建议
如何修改微博登录密码	登录微博之后，单击页面右上角的"账号设置"按钮，进入个人资料页，选择"密码修改"选项，按照提示，进行密码的修改，输入一遍旧密码和两遍新密码后单击"确定"按钮即可
什么是"话题"，微博怎样发"话题"	"话题"是微博搜索时的关键字。在微博编辑器上有"话题"的链接，单击"话题"后会在输入框内自动出现两个"#"，将中间内容改成要讨论的话题，并在后面加上自己的见解，例如：#家# 真好，单击"发布"即可
怎样理解快捷支付	快捷支付是支付宝联合各大银行推出的全新的支付方式。只要有银行卡，就可以在支付宝付款。付款时无须登录网上银行，凭支付宝支付密码和手机校验码即可完成付款

【案例小结】

Internet 网络资源包罗万象，我们在享受信息资源的同时，应合理利用网络工具来搜索与下载网络资源。当前常用的即时通信软件有 QQ、MSN 等。此外，用户还可以通过电子邮件、微博、博客等信息平台在国家法律允许的范围内来发表言论、分享资源。在学习过程中，灵活运用这些软件工具来解决自己的实际需求，并把个人的一些经验技巧与朋友分享，或许会有更多意想不到的收获。

【教你一招】

新浪微博于 2011 发布了桌面客户端微博桌面，使用户发送微博更方便，适合用户忙中偷闲，快速浏览、发布微博。其安装方法是：选择新浪微博首页上方的"应用"→"微博桌面"选项，在打开的页面中单击"免费下载"按钮，下载完成后，根据提示安装即可。启动之后的微博桌面如图 6-56 所示。

图 6-56　微博桌面

【复习思考题】

1. "收藏夹"的作用是什么？请介绍你是如何管理收藏夹的。
2. 请叙述搜索引擎的工作原理。
3. 如果想搜索明星壁纸，应该怎样输入关键字呢？
4. 电子邮件的地址格式由哪几部分组成？分别说明各部分的含义。
5. 什么是微博？什么是博客？两者有什么区别？
6. 用你自己的话说说你对微群的理解。
7. 通过学习实践，你认为信息资源的下载有哪些技巧？

提示：选择合适的下载网站（知名网站），运用合适的下载软件，选择合适的下载时间

（避开上网高峰期）等。

【技能训练题】

1. IE 浏览器在启动时，默认会自动连接到 Microsoft 公司的站点上，通过设置 Internet 的常规选项来设置其起始页。

关键提示：

1）在 IE 浏览器窗口中，选择菜单中的"工具"→"Internet 选项"→"常规"选项卡。（右击桌面的 IE 浏览器图标，从弹出的快捷菜单中选择"属性"命令，也可以打开"Internet 选项"对话框）。

2）在"主页"选项组中单击"使用默认值"按钮，然后直接在地址栏中输入默认主页的网址，单击"确定"按钮。

2. 在默认情况下，IE 浏览器每次都是从新窗口中打开新链接的，现在设置从新选项卡中打开网页。

关键提示：在"Internet 选项"对话框的"常规"选项卡中，单击"更改网页在选项卡中显示方式"右面的"设置"按钮，打开"选项卡浏览设置"对话框，在"遇到弹出窗口时"选项中选择"始终在新选项卡中打开弹出窗口"选项，单击"确定"按钮。

3. 利用"百度搜索"首页中的视频链接，尝试搜索"快乐大本营"的相关视频。

4. 专业的搜索引擎收集了某一类的信息资源，为我们快速查询信息提供了方便。请安装一个 360 安全浏览器，将"http：//www.hao123.com"网站添加到收藏夹。

5. 姚明是中国篮球史上一个里程碑式的人物，是中国篮球骄傲。请以"姚明传奇"为关键字，通过百度来搜索相关资料。

6. 使用迅雷软件下载金山词霸 2011。

7. 2011 年 4 月 28 日，2011 西安世界园艺博览会在西安浐灞生态区盛大开幕。请以"天人长安、创意自然"为主题将有关园艺博览会的资料下载到自己的计算机中。

8. 节日快到了，为你的家人和朋友送去一份祝福吧！请在新浪网站申请一个免费电子邮箱，完成以下操作：

1）从本地硬盘上传三张你和同学的友谊照片至网盘，再选出其中最满意的两张发送给你的家人。

2）为你的朋友发送一张精美的明信片，写一段祝福语。

3）尝试应用音乐电台功能，选择一首自己喜欢的歌曲并分享到新浪微博。

9. 新浪微盘是一款网盘软件。将新浪微盘与你的微博账号绑定，可将本地文件方便地分享到微博，便于你的微博粉丝下载和分享。请将自己的一份个人简历上传至新浪微盘进行保存。

关键提示：进入新浪微博的应用窗口，选择"微博小工具"→"微盘"选项，单击"立即使用"选项。

10. 目前各大网站都推出了博客功能，如新浪博客、网易博客、搜狐博客、腾讯博客等，请从中选择一个网站，创建自己的博客，并尝试发表博文。

11. 申请一个淘宝网账号和支付宝账号，尝试在淘宝网购买商品，并与其他网友分享这个商品。

12. 亚马逊是一家 B2C 综合电子商务网站。登录该网站，搜索一款小件商品，并按照流程购买这个商品。

13. 当当网是一家中文购物网站，以销售图书、音像制品为主。登录该网站，搜索一本图书，并按照流程购买这本书。

案例三　设置网络安全

【案例描述】

网络安全是指网络系统的硬件、软件及其中的数据受到保护，不因偶然或者恶意因素而遭到破坏、更改或泄露，系统能够连续、可靠、正常地运行，网络服务不中断。在实际情况下，对于个人计算机，我们通常将个人版防火墙技术与防病毒软件结合来使用。用户可以针对不同的网络信息，设置不同的安全方案，保护好自己的计算机。

【案例分析】

天网防火墙个人版的下载与安装过程比较简单，默认的安全级别分为高、中、低和自定义 4 个等级，在默认情况下的安全级别为中级。在打开某个应用程序时，或计算机被他人访问时，就会弹出防火墙警告信息对话框，询问用户是否允许该操作；在访问本地计算机或 Internet 时，需要根据实际情况进行分析判断。金山毒霸是目前防病毒软件中综合指数较高的一款软件，可以实现快速扫描、系统清理等防护措施。

任务一　使用防火墙

任务分析

个人版防火墙是安装在个人计算机系统里的一段"代码墙"，可以将计算机与 Internet 分隔开，并能随时检查到达防火墙两端的所有数据包。这个软件的安装过程比较简单，关键是对相关规则的设置需要反复斟酌，应根据实际网络运行情况有针对性地修改参数，以使网络保持良好的工作状态。

相关知识

1. 防火墙的定义

在古代，防火墙是指用石块堆砌在房屋周围作为屏障的墙。在网络中，防火墙指的是隔离在本地网络与外界网络之间的一道防御系统。防火墙可以使企业内部局域网与 Internet 之间或者与其他外部网络互相隔离，限制网络互访，用来保护内部网络。

2. 防火墙的主要功能

1）有效地收集和记录 Internet 上的活动和网络使用情况。

2）有效隔离网络中的多个网段，防止一个网段的问题传播到其他网段。

3）有效地过滤、筛选和屏蔽一切有害的信息和服务。

4）防火墙作为一个防止不良现象发生的"警察"，能执行和强化网络的安全策略。

就防火墙的功能而言，Windows 防火墙只阻截所有传入的未经请求的流量，对主动请求传出的流量不作理会，而第三方病毒防火墙一般都会对两个方向的访问进行监控和审核。这一点是它们之间明显的区别。不过由于攻击多来自外部，而且如果间谍软件偷偷自动开放端口来让外部请求连接，那么Windows防火墙会立刻阻断连接并弹出安全警告，所以普通用户不必太过担心这一点。

任务实施

1. 下载安装天网防火墙

1）打开浏览器，搜索天网防火墙个人版下载网址，下载该软件。

2）解压缩后直接运行安装文件，根据提示选择安装的路径，开始安装。

3）安装完成后弹出"天网防火墙设置向导"对话框，单击"下一步"按钮。

4）在弹出的"安全级别设置"对话框中，选择安全级别为"中"，单击"下一步"按钮。

5）在弹出的"局域网信息设置"对话框中，分别勾选"开机的时候自动启动防火墙"和"我的电脑在局域网中使用"复选框（见图6-57），单击"下一步"按钮。

6）在弹出的"常用应用程序设置"对话框中，使用默认选项，单击"下一步"按钮。

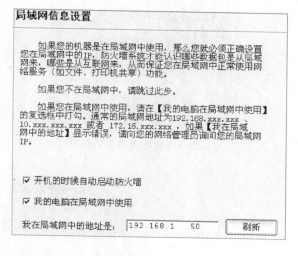

图6-57　"局域网信息设置"对话框

7）在弹出的"安装已完成"对话框中，单击"完成"按钮，重启计算机，完成天网防火墙个人版的安装过程。

2. 天网防火墙的使用

开机启动天网防火墙的界面，如图6-58所示。

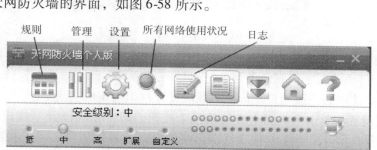

图6-58　天网防火墙的界面

（1）应用程序规则　当计算机正在运行的程序请求连接网络时，防火墙会有提示，如图6-59所示。该提示中包括程序名称、访问网络的类型、访问远程主机的地址和端口及该程序的本机路径等信息。用户可以根据提示信息来决定是否让其访问网络，也可以单击主界面上方的第一个按钮，即"应用程序规则"按钮，如图6-60所示。单击该程序的"选项"按钮，可以设置更为详细的规则，如图6-61所示。

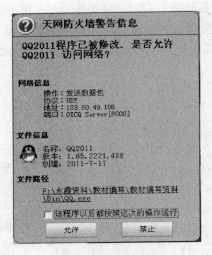

图 6-59　天网防火墙警告信息

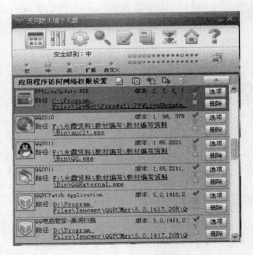

图 6-60　应用程序访问网络权限设置

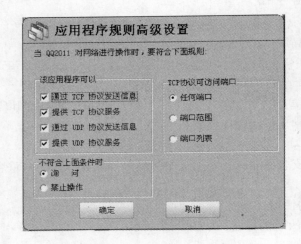

图 6-61　应用程序规则高级设置

（2）IP 规则管理　单击主界面上方的第二个按钮，即"IP 规则管理"按钮，打开"自定义 IP 规则"界面，对于规则的条目，可以进行排序、删除、修改等操作。这个功能主要设计给高级用户使用，一般用户建议使用默认设置，如图 6-62 所示。

（3）系统设置　单击主界面上方的第三个按钮，即"系统设置"按钮，对这个软件进行一些基本设置，如开机启动、管理权限、在线升级、日志管理、入侵检测等，如图 6-63 所示。

（4）当前系统中所有网络的使用状况　单击主界面上方的第四个按钮，即"当前系统中所有应用程序网络的使用状况"按钮，打开图 6-64 所示界面，显示在 TCP 协议下程序访问网络情况，从中可以看到各种程序在本机监听的端口、连接的地址等信息。

（5）日志　单击主界面上方的第五个按钮，即"日志"按钮，打开图 6-65 所示界面，从中可以看到防火墙对可疑信息的监控情况。

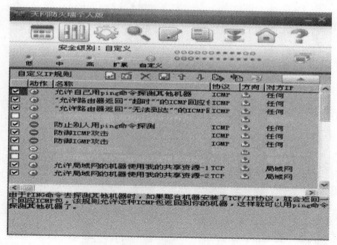

图 6-62　IP 规则管理设置

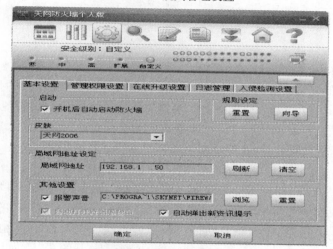

图 6-63　系统设置

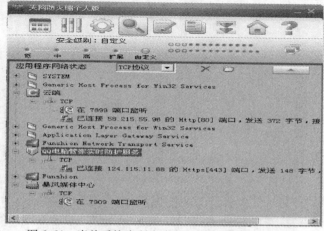

图 6-64　当前系统中所有应用程序网络的使用状况

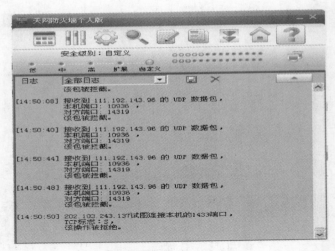

图 6-65　日志

 拓展知识

1. 端口的含义

端口是计算机和外部网络相连的逻辑接口，也是计算机的第一道屏障。端口配置正确与否直接影响到主机的安全。在网络技术中，端口大致有两种含义：一种是物理意义上的端口，如 ADSL Modem、集线器、交换机、路由器和用于连接其他网络设备的接口（如 RJ-45 端口）；另一种是逻辑意义上的端口，一般是指 TCP/IP 协议中的端口，端口号的范围为 0 ~ 65535，如用于浏览网页服务的 80 端口和用于 FTP 服务的 21 端口等。

2. 查看端口

在使用局域网的过程中，经常会发现系统中开放了一些莫名其妙的端口。这些端口会给系统带来安全隐患。通过 Windows 提供的 netstat 命令，能够查看到当前端口的使用情况，具体操作为：单击"开始"→"程序"→"附件"→"命令提示符"命令，在打开的窗口中输入 netstat-an 命令并按〈Enter〉键，会显示本机连接的情况和打开的端口，如图 6-66 所示。

图 6-66　查看当前端口的使用情况

任务二　查杀计算机病毒

 任务分析

　　现在流行的计算机病毒查杀工具有瑞星、江民、金山、360 和卡巴斯基等杀毒软件。它们各有特色，能够很容易地将一般的病毒杀掉。这里将金山毒霸与 360 安全卫士病毒查杀工具配合使用，利用金山毒霸进行病毒查杀、系统清理，利用 360 安全卫士完成查杀木马、清理插件和修复漏洞等任务，从而达到预防、修复计算机的目的。

相关知识

1. 计算机病毒的概念

　　计算机病毒在《中华人民共和国计算机信息系统安全保护条例》中被明确定义，即病毒是指编制或者在计算机程序中插入的破坏计算机功能或者破坏数据，影响计算机使用并且能够自我复制的一组计算机指令或者程序代码。

2. 计算机病毒的特征

　　（1）传染性　是指计算机病毒能进行自我复制，并把复制的病毒附加到无病毒的程序中或者去代替存储盘引导区中的正常记录，使得附加了病毒的程序或存储盘变成新的病毒源。

　　（2）隐藏性　计算机病毒通常可以依附于一定的媒介，不单独存在，等到发现时，计算机系统已被感染或受到破坏了。

　　（3）潜伏性　计算机病毒侵入后，不是什么时候都会发作，而是有一段潜伏期，条件成熟后才开始活动。

　　（4）破坏性　计算机病毒主要是破坏计算机系统，其主要表现为：占用系统资源、破坏数据以及干扰计算机正常运行。

3. 计算机病毒的检测

　　当用户发现计算机系统出现以下现象时，说明计算机可能染上了病毒：

　　1）程序装入时间比平时长，运行异常。

　　2）用户访问设备时发现异常情况，如打印机不能联机或打印符号异常。

　　3）存储设备的空间突然变小或不识别存储设备。

　　4）程序或数据神秘地丢失，文件名不能被辨认。

　　5）显示器上经常出现一些莫名其妙的信息或显示器异常显示。

　　6）计算机经常出现异常死机、速度减慢或不能正常启动的现象。

　　7）可执行程序文件的大小发生变化或发现来历不明的隐藏文件。

　　8）干扰键盘操作，如响铃、封锁键盘、抹掉缓存区字符以及输入紊乱等。

任务实施

1. 下载并安装金山毒霸软件

　　在网页中搜索金山毒霸官方下载网站（或通过其他下载网站也可以找到正版金山毒霸软件），之后按照提示下载并安装。

2. 快速扫描

　　1）双击桌面快捷图标"金山毒霸"，启动金山毒霸杀毒软件，弹出金山毒霸杀毒软件主界面，如图 6-67 所示。

图 6-67　金山毒霸杀毒软件主界面

2）在主界面中，单击"病毒查杀"→"快速扫描"按钮，开始扫描，扫描结果如图
6-68所示。若提示发现威胁，要求立即处理，则单击"立即处理"按钮。

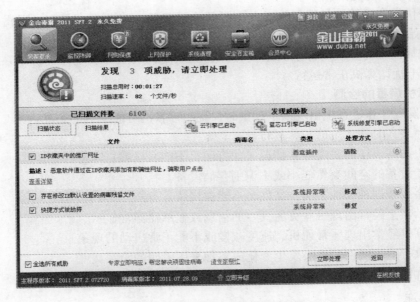

图 6-68　金山毒霸杀毒软件扫描结果

3. 系统清理

　　在主界面中，单击"系统清理"→"立即扫描"按钮，开始扫描系统垃圾。图 6-69 所
示为扫描结果，从中可以看到检测到的垃圾文件数量，单击"立即清理"按钮，开始清理
垃圾，并报告此次清理释放出的硬盘空间大小。

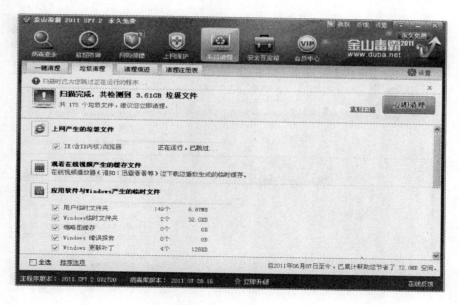

图 6-69　扫描结果

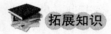 拓展知识

1. 流氓软件的定义及特点

流氓软件又称为恶意软件、恶评插件或灰色软件，是介于病毒和正规软件之间的软件。它具有如下特点：

（1）强制安装　在未明确提示用户或未经用户许可的情况下，在用户计算机或其他终端上安装。

（2）难以卸载　未提供通用的卸载方式，或在不受其他软件影响、人为破坏的情况下，卸载后仍在活动的程序。

（3）浏览器劫持　未经用户许可，修改用户浏览器或其他相关设置，迫使用户访问特定网站或导致用户无法正常上网。

（4）广告弹出　指在未明确提示用户或未经用户许可的情况下，利用安装在用户计算机或其他终端上的软件弹出广告的行为。

（5）恶意收集用户信息　未明确提示用户或未经用户许可，恶意收集用户信息。

（6）恶意卸载　未经用户许可或误导、欺骗用户卸载非恶意软件。

（7）恶意捆绑　在软件中捆绑已被认定为恶意软件的软件。

2. 恶意软件的防治

360 安全卫士是一款防治恶意软件比较有效的软件工具。它的用法如下：

1）安装了该软件后，双击桌面上的"360 安全卫士"图标，进入启动界面，如图 6-70 所示。

2）在主界面里，可以看到该软件的主要功能有："查杀木马"、"清理插件"、"修复漏洞"、"清理垃圾"、"清理痕迹"及"系统修复"等。其中，"清理插件"用来清理系统中被强制安装的一些广告程序，为系统瘦身；"修复漏洞"会根据计算机环境智能安装补丁，

图 6-70　360 安全卫士启动界面

节省系统资源，保证计算机安全；"系统修复"可以帮助用户修复 IE 浏览器主页、桌面图标以及开始菜单等被恶意篡改的设置。

任务三　了解网上道德规范

任务分析

　　多媒体计算机和网络等现代信息技术打破了时间、空间上的限制，使信息成了一种全球共享的资源，但同时也正潜移默化地改变着人类的生活方式，乃至对伦理道德观念和法律环境都带来了极大的挑战。作为青少年，我们在最大限度地享受信息时代带来便利的同时应避免其产生的负面影响。我们应从道德价值观念层面出发，分析网络道德规范的要求，使我们在享受网络带来的种种便利的同时，树立正确的网络价值观，养成合法、文明的上网习惯。

相关知识

1. 信息时代的伦理道德问题

　　信息道德是在信息领域调整人们相互关系的行为规范和社会准则，是信息化社会最基本的伦理道德之一。信息时代的伦理道德问题主要包括以下几个方面：

　　1）不遵守网络规则和网络礼仪。

　　2）个人隐私权受到侵犯。

　　3）知识产权的保护问题。

　　4）传播/迷恋网络上的黄毒信息。

　　5）网络信用危机。

　　6）信息安全受到挑战。

　　7）情感冷漠。

2. 网络道德规范研究

（1）美国计算机伦理协会所制定的"计算机伦理十戒"

1）你不应该用计算机去伤害他人。

2）你不应该去影响他人的计算机工作。

3）你不应该到他人的计算机文件里去窥探。

4）你不应该用计算机去偷盗。

5）你不应该用计算机去作假证。

6）你不应该复制或使用你没有购买的软件。

7）你不应该使用他人的计算机资源，除非你得到了准许或者给予了补偿。

8）你不应该剽窃他人的精神产品。

9）你应该注意你正在写入的程序和你正在设计系统的社会效应。

10）你应该始终注意，你使用计算机时是在进一步加强你对人类同胞的理解和尊敬。

（2）美国南加利福尼亚大学指出的六种网络不道德行为的类型

1）有意地造成网络交通混乱或擅自闯入网络及其相连的系统。

2）商业性或欺骗性地利用计算机资源。

3）偷窃资料、设备或智力成果。

4）未经许可而接近他人的文件。

5）在公共用户场合做出引起混乱或造成破坏的行动。

6）伪造电子邮件信息。

▲ 任务实施

我国于 2001 年 11 月 22 日由团中央、教育部等部门发布了《全国青少年网络文明公约》，其内容可归纳为"五要"和"五不"：

1）要善于网上学习，不浏览不良信息。

2）要诚实友好交流，不侮辱欺诈他人。

3）要增强自护意识，不随意约会网友。

4）要维护网络安全，不破坏网络秩序。

5）要有益身心健康，不沉溺虚拟时空。

现在，不仅学校有计算机，而且很多家庭都有了计算机。我们在使用网络时应该注意什么呢？

1. 善于网上学习，不浏览不良信息

现在人们对青少年学生上网有一种普遍的看法，即不是玩游戏就是聊天。其实，网上学习，天地宽广。在网上学习，可以查关于学习的资料，也可以在 BBS 上与同学交流学习的经验。这样好的条件，何乐而不为呢？只要是不良信息的网站，就不应该浏览；只要是不健康的聊天室，就应该马上离开；如果不小心点击出了不健康的页面，那么应该马上将其关闭。

2. 使用诚实友好的网络语言

自从互联网出现以后，任何一个连接到互联网的人都能够把自己的言论传播到网络上去。网络在带来发表言论、表达思想机会的同时，也导致了许多不健康、不文明的东西悄然滋生。作为青少年，我们应严格规范和要求自己，坚决抵制在网络上使用不文明语言，坚决抵制在网络上讲脏话带粗口，应做到时时使用网络文明语言。

3. 注意身心健康，不沉溺虚拟时空

互联网在加速信息交流、促进知识创新、推动经济发展的同时，其负面影响也开始显现。有部分青少年沉迷于网络不能自拔，甚至以身试法，这是社会共同关注的问题。学校教育和家庭教育要相结合，提倡正确对待网络虚拟世界，合理使用互联网和手机，文明上网，营造健康的网络环境。

【问题建议】

常见问题	交流建议
登录了 QQ，在"当前系统中所有应用程序网络的使用状况"中看不到 QQ 的运行情况	在网络信息传输过程中，一些程序是使用 TCP 协议传输的，还有一些程序是使用 UDP 协议传输的，所以要通过选择 UDP 协议 来查看使用不同协议传输的程序
在使用 360 杀毒软件杀毒的过程中扫描出了几个病毒，但扫描结束后就变成 0 个病毒了	360 杀毒软件拥有独创的防误杀技术。在启发式扫描时，文件可能被判作病毒或可疑文件，当扫描结束后，360 杀毒软件会连接到 360 云安全中心，利用实时更新的云安全文件数据库进行二次校验，文件被校验为安全后就不再报告，这样可大大降低误杀率

【案例小结】

要做好网络安全，除了合理使用防病毒软件来维护自己的计算机以外，还应熟悉防火墙的安装与使用。网络在为我们展示全新生活画面的同时，也需要我们用自己的美德和文明共同创造良好的网络环境。让我们认真贯彻《公民道德建设实施纲要》的要求，响应《全国青少年网络文明公约》的号召，从我做起，从现在做起，自尊、自律，文明上网、上文明网。

【教你一招】

日常养成的防毒技巧：

1）不要随便打开别人发来的陌生网址。

2）不要随便打开莫名其妙的邮件附件。

3）不要从不可靠的渠道下载任何软件。

【复习思考题】

1. 防火墙的定义和主要作用是什么？

2. 网络恶意攻击可能导致哪些后果？

关键提示：上网账号被盗取、冒用，银行账号被盗用，电子邮件密码被修改，财务数据被利用，个人隐私被曝光等。

3. 计算机病毒的概念和主要特征是什么？

4. 简述《全国青少年网络文明公约》的主要内容。

【技能训练题】

1. 个人计算机的安全防范

1）打开天网已经定制的缺省规则。

2）设置开机后自动启动防火墙。

3）设置允许所有的应用程序访问网络，并在规则中记录这些程序。

2. 打开 Windows 控制面板，双击"安全中心"图标，打开"Windows 安全中心"对话框，分别设置"防火墙"、"自动更新"等相关选项，体会 Windows 的系统服务。

3. 如今，USB 闪存盘（简称为 U 盘）已成为我们工作、生活必不可少的信息载体，但是由于计算机病毒的肆虐，导致很多用户都碰到过 U 盘打不开的问题，此时可使用金山毒霸 2011 特有的 U 盘深度扫描功能，迅速鉴定未知病毒，解决这一难题。

4. 在网络中下载并安装 360 杀毒软件，然后对计算机进行指定位置扫描，对扫描结果进一步分析，并根据提示完成相关操作。

5. 利用搜索引擎及部分相关资料，了解典型案例，如网友见面、网络虚拟财产被窃案等，从而使自己更加注意网络安全、网络道德等问题。

6. 假如我们校内的 BBS 中留有以虚假身份或匿名方式发布的大量贴子，部分内容粗俗、不健康、不积极，还有的贴子是谩骂同学或教师的。请以网络文明使者的身份分析这一现象，并进行网上讨论，发表个人看法。

参 考 文 献

[1] 丁爱萍．计算机应用基础 [M]．3 版．西安：西安电子科技大学出版社，2007．

[2] 曹立志，彭德林．计算机网络应用技能教程 [M]．北京：中国水利水电出版社，2011．

[3] 韩晋艳，谢林汕．Internet 网络应用教程与上机指导 [M]．北京：清华大学出版社，2009．

[4] 孟兆宏，党留群，高翔，等．电脑组装与维修教程 [M]．4 版．北京：电子工业出版社，2006．

[5] 神龙工作室．外行学 Excel 2003 从入门到精通 [M]．北京：人民邮电出版社，2010．

[6] 华诚科技．Word/Excel 2010 高效办公：文秘与行政办公 [M]．北京：机械工业出版社，2010．

[7] 九州书源．Word 2003 + Excel 2003 + PowerPoint 2003 三合一 [M]．2 版．北京：清华大学出版社，2009．

[8] 郭燕．中文版 Excel 2003 实例与操作 [M]．北京：航空工业出版社，2010．

[9] 杨泽明．计算机美术设计基础上机实训 [M]．北京：机械工业出版社，2005．

[10] 昭君工作室．Windows XP 基本操作与应用 [M]．北京：机械工业出版社，2008．

教师服务信息表

尊敬的老师：

您好！感谢您多年来对机械工业出版社的支持与厚爱！为了进一步提高我社教材的出版质量，更好地为职业教育的发展服务，欢迎您对我社的教材多提宝贵意见和建议。另外，如果您在教学中选用了《计算机基础应用教程》（王跃翡　主编）一书，我们将为您免费提供与本书配套的电子课件。

一、基本信息

姓名：_____ ·性别：_____　职称：_____　职务：_____

学校：_____　系部：_____

地址：_____　邮编：_____

任教课程：_____　电话：_____(O)　手机：_____

电子邮件：_____　qq：_____　msn：_____

二、您对本书的意见及建议

（欢迎您指出本书的疏误之处）

三、您近期的著书计划

请与我们联系：

100037　　　机械工业出版社·技能教育分社　　郎峰　收

Tel：010-88379761

Fax：010-68329397

E-mail：langfeng0930@126.com